Paradigmen in Mathematik, Physik und Biologie
und ihre philosophischen Wurzeln

Culture and Knowledge

Edited by Friedrich G. Wallner

Vol. 3

Frankfurt am Main · Berlin · Bern · Bruxelles · New York · Oxford · Wien

Daniël Francois Malherbe Strauss
Ins Deutsche übertragen von Martin J. Jandl

Paradigmen in Mathematik, Physik und Biologie und ihre philosophischen Wurzeln

PETER LANG
Europäischer Verlag der Wissenschaften

Bibliografische Information Der Deutschen Bibliothek
Die Deutsche Bibliothek verzeichnet diese Publikation in der
Deutschen Nationalbibliografie; detaillierte bibliografische
Daten sind im Internet über <http://dnb.ddb.de> abrufbar.

Gedruckt mit Unterstützung des Bundesministeriums
für Bildung, Wissenschaft und Kultur in Wien.

Umschlagabbildung:
„Nike von Samothraki"
Abdruck mit freundlicher Genehmigung des Kovac-Verlags.

ISSN 1613-902X
ISBN 3-631-53595-3
© Peter Lang GmbH
Europäischer Verlag der Wissenschaften
Frankfurt am Main 2005
Alle Rechte vorbehalten.

Das Werk einschließlich aller seiner Teile ist urheberrechtlich
geschützt. Jede Verwertung außerhalb der engen Grenzen des
Urheberrechtsgesetzes ist ohne Zustimmung des Verlages
unzulässig und strafbar. Das gilt insbesondere für
Vervielfältigungen, Übersetzungen, Mikroverfilmungen und die
Einspeicherung und Verarbeitung in elektronischen Systemen.

www.peterlang.de

*Für Tharina – für ihre liebevolle Aufmerksamkeit
und Unterstützung während mehrerer Jahrzehnte*

*Es ist an sich ein Opfer mit jemandem verheiratet zu sein,
der sich ständig in philosophische Reflexionen vertieft.*

Inhaltsverzeichnis

Einleitung
Grundfragen der Wissenschaftsphilosophie 11

   Der strittige Ausgangspunkt der Wissenschaften 11
   (Neo)Positivistische Wissenschaftstheorie 13
   Gegenwärtige Wissenschaftstheorie 16
   Begründungsprobleme und Basisunterscheidungen 19
   Die distinkte Eigenschaft von Wissenschaft – modale Abstraktion 22
   Philosophie und Einzelwissenschaften 25

Erstes Kapitel
Philosophische Begründungsprobleme in der Mathematik 29

   Einleitende Bemerkung 29
   Definitionen der Mathematik 31
   Das Unendliche im griechischen Denken und die erste Krise der Mathematik . 34
   Historische Entwicklungslinien des Unendlichen 42
   Infinitesimale und die zweite Begründungskrise der Mathematik 44
   Cantor und Aristoteles 49
      Aristoteles' Einwände gegen das aktual Unendliche 49
      Kontinuitäten zwischen Aristoteles und Cantor-Dedekind 50
      Überabzählbarkeit: Cantors diagonaler Beweis 53
   Die dritte Begründungskrise der Mathematik 56
   Das Auseinanderdriften der mathematischen Ansätze 57
   Die Frage nach der vollständigen Unendlichkeit 62
   Kurze systematische Bewertung der Beziehung zwischen dem
   aktual und dem potentiell Unendlichen 66

Zweites Kapitel
Grundfragen der Physik 75

   Das Vorurteil gegen Vorurteile 75
   Die Diskrepanz zwischen Wissenschaftstheoretikern und Wissenschaftlern 76
   Eigenschaftsbegriffe als die Achillesfersen des Positivismus 77
   Die Messung der Zeit und modale Zeitordnungen 79
      Zeit im Zahlen- und Raumaspekt 81
      Die kinematische und physikalische Zeitordnung 82

Die Einzigartigkeit von Konstanz und Dynamik..84
Ständige Bewegung..84
Nähere Überlegungen zu Konstanz und Dynamik..85
Das Herzstück von Einsteins Relativitätstheorie 86
Eine alternative Formulierung des ersten Hauptgesetzes
der Thermodynamik..87
Die Relativitätstheorie und der Relativismus..88
Determinismus und Indeterminismus 88
Ordnung in der Physik und Begrenzung der Physik..90
Der endliche und begrenzte Kosmos der Griechen..90
Gibt es unzugängliche Grenzen in den Naturwissenschaften? 91
Das unbegrenzte, aber endliche Universum in Einsteins Relativitätstheorie..92
Komplementarität – Grenzen des Experiments..92
Entitäten mit einer physikalischen Bestimmung..93
Einheit und Identität einer Entität..99
Physikalisch qualifizierte Entitäten 100
Die Dualität von Wellen-Partikel und die Idee einer typischen
Totalitätsstruktur einer Entität..102
Physikalisch qualifizierte strukturelle Verflechtungen..104

Drittes Kapitel
Das Mosaik der philosophischen Haltungen in der modernen Biologie 109

Einleitung 109
Biotisch qualifizierte Entitäten..111
Zur Identität von lebendigen Dinge...111
Der Ursprung von lebendigen Dingen – eine biologische Grenzfrage.............113
Das Virus als Übergangsform zwischen materiellem und
lebendigem Ding 115
Stukturloser Nominalismus in der modernen Biologie.......................................117
Strukturlose Kontinuität versus strukturelle Diskontinuität................................120
Kontinuität der Deszendenz?..122
Physiko-chemische Konstituentien der lebendigen Zelle....................................126
Organellen – die verschiedenen Organe der Zelle 129
Die Suche nach einem gemeinsamen Nenner 131
Konfligierende Ansichten trotz identischer Datenlage..133
Neo-Darwinismus..134
Vitalismus..135
Holismus..137
Emergenzevolution..139
Panpsychismus 140
Metabolismus als die erste Freiheitsstufe..141
Ein neuer mechanistischer Ansatz..142

Strukturelle Verschiedenheit fundiert strukturlose Fantasien 142
Strukturelle Dimensionen der Zelle als ein enkaptisch-strukturelles Ganzes .. 144

Viertes Kapitel
Bemerkungen über die Mysterien des menschlichen Daseins 149

Einleitende Bemerkungen 149
Zur Kontinuitäts- bzw. Diskontinuitätsproblematik 149
Sind die fossilen Funde schlüssig? 152
Weisen Werkzeuge distinkte Eigenschaften auf? 159
Tiere und das logische Denken 164
Der Mensch als ›Homo symbolicus‹? 168
Die anatomischen Bedingungen des menschlichen Sprechens 169
Haben Menschen ›Sprechorgane‹? 171
Zur Differenz von menschlicher und tierischer Welterfahrung 172
Die unspezializierten Eigenschaften des menschlichen Körpers 174
Ist der Mensch ein Mängelwesen? 177
Die ontogenetische Einzigartigkeit des Menschen 179
Autonome Freiheit versus natürliche Kausalität 182
Eine teleologische Brücke 184
Eine negative Beschreibung der Entelechie: Der Einfluss von H. Driesch 185
Verstärkte Dialektik: Existenzialismus und existenzialistische
Phänomenologie 187
Freiheit auf molekularem Niveau 188
Verwerfung der Strukturbedingungen: der Nominalismus 189
Gemeinsame Wurzeln von divergierenden philosophischen Strömungen 192
Menschliche Freiheit: subjektive Antwort auf normative Bedingungen 195
Schluss 197

Danksagung 201
Bibliographie 203

Einleitung
Grundfragen der Wissenschaftsphilosophie

Der strittige Ausgangspunkt der Wissenschaften

Die Physik gilt als Naturwissenschaft par excellance, deren empirisches Vorgehen viele Wissenschaftstheoretiker dazu veranlasst, die Idee der Wissenschaft mit dem erfahrungsbasierten Vorgehen der Physiker zu identifizieren. Gegen diese scheinbare Selbstverständlichkeit, dass die Wissenschaften von Erfahrungen ausgehen und diese systematisieren, hält ein bedeutender Physiker des 20. Jahrhunderts, Carl Friedrich von Weizsäcker, folgendes fest: »Es ist ein empirisches Faktum, daß fast alle führenden theoretischen Physiker unserer Zeit philosophieren.« (Weizsäcker 1972, S.42) Das ist zwar keine brandneue Enthüllung, doch ihr Gehalt bleibt oft genug hinter der Maske verborgen, die der Positivismus zu Beginn des 20. Jahrhunderts der Physik überzog. Die positivistische und neopositivistische Philosophie überzeugte die Naturwissenschaftler davon, dass ›gute‹ Wissenschaft ohne Rückgriffe auf Vorurteile oder sonstige Vorannahmen, aber mit ständigem Bezug zu ›empirischen Phänomenen‹ zu praktizieren sei.

Die positivistische Philosophie legt großen Wert auf die Differenz zwischen Gedanke und Experiment. Am Ende des 19. Jahrhunderts lässt sich Ernst Mach als führender Positivist anführen, der die Priorität der Erfahrung vor dem Gedanken stark betont. Seine wissenschaftstheoretischen Überlegungen beeinflussen den jungen Albert Einstein. Doch Einstein bleibt nicht bei Machs Gedanken stehen und räumt später dem theoretischen Denken die Priorität ein. In dem von ihm verfassten Vorwort zur englischen Übersetzung von Werner Heisenbergs Arbeit über die Beziehung zwischen Physik und Philosophie notiert Northrop zu Einsteins Betonung des theoretischen Denkens:

»The physical scientist only arrives at his theory by speculative means. The deduction in his method runs not from facts to the assumptions of the theory but from the assumed theory to the facts and the experimental data.« (Northrop in: Heisenberg 1958, S.3f)

In seiner Vorlesung über Herbert Spencer in Oxford am 10. Juni 1933 stellt Einstein kategorisch fest, dass es keine Brücke zwischen dem reinen logischen Denken und der alltäglichen Erfahrung der Wirklichkeit gibt.

»Pure logical thinking can give us no knowledge whatsoever of the world of experience; all knowledge about reality begins with experience and terminates in it.« (Coley & Hall 1980; S.144)

Diese Feststellung führt ins Zentrum der Epistemologie: Wie erlangen wir Wissen über die Wirklichkeit? Diese Frage ist die philosophische Grundfrage und stellt sich für jede denkbare wissenschaftliche Disziplin. Und die Antwort auf diese Frage lässt sich nicht von bestimmten philosophischen Vorannahmen und Strömungen trennen.

Die Triftigkeit dieser Behauptung hängt unter anderem mit dem bedeutenden Einfluss der Philosophie zusammen, der sich im historischen Rückblick ausmachen lässt. So gewinnen die eben zitierten Worte von Einstein an Tiefe, wenn man sie vor der Folie von Kants *Kritik der reinen Vernunft* liest, die 1781 in der ersten Auflage und 1787 in der zweiten Auflage erschien. Humes Ansicht, dass alles Wissen ausschließlich der sinnlichen Wahrnehmung oder Erfahrung entspringt – was der oben zitierten Feststellung von Einstein sehr ähnelt –, weckt Kant aus einem ›dogmatischen Schlummer‹. Kant ist vielmehr davon beeindruckt, dass der Mensch auf der Basis seines Vernunftgebrauchs Gesetze formulieren kann, denen die wahrnehmbaren Naturdinge gehorchen. Daher fragt Kant nach der Bedingung der Möglichkeit von Erkenntnis.

Kant ist insbesondere von Galileis Beitrag zur Entwicklung der modernen Naturwissenschaft beeindruckt, der die Vorherrschaft des Denkens belegt. Galileis Gesetz der Trägheit basiert auf einem Gedankenexperiment, das er in seiner 1638 erschienen Abhandlung über *Zwei neue Wissenschaften* wie folgt formuliert: Wenn ein Körper auf einer unendlich ausgedehnten Bahn in Bewegung versetzt wird, dann wird er diese Bewegung unendlich fortsetzen, außer eine Kraft wirkt auf ihn ein (beispielsweise Schwerkraft oder Reibung). Daraus zieht Kant folgenden Schluss: Wenn es Galilei möglich ist, aufgrund eines Gedankenexperiments, das der Spontaneität entstammt, ein Naturgesetz zu formulieren – das Bewegungsgesetz der Trägheit –, dann heißt das notwendigerweise, dass die Elemente der Erkenntnis zuerst in der Vernunft präsent sind – die Vernunft ermöglicht überhaupt erst die Erkenntnis von Wirklichkeit. Ohne in diese Thematik hier tiefer einzudringen, wird bereits deutlich, dass wir Einsteins Diktum nur dann verstehen, wenn wir es in den Kontext der Epistemologie stellen. Einsteins Ansicht über Erfahrung reicht zurück bis zu Humes Gedankenkette, während seine Ansicht über die Vernunft Ähnlichkeiten mit Kants Ideen aufweist – wenngleich Einstein dem theoretischen Gedanken eine stärkere Unabhängigkeit einräumt als Kant.[1]

Kants ›kopernikanischen Wende‹ der Philosophie schreibt die Priorität nicht länger dem Objekt zu, sondern dem formalen Gesetz gebenden Subjekt. Damit

---

[1] Obwohl Einsteins Ansicht von der Kantischen Vernunftkritik differiert, war Einstein immer darum bemüht, dass die Beziehung zwischen seinen und den Kantischen Gedanken nicht aufgedeckt wird. Im April 1922 organisierte die Société Francaise eine Diskussion über die Bedeutung von Einsteins Relativitätstheorie für die Philosophie. Eine Frage nach seiner Beziehung zu Kant beantwortet Einstein mit dem Hinweis, dass »each philosopher has his own Kant« und dass er aus der Frage nicht heraus hören könne, welche Kant-Interpretation gemeint sei.

untermauert Kant allerdings die Auffassung der Naturdinge als ›Objekte‹. Wer geneigt ist, die Unabhängigkeit der Beobachtung zu verteidigen, wird den höchst allgemeinen Observationsterm ›Objekt‹ gutheißen. Damit fallen alle unterschiedlichen Naturdinge unter den Begriff des Objekts. Allerdings liegt in diesem Observationsterm eine subjektivistische Annahme, die für das westliche Verständnis von Naturwissenschaft charakteristisch ist – die Unfähigkeit, die Naturdinge selbst als genuine Subjekte zu begreifen, als ›sub-ject‹ (i.S. von ›unterworfen‹) unter bestimmte Gesetze, die für materielle Dinge, Pflanzen und Tiere gültig sind. Obwohl die Dinge, die Pflanzen und die Tiere von der menschlichen Vernunft objektiviert werden können, setzt diese Objektivierung deren primäre Existenz als Subjekt voraus.

In der folgenden Diskussion der philosophischen Grundlegung der Naturwissenschaften möchte ich einen kurzen Überblick über einige Perspektiven geben und dabei einige bekannte Ansichten innerhalb der Naturwissenschaften als Beispiele anführen. Gleichzeitig möchte ich die Diskussion in den Kontext der letzten Entwicklungen in der neuen Wissenschaftsphilosophie rücken, die durch Thomas S. Kuhns *Die Struktur wissenschaftlicher Revolutionen* maßgeblich beeinflusst ist.

(Neo)Positivistische Wissenschaftstheorie

Der (Neo)Positivismus erhebt die experimentelle Methode auf der Basis von sensorischer Wahrnehmung zu seinem Idol. Das Konzept der Verifikation, das von den Wissenschaftstheoretikern des Wiener Kreises in den 20er und 30er Jahren des 20. Jahrhunderts entwickelt wird, belegt das eindrucksvoll. Das moderne epistemologische Erbe liegt in der Unterscheidung von zwei ursprünglichen Quellen der Erkenntnis: dem Verstand und den Sinnen (bzw. Gedanke und Wahrnehmung bei Kant), gelegentlich ergänzt durch Intuition als einem über-sensorischen und über-rationalen Instrument der Erkenntnis. Gemäß Kant kann man zwischen den Transzendentalisten und den Empiristen unterscheiden. Die Empiristen, die sich bekanntermaßen in der britischen Tradition finden, wenden sich unter Umständen dem (Neo)Positivismus zu, für den die wissenschaftliche Methodologie mit bestimmten sensorischen Daten bzw. Sinneseindrücken einerseits und der verstandesmäßigen Konstruktion von Entitäten andererseits beginnt. Hypothesen beruhen entweder auf sinnlicher Erfahrung oder auf älteren Theorien; sie gilt es – unabhängig von ihrem Ursprung – empirisch zu überprüfen. Diese Auffassung beschreibt wohl ein Verfahren, das in den experimentellen Naturwissenschaften ohne jeden Zweifel weit verbreitet ist.

In Zusammenhang mit Kants Philosophie findet man im 19. Jahrhundert den Positivismus von Ernst Mach, der aufgrund von empirischer (d.i. sensorischer) Perzeption nur Mathematik und Physik in das Haus der Wissenschaft aufnehmen will. Diese Ausgrenzung von Wissenschaften lässt Wittgenstein – den mathematischen Ingenieur-Philosophen – die These formulieren, dass die Grenzen der Sprache die Grenzen der Welt sind (*Tractatus logico-philosophicus*, Satz 5.6). Wittgenstein setzt die Gesamtheit der wahren Sätze mit der gesamten Naturwissenschaft (oder der Gesamtheit der Naturwissenschaften) gleich (s. Satz 4.11), und es ist für Wittgenstein die Aufgabe der Philosophie, das bestreitbare Gebiet der Naturwissenschaften zu begrenzen (s. Satz 4.113). Alles, was die Aussagen der Physik – die sinnvoll sind – und die Aussagen der Logik – die als tautologische oder kontradiktorische Aussagen zwar sinnlos, aber nicht unsinnig sind (s. Sätze 4.461 und 4.4611) – übersteigt, kann weder gewusst noch sprachlich ausgedrückt werden; es gehört in den Bereich des Unsinnigen. Den Einwand, dass der *Traktat* selbst ein Opfer dieser Abgrenzung der Wissenschaft und damit unsinnig sei, kommentiert Wittgenstein mit dem Hinweis, dass seine Thesen zur Einsicht führen sollen:

»Meine Sätze erläutern dadurch, daß sie der, welcher mich versteht, am Ende als unsinnig erkennt, wenn er durch sie – auf ihnen – über sie hinausgestiegen ist. (Er muß sozusagen die Leiter wegwerfen, nachdem er auf ihr hinaufgestiegen ist.) Er muß diese Sätze überwinden, dann sieht er die Welt richtig.« (*Tractatus logico-philosophicus*, Satz 6.54)

Der berühmte Wissenschaftsphilosoph Karl R. Popper wendet sich entschieden gegen die von Wittgenstein vorgeschlagene Begrenzung der Naturwissenschaften. So unterzieht er folgenden Satz aus dem *Traktat* einer näheren Untersuchung: »Die Philosophie ist keine Lehre, sondern eine Tätigkeit.« (*Tractatus logicophilososphicus*, Satz 4.112) Diesen Satz kann man ohne jeden Zweifel nicht der Gesamtheit der wissenschaftlichen Aussagen und damit auch nicht der Gesamtheit der wahren Aussagen zurechnen. Wenn aber dieser Satz falsch ist, dann muss seine Negation wahr sein und würde damit unter die Naturwissenschaft fallen – doch auch das ist nicht möglich. Der einzige Ausweg liegt hier in dem von Wittgenstein vorgeschlagenen Schluss: Der Satz ist unsinnig (s. Satz 6.54). Obwohl Wittgenstein damit den *Traktat* der Unsinnigkeit preisgibt, erklärt er im Vorwort des *Traktat*, dass ihm »die Wahrheit der hier mitgeteilten Gedanken unantastbar und definitiv« scheinen. Ja er vertritt die Meinung, »die Probleme im Wesentlichen endgültig gelöst zu haben«. Poppers Reaktion fällt heftig aus:

»This shows that we can communicate unassailably and definitely true thoughts by way of propositions which are admittedly nonsensical, and that we can solve problems finally by propounding nonsense. [That implies that] all the metaphysical nonsense against which Bacon, Hume, Kant and Russell have fought for centuries may now comfortably settle down, and even frankly admit that it is nonsense. For we now have a new kind of nonsense at our disposal, nonsense that communicates thoughts whose truth is unassailable and definitive; in other words, deeply significant nonsense.« (Popper 1968; 1966, S.296ff)

Popper fragt nun, wie man Wittgensteins Position begegnen kann. Jede Entgegnung ist ja philosophisch und fällt damit unter das Verdikt der Sinnlosigkeit. Für Popper stellt sich Wittgensteins Position als verfestigter Dogmatismus dar, der aufgrund eines Konzepts von Sinn alle Aussagen, die ihm nicht in den Kram passen, aus dem Bereich der sinnvollen Aussagen auszuschließen in der Lage ist. Jeder vernünftige Einwand gegen diese dogmatische Position kann mit dem Hinweis zurückgewiesen werden, dass dieser Einwand nicht den Kriterien der Sinnhaftigkeit genügt. »Once enthroned, the dogma of meaning is for ever raised above the possibility of attack. It is unassailable and definitive.« Wittgensteins Sinnkonzept und die daraus resultierende Abgrenzung der Naturwissenschaften ist also unhaltbar – so wie das Verifikationsprinzip des Wiener Kreises.

Mit ›Wiener Kreis‹ wird eine Gruppe von Philosophen, Logiker und Mathematiker bezeichnet, die den ›logischen Positivismus‹ (bzw. den ›logischen Empirismus‹) vertreten. Diese Bewegung gruppiert sich ursprünglich um Moritz Schlick. Als philosophisch orientierte Mitglieder sind Carnap, Neurath, Feigl, Waismann, Zilsel und Kraft, und als die naturwissenschaftlich und mathematisch orientierten Mitglieder sind Frank, Menger, Gödel und Hahn zu nennen. Carnap, Neurath und Hahn veröffentlichen 1929 das Manifest *Wissenschaftliche Weltauffassung. Der Wiener Kreis*. In diesem Zirkel wird Wittgensteins *Traktat* diskutiert, und vom Satz 4.024 leitet sich das berühmte Verifikationsprinzip ab: Die Bedeutung eines Satzes versteht man, wenn man die Kriterien angeben kann, unter denen er wahr ist.

A. J. Ayer erklärt in dem 1936 erschienen Buch *Language, Truth and Logic*, dass Tatsachenaussagen folgenden Verifikationskriterien unterliegen: Ein Satz ist für eine bestimmte Person dann und nur dann sinnvoll, wenn die Wahrnehmungen dieser Person (unter bestimmten Umständen) erlauben, die Aussage als wahr zu akzeptieren oder als falsch abzulehnen (s. Ayer 1967, S.35). Ayer unterzieht diese These einer genaueren Untersuchung und unterscheidet zwischen der ›starken‹ und der ›schwachen‹ Verifikation. Eine starke Verifikation einer Aussage liegt dann und nur dann vor, wenn die Wahrheit dieser Aussage ohne Zweifel durch Erfahrung bestimmt werden kann. Eine schwache Verifikation liegt dann vor, wenn die Erfahrung möglich gemacht wird (s. Ayer 1967, S.36-38). Ayer sieht ein, dass es eine ›vollständige‹ Verifikation von allgemeinen Gesetzesaussagen nicht gibt, weswegen er die schwache Verifikation akzeptieren muss. In dem 1946 verfassten Vorwort vertritt Ayer dennoch die Meinung, dass es empirische Aussagen gibt, die der starken Verifikation genügen. Dabei handle es sich um Basisaussagen, die sich ausschließlich auf den Inhalt einer einzelnen Erfahrung beziehen und die einzigartig sind. Ayer ist davon überzeugt, mittels dieses Verifikationskriteriums jegliche Metaphysik entkräftet zu haben.

Gegenwärtige Wissenschaftstheorie

Die neuere Wissenschaftstheorie der letzten 40 Jahre – geprägt von Popper, Toulmin, Polanyi (einem Chemiker) und vor allem von Thomas S. Kuhn (einem Physiker) – geht davon aus, dass jede Wissenschaft – auch die Physik – auf unvermeidliche Weise in einem theoretischen Bild der Wirklichkeit (einem ›Paradigma‹) gefesselt ist und dass die Möglichkeit des sinnvollen Sprechens durch eine letzte Verbindlichkeit für jede einzelne wissenschaftliche Tätigkeit gegeben ist – durch eine zentrale Überzeugung, die den Wissenschaftlern Antworten für die tiefsten und fundamentalsten Fragen seiner wissenschaftlichen Praktiken liefert.

Diese Einsicht hat sich zum Teil deswegen durchgesetzt, weil das (neo)positivistische Verifikationsprinzip unzulänglich ist. So zeigt Popper, dass das Verifikationsprinzip auf Induktion beruht, wissenschaftliches Denken aber deduktiv verfährt. Popper entwirft daher als Kontrastprogramm zum Wiener Kreis eine eigenständige Wissenschaftstheorie – den ›kritischen Rationalismus‹. Bei allem Vertrauen, das er in den Rationalismus setzt, gibt Popper zu bedenken, dass dieses Vertrauen selbst nicht mehr rational zu begründen ist – das Vertrauen in die Rationalität der Vernunft selbst ist nicht mehr rational. »We may describe it as an irrational faith in reason.« (Popper 1966, S.321) Popper macht damit Platz für die Überzeugung, dass der Bereich der Wissenschaften nicht in einschränkender Weise auf Mathematik, Physik und Logik begrenzt werden sollte – wie es das moderne Ideal der Naturwissenschaft postuliert. Vielmehr umfasst der Bereich der Wissenschaften (die Naturwissenschaften und die Geisteswissenschaften) alle geistigen Schöpfungen.

Die gegenwärtig dominante (wenngleich oftmals implizite) wissenschaftstheoretische Überzeugung der Naturwissenschaftler und zahlreicher Philosophen besagt – von Popper geteilt und maßgeblich mitbestimmt –, dass sich empirische Wissenschaften linear und kontinuierlich weiterentwickeln. D.h. es wird eine lineare Wissensakkumulation postuliert. Dieses kumulative Wachstum führe auf methodische Art zu immer besseren Beobachtungs- und Messinstrumenten, die dann wiederum die Entdeckung von neuen Tatsachen ermöglichen. Die Tiefendimension dieses Wachstums bezieht sich auf theoretische Verknüpfungen – empirisch beobachtbare Regularitäten werden durch mathematische Regularitäten formuliert und so in theoretische Entwürfe eingefügt. Gleichzeitig könne man aber auch alle ›unwissenschaftlichen Elemente‹ aus der Wissenschaft verbannen.

Stegmüller (1975, S.484ff) weist darauf hin, dass diese Vorstellung eines kumulativen Wissenswachstums gemäß Kuhns wissenschaftshistorischen Analysen falsch ist. In *The Structure and Dynamics of Theories* formuliert Stegmüller aus dem Geiste der Kritik eine Verbesserung von Kuhns Gedanken (s. Stegmüller 1976, S.135ff). Seine Darstellung sei – so Stegmüller – eine Annäherung an die Eindrücke eines unparteiischen Lesers bei der Lektüre von Kuhns Werken.

Stegmüller stellt den hier relevanten historischen Hintergrund an anderer Stelle dar, und zwar im Vergleich von Hume, Carnap, Popper und Kuhn. Die klassische rationalistische Überzeugung, dass Wissenschaft zu definitivem und unbezweifelbarem Wissen führt, wurde bereits von Hume bezweifelt, und zwar gerade im Hinblick auf das ›empirische Wissen‹. Grosso modo war es eine ausgemachte Sache, dass sich die empirischen Wissenschaften mittels Induktion weiterentwickeln – wie diese Methode allerdings zu fassen ist, darüber herrschte wenig Klarheit. Für Hume gelangen die empirischen Wissenschaften nur mittels des Prinzips der Induktion zu Verallgemeinerungen, die Einsicht in Regularitäten erlauben und so zukünftige Ereignisse aus vergangenen Erfahrungen verständlich machen. Allerdings gibt es für Hume keine rationale Begründung für das Prinzip der Induktion, denn jeder Versuch einer solchen Begründung führt entweder zu einem infiniten Regress oder endet in einem logischen Zirkel. Die empirischen Wissenschaften folgen zwar dem Prinzip der Induktion, doch dieses Prinzip ist irrational – es kann weder begründet noch legitimiert werden. Um die Rationalität der Induktion zu retten, argumentiert Carnap mit dem Begriff der logischen Wahrscheinlichkeit. Nach seiner Ansicht sind die experimentellen Wissenschaften durch einen induktiven und rationalen Fortschritt gekennzeichnet.[2] Gegen die Auffassung des induktiven Vorgehens der naturwissenschaftlichen Forschung formuliert Popper eine scharfe Kritik. Die Entdeckung von wissenschaftlichen Theorien sei und bleibe vollständig spekulativ, weder Begründung noch Legitimation sei möglich. Das einzig, was verbleibt, sei eine deduktive Methode des Testens. Der Theorienfortschritt sei rational, aber nicht induktiv. Popper stellt gegen die Verifikation die Falsifikation.[3] Vor diesem historischen Hintergrund stellt sich für Stegmüller Kuhns Leistung in folgender Hinsicht als einzigartig und völlig neuartig dar:

»[This] is the fact that he appears to impute irrational behavior to the practitioners of the exact natural sciences (of all people!). And indeed he appears to impute it to both of the forms of the scientific practice distinguished by him. Anyone engaged in normal science is a narrow-minded dogmatist clinging uncritically to his theory. Those engaged in extraordinary research leading to scientific revolutions are religious fanatics under the spell of conversion, trying by all means of persuasion and propaganda to convert others to the new paradigm as revealed to themselves.« (Stegmüller 1976, S.7)

---

2 Dabei gilt zu beachten, dass die älteren Induktionisten als erste auf den – später von Hans Reichenbach so bezeichneten – Unterschied zwischen ›context of discovery‹ und ›context of justification‹ aufmerksam machten. Moderne Induktionisten richten ihre Aufmerksamkeit auf den ›context of justification‹.
3 Blaise Pascal (1623-1662) vertritt einen ähnlichen Standpunkt. Eine Hypothese könne durch Erfahrung niemals ›verifiziert‹ werden. Aber Erfahrung könne sie als falsch erweisen.

Nicht nur die Naturwissenschaftler arbeiten irrational. Gemäß Kuhns Kritik erweckt es fast den Anschein, dass er selbst den Standpunkt des nicht-induktiven Wesens der Naturwissenschaften vertritt. Im Lichte der historischen Forschung zeige nämlich kein einziger wissenschaftlicher Prozess auch nur die geringste Ähnlichkeit mit Poppers Lehre der Falsifikation – das ist der erste Punkt, auf den Kuhn eindringlich aufmerksam macht. Widerspricht ein Experiment einer Theorie, so zeige das nicht Unzulänglichkeiten der Theorie auf, sondern die des Forschers, der an der Theorie festhält: »Die Unfähigkeit, eine Lösung zu finden, diskreditiert nur den Wissenschaftler und nicht die Theorie.« (Kuhn 1976, S.93) Popper gesteht zwar ein, dass sich seine wissenschaftstheoretischen Reflexionen auf die von Kuhn so bezeichnete ›außergewöhnliche Wissenschaft‹ unter Vernachlässigung der ›normalen Wissenschaft‹ beziehen. Aber Poppers normative Methodologie läuft auf eine Überwindung der normalen Wissenschaft zugunsten einer permanenten Institutionalisierung der außergewöhnlichen Wissenschaft – der wissenschaftlichen Revolutionen – hinaus.

Für Stegmüller ist es allerdings ein Irrtum zu glauben, dass sich die Differenz zwischen Popper und Kuhn auf die Bewertung des Wesens von normalen Wissenschaftspraktiken beschränken lässt. Denn Kuhns wissenschaftshistorische Analysen zeigen, dass sich eine neue Theorie niemals durchsetzt, weil eine ältere Theorie die experimentell gewonnenen Daten nicht erklären könne. Vielmehr werde die ältere Theorie unmittelbar und ohne die Vermittlung von Erfahrung durch eine neue Theorie ersetzt (s. Stegmüller 1980, S.28). Den Vergleich der vier genannten Philosophen fasst Stegmüller (1975, S.487-490) folgendermaßen zusammen:

- Hume: Die Naturwissenschaften verfahren *induktiv* und *nicht-rational*.
- Carnap: Die Naturwissenschaften verfahren *induktiv* und *rational*.
- Popper: Die Naturwissenschaften verfahren *nicht-induktiv* und *rational*.
- Kuhn: Die Naturwissenschaften verfahren *nicht-induktiv* und *nicht-rational*.

Statt der Kritik nachzugehen, die in Kuhns wissenschaftsgeschichtlichen Analysen Relativismus und Irrationalismus wittert, zielen Stegmüllers Analysen darauf ab, die von Kuhn als kompetenten Wissenschaftstheoretiker vorgelegten Arbeiten logisch zu durchdenken (s. Stegmüller 1980, S.29). Obwohl eine nähere Diskussion der Stegmüller-Sneed-Modifikation von Kuhn den hier besprochenen Kontext übersteigt (ausführlich s. Strauss 1987), ist deren zentrale Punkt hier dennoch von Belang. In dieser Modifikation von Kuhns Wissenschaftstheorie wird nämlich auf das Problem der Immunität von wissenschaftlichen Theorien gegen Falsifikation das Augenmerk gelegt und der wichtige Begriff des nicht-falsifizierbaren strukturellen Kerns einer ›Theorie‹ geprägt.[4]

Begründungsprobleme und Basisunterscheidungen

Während Kuhn das Wesen der wissenschaftlichen Revolutionen betont, richtet Holton die Aufmerksamkeit auf die fortdauernden Themen der Wissenschaft. Dabei verbindet er die Matrix eines Paradigmas bzw. einer Disziplin mit der Idee des ›Gestalt‹-Wechsels. Das Begründungsproblem, das sich zwischen diesen beiden Ansichten auftut, spielt nicht nur in der Geschichte der Naturwissenschaften immer wieder eine Rolle, sondern dominiert gleichzeitig die Geschichte der Philosophie und lässt sich auch heute in allen Bereichen der wissenschaftlichen Praxis finden.

Eingangs habe ich auf Galileis Gedankenexperiment hingewiesen. Mit dieser Argumentation, deren Wurzel wohl bei Denkern der Übergangszeit zwischen Mittelalter und Neuzeit zu finden ist, gibt Galilei die klassische aristotelische Vorstellung auf, dass ein bewegter Körper von einer anderen kausalen Kraft in Bewegung gehalten wird. Für Galilei ist Bewegung etwas ursprünglich Gegebenes. Aber der Begriff der Ursache unterstellt bereits einen sich kontinuierlich bewegenden Körper – nur unter dieser Voraussetzung lässt sich sinnvoll von einer (bremsenden oder beschleunigenden) Bewegungsänderung sprechen. In beiden Fällen ist eine Ursache notwendig, aber nicht eine Ursache der Bewegung – eher eine Ursache für die Veränderung von Bewegung. In der reinen Kinematik hat – genau gesprochen – der Begriff der Veränderung keinen Platz. In einem physikalischen Sinn tritt Beschleunigung niemals in diskontinuierlicher Weise auf. Eine diskontinuierliche Beschleunigung würde eine unendliche physikalische Kraft erfordern – und das ist eine physikalische Unmöglichkeit (s. Janich 1975, S.69).

Schon Platon reflektiert das Problem von Kontinuität und Veränderung. In seiner berühmten Ideenlehre geht es um die Erkenntnis alles Seienden. Unter dem Einfluss von Cratylus – einem Schüler Heraklits – war Platon von Anfang an mit der Lehre von der Veränderlichkeit alles Seienden konfrontiert. Heraklits berühmtes Diktum besagt ja, dass es unmöglich ist, zweimal in denselben Fluss zu steigen. Platon wendet zunächst ein, dass diese Sichtweise die Möglichkeit von Erkenntnis zerstört: Wenn sich alles ständig veränderte, dann könnten wir nichts

---

4 Newtons Gravitationsgesetz wird als stichhaltiger Beleg für dieses Argument herangezogen – ein physikalisches Gesetz, das modale Universalität beweist. Galileis Trägheitsgesetz ist ein anderes Beispiel für ein universelles modales Gesetz, das nur auf der Basis einer modalen Abstraktion, und nicht auf der Basis von empirischen Experimenten formuliert werden kann. Weiter unten werde ich zeigen, dass modale Gesetze auf unspezifische Art gelten, während typische (›entitary‹) Gesetze nur auf eine bestimmte Klasse von Entitäten anwendbar sind.

erkennen, denn sobald wir etwas erkennen, hätte es sich bereits grundlegend verändert und wäre damit der Erkenntnis schon wieder entschwunden. Platon schlägt daher eine idealistische Argumentation vor. Er postuliert eine statische Entität – αὐτό τo εἶδος –, die keinen Veränderungen unterworfen ist und die Erkennbarkeit von allem Seienden garantiert. In dem Dialog *Cratylus* formuliert das Platon wie folgt: Wenn sich die αὐτό τo εἶδος in eine andere αὐτό τo εἶδος umwandelte, wäre keinerlei Erkenntnis möglich (440a-b). Den Sitz des εἶδος verortet Platon in einer übersinnlichen Sphäre – der Ideenwelt, die sich nur denken, aber nicht sinnlich wahrnehmen lässt. Es ist bemerkenswert, dass sich schon bei Platon die Opposition von Denken und Erfahrung findet, auf die ich im Zusammenhang mit Einsteins Priorität des theoretischen Gedankens hingewiesen habe. Obwohl Platons idealistische Lösung heute nicht mehr stichhaltig ist, lässt sich nicht bestreiten, dass er eine wichtige Einsicht klar formuliert: Ohne Dauerhaftigkeit oder Konstanz ist Veränderung nicht denkbar. Anders formuliert: Veränderungen sind nur auf der Basis von etwas relativ Konstantem auszumachen. Ich werde weiter unten (mit Bezug auf Einsteins Relativitätstheorie) diese Einsicht wieder aufgreifen, jetzt aber auf einige weitere Probleme hinweisen, die in der Geschichte der Philosophie eine Rolle spielen.

Philosophen stellten immer wieder die Frage, ob die Wirklichkeit von einem einzigen Standpunkt aus erklärt werden kann oder ob nicht vielmehr eine Vielzahl von Zugängen notwendig ist. Die frühen philosophischen Theorien etablieren die Version von dem einen Standpunkt. Es wird hier ein Grundnenner aller Begriffe postuliert, durch den sich die gesamte Wirklichkeit erfassen lässt. Die Pythagoräer vertraten den Standpunkt, dass alles Zahl ist. Seit Galileis Mechanik neigt die moderne Physik zu der Ansicht, dass alle physikalischen Phänomene erschöpfend in den Begriffen der mechanischen Bewegung beschreibbar sind. Wenn man sich allerdings für den Weg der multiplen Erklärungsansätze entscheidet, dann stellen sich die Fragen, welche multiplen Erklärungsansätze gewählt werden sollen und welche wechselseitigen Zusammenhänge und Verbindungen zwischen den verschiedenen möglichen Ansätzen bestehen. Die moderne Biologie liefert ein negatives Beispiel für die Möglichkeit des multiplen Erklärungsansatzes. Erwägen wir nur einmal die folgenden Trends, die zu folgenden prominenten Vertretern führen: mechanistischer Ansatz, Physikalismus (einschließlich Neodarwinismus), (Neo-)Vitalismus, Holismus, organistische Biologie, Emergenz-Evolutionismus und Panpsychismus (entweder in einer monistischen Version bei Teilhard de Chardin oder in einer pluralistischen Version bei Bernard Rensch).

Hinter dieser Problematik steckt die Frage nach Einheit und Verschiedenheit bzw. die Frage nach der *Einheit in der Verschiedenheit*. Wir können sie als zweite Problematik derjenigen von Konstanz und Veränderung an die Seite stellen. Als dritter Problemkreis lässt sich den beiden noch das Verhältnis von Allgemeinem zu Besonderem anfügen. Diejenigen Philosophen, die die ›objektive Wirklichkeit‹ den Universalien zuordnen, werden ja als Realisten bezeichnet. Platon gesteht den

Ideen, die die Ideenwelt durchwandern, Realität und Universalität zu – und zwar völlig unabhängig vom menschlichen Denken. Universalität in diesem Sinn hat zwei Funktionen: (1) Das Allgemeine ist unabhängig von der menschlichen Seele; (2) das Allgemeine wirkt auf alles.

Im Gegensatz zum platonischen Realismus begegnet man Philosophen, deren Ansicht nach Universalien nicht außerhalb der menschlichen Seele anzusiedeln sind. Nur die menschliche Seele kann die immense Vielfalt von den Dingen abstrahieren und unter die Einheit von bestimmten Begriffen und/oder Wörtern subsumieren. Die einzig anerkannte Universalität liegt diesem Standpunkt gemäß in den Begriffen der menschlichen Seele. Diese hat die Funktion eines Substituts, die ›nomina‹ stehen für die Dinge außerhalb. Daher wird dieser Ansatz auch unter dem Begriff des Nominalismus gefasst. Nominalisten negieren nicht nur die Realität von Universalien außerhalb der menschlichen Seele, sondern verneinen implizit auch die Geordnetheit der Diversität in der Wirklichkeit – für die Nominalisten ist die Ordnung der Wirklichkeit vom menschlichen Verstand hergestellt. Obwohl diese beiden Ismen – Realismus und Nominalismus – praktisch so alt wie die Philosophie sind, sind beide nach wie vor im gegenwärtigen naturwissenschaftlichen Denken wirksam. Ihre ungebrochene Aktualität lässt sich schon mit dem Hinweis belegen, dass der Platonismus in der Mathematik des 20. Jahrhunderts und der Nominalismus in der Biologie des 20. Jahrhunderts dominante Trends sind.

Mit dieser kurzen Einleitung der drei grundlegenden Probleme von Naturwissenschaften – Konstanz und Veränderung, Einheit und Verschiedenheit, Universalität und Besonderes – ist das Menü noch lange nicht ausgeschöpft. Ich begnüge mich aber mit dem Hinweis, dass ein weiteres wichtiges Begründungsproblem in der Beziehung zwischen Gesetzen und dem liegt, was faktisch unter diese Gesetze fällt. Die Lösung dieses Problems weist in zwei Richtungen. Erstens in Richtung Ordnung in der Vielfalt von Erklärungsmöglichkeiten, die eine (theoretische) Analyse und ein Studium der Wirklichkeit ermöglichen; und zweitens in Richtung typische Struktur von bestimmten Klassen von Entitäten. Wie der Physiker Stafleu (1980) anmerkt, verläuft die Suche nach Wahrheit entweder auf der Linie der Ordnung oder auf der Linie der Struktur. Und hinter den beiden Lösungen der Bezugsproblematik von Gesetzen und demjenigen, was unter diese Gesetze fällt, steht die Suche nach Wahrheit.

Um diese wichtige Unterscheidung deutlicher herauszuarbeiten, ist eine kurze Untersuchung über das Wesen der Wissenschaft hilfreich. Meine Intention ist dabei, die Einzigartigkeit von Wissenschaft zu analysieren, indem ich die Frage stelle: Wodurch unterscheidet sich Wissenschaft vom alltäglichen, nichtwissenschaftlichen Denken?

Die distinkte Eigenschaft von Wissenschaft – modale Abstraktion

Durch die Identifikation der Eigenschaften, durch die sich die Wissenschaft eindeutig von den nicht-wissenschaftlichen Bereichen unterscheidet, lässt sich die Frage nach dem Wesen von Wissenschaft beantworten. Identifikation (›identification‹) und Unterscheidung (›distinction‹) (d.i. Analyse) verlangt nach einem Umgang mit Ähnlichkeit (›similarities‹) und Differenz (›differences‹). Die Wissenschaft in ihrer Einzigartigkeit zu verstehen hat demgemäß zwei Seiten: die Ähnlichkeitsseite und die Differenzseite. Die Wissenschaft weist also auch Eigenschaften auf, die nicht distinkt sind. Damit ähnelt sie in einigen Hinsichten nicht-wissenschaftlichen Aktivitäten.

Ich möchte den Gedanken von Identifikation und Unterscheidung mit einem Beispiel illustrieren. Fragen wir also, wie wir zwischen materiellen Dingen und Pflanzen unterscheiden können.

- Es gibt fundamentale Ähnlichkeiten zwischen Dingen und Pflanzen, so zum Beispiel die Masse. Ebenso eignen Dinge und Pflanzen räumliche Ausdehnung, Dauerhaftigkeit und Einheit.
- Nur wenn wir unsere Aufmerksamkeit auf die Tatsache lenken, dass Pflanzen lebendig sind, berühren wir die Differenzseite im Vergleich zwischen Dingen und Pflanzen – mit der distinken Eigenschaft des Pflanze-seins und der Pflanzenheit.

Kommen wir zurück zu der Frage nach der Einzigartigkeit von Wissenschaft. Ein Anfangspunkt für ihre Beantwortung liegt darin festzustellen, dass jede wissenschaftliche Aktivität eine Gedankentätigkeit ist. Diese Eigenschaft unterscheidet die Wissenschaft noch nicht hinreichend von nicht-wissenschaftlichen Tätigkeiten, weil auch Nicht-Wissenschaftler denken. Daher müssen wir fragen, welche Art Denken das wissenschaftliche Denken ist.

(a) Ist wissenschaftliches Denken systematisch? Natürlich ist es das, aber darin liegt nicht eine distinkte Eigenschaft von Wissenschaft. Auch ein Richter, der einen Urteilsspruch verkünden soll, muss systematisch argumentieren – und ein Urteilsspruch ist eben keine wissenschaftliche Untersuchung.

(b) Ist wissenschaftliches Denken verifizierbar? Selbst wenn man darauf positiv antwortet (und die Kontroversen der gegenwärtigen Wissenschaftstheorie über den Sinn dieser Bestimmung in Kauf nimmt), haben wir damit ebensowenig eine distinkte Eigenschaft von wissenschaftlichem Denken formuliert. Auch der Richter muss jedes Beweisstück hinsichtlich seiner Glaubwürdigkeit verifizieren.

(c) Ist wissenschaftliches Denken methodisch? Da es auch nicht-wissenschaftliche Methoden gibt, ist die Unterscheidung zwischen wissenschaftlichen und

nicht-wissenschaftlichen Methoden immer notwendig. Die Methodologie als eine distinkte Eigenschaft von Wissenschaft anzugeben, führt allerdings zu einer Tautologie: Wissenschaftliche Methoden sind wissenschaftlich.
(d) Ein weitverbreitetes und ebenso abgedroschenes Konzept geht davon aus, dass die Wissenschaft um die Relation von Forscher (dem ›Wissenssubjekt‹) und dem Untersuchungsgegenstand (dem ›Forschungsobjekt‹) zentriert ist. Aber die Subjekt-Objekt-Relation ist auch in der alltäglichen, nicht-wissenschaftlichen Erfahrung auszumachen. Menschliche Subjekte benutzen soziale Objekte (z.b. Möbel), technische Objekte (z.B. Werkzeuge), ökonomische Objekte (z.B. Geld), semiotische Objekte (z.b. Bücher), ästhetische Objekte (z.B. Gemälde), ethische Objekte (z.b. Hochzeitsringe), gesetzliche Objekte (z.B. Eigentum) usw.

Die letztgenannten Objekte sind konkrete Entitäten, die gleichermaßen von verschiedenen Wissenschaften erforscht werden können (aus jeweils deren Perspektive). Um die mögliche Vielfalt von Untersuchungsperspektiven deutlich zu machen, betrachten wir kurz ein soziales Objekt wie z.b. einen Sessel. Ein Sessel hat vier Beine (nummerischer Aspekt: Untersuchungsfeld der mathematischen Zahlentheorie und Algebra); ist groß oder klein (räumlicher Aspekt: mathematische Raumtheorie); ist möglicher Weise ein Schaukelstuhl (kinematischer Aspekt: Kinematik); ist stark oder schwach (physisch-chemischer Aspekt); er kann nützlich sein für das menschliche Leben (biotisches Objekt; weil der Sessel selbst nicht lebendig ist – die Biologie erforscht die Wirklichkeit aus der Perspektive des biotischen Aspekts); ist gemütlich (sensitiver/psychischer Aspekt: Psychologie); jemand hat ihn geplant (analytischer Aspekt: Logik); er ist kulturell geformt (historischer Aspekt: Geschichtswissenschaft, die sich der historischen Entwicklung des Sesseldesigns widmet); hat eine Bezeichnung (semiotischer, linguistischer oder semantischer Aspekt: allgemeine Semiotik und Linguistik); hat eine Bedeutung im sozialen Umgang zwischen Menschen (sozialer Aspekt: Soziologie); hat einen Preis (ökonomischer Aspekt: Wirtschaftswissenschaft); er ist schön oder hässlich (ästhetischer Aspekt: Ästhetik); er ist im Besitz einer Person, die ihn erworben hat (diese Person darf sich an dem Sessel erfreuen und über ihn verfügen) und damit in ihren Besitz aufgenommen hat (juristischer Aspekt: Rechtswissenschaft); der Sessel ist jemandes Lieblingssessel (ethischer Aspekt: Ethik); er ist vertrauenswürdig, d.h. man traut dem Sessel zu, dass er unter dem Gewicht der auf ihm Sitzenden nicht zusammenbricht (Vertrauensaspekt: wissenschaftliche Theologie).

Dieses Beispiel macht folgendes klar. Die Kardinalfrage ist nicht, welches Objekt (Entität, Ereignis oder soziale Beziehungen) eine Wissenschaft untersucht. Die Kardinalfrage lautet vielmehr: Von welcher Perspektive aus werden Entitäten, Ereignisse oder soziale Beziehungen von einer Wissenschaft untersucht? Nur wenn man die Perspektivenvielfalt der Wirklichkeit in den Blick bekommt, dienen wissenschaftlich unterschiedene Aspekte als Zugang zum Studium der Daten. Aber wie bekommen wir diese Aspekte in den Blick? Diese Frage zu stellen bedeutet, die Ähnlichkeiten zwischen der Wissenschaft und der Nicht-Wissenschaft hinter sich zu lassen.

Weil die Wirklichkeitsaspekte den Rahmen vorgeben, innerhalb dessen alle Entitäten konkret funktionieren, können sie auch als ontisch gegebene Seinsweisen bezeichnet werden, die vor aller menschlichen Reflexion in der Realität, in der Schöpfung begründet sind (›creational ways of being‹). Die Art, in der man sich einem bestimmten Ding nähert, ist als modus operandi bekannt, und vom Lateinischen ›modus‹ leitet sich der Begriff ›Modalität‹ (=Seinsweise, Aspekt) ab. Wenn man eine bestimmte Seinsweise (einen bestimmten Aspekt) als solche identifiziert und von anderen Modalitäten unterscheidet, bedeutet das, dass man diese Seinsweise (diesen Aspekt) abstrahiert. Diesen Prozess bezeichnet man als ›modale Abstraktion‹. Wer eine modale Abstraktion vornimmt, der vernachlässigt die irrelevanten Aspekte und richtet seine theoretisch-logische Aufmerksamkeit auf einen bestimmten Aspekt. Die disktinkte Eigenschaft des theoretisch-logischen (i.e. wissenschaftlichen) Denkens ist daher die modale Abstraktion. Weil alle Entitäten in verschiedenen Wirklichkeitsaspekten funktionieren (wie der eben erwähnte Sessel), erlauben die abstrahierten Modalitäten einen Zugang zur Analyse der Struktur von Entitäten.

Man kann aus dem Faktum, dass Nicht-Wissenschaftler auch analytisches Bewusstsein (›analytical awareness‹) von verschiedenen Aspekten haben, nicht schließen, dass die Alltagserfahrung zu modaler Abstraktion führt. So würde niemand, der sechs Leute hinter seinem Haus auf und ab gehen sieht, die Art und Struktur des nummerischen Aspekts reflektieren, ebenso wenig wie eine andere Person eine ökonomische Preistheorie formulieren würde, wenn sie den Preis eines bestimmten Autos erfährt. Ohne analytisches Bewusstsein der vielfältigen Wirklichkeitsaspekte wäre es einer Person aber völlig unmöglich zu verstehen, wenn eine andere Person ihr einen Wagen als schön, aber teuer beschreibt. Schönheit (ästhetischer Aspekt) und Preis (ökonomischer Aspekt) sind Facetten der alltäglichen Erfahrungsweise eines Autos, die in nicht-abstraktiver Weise an und von Entitäten wahrgenommen werden.

Eine bestimmte Art von Abstraktion ist also Bestandteil der nicht-wissenschaftlichen Erfahrung, die man mit dem (vielleicht in sich widersprüchlichen) Terminus der ›konkreten Abstraktion‹ (oder ›entitary abstraction‹) fassen könnte. Ein kleines Kind, das eine Taube wahrnimmt und dann erst die Bezeichnung ›Taube‹ lernt, kann diese konkrete Abstraktion bereits vollziehen. Vielleicht wird dieses Kind bei späterer Gelegenheit einen Spatzen als Taube bezeichnen, aber das zeigt nur, dass es den Begriff ›Vogel‹ mit dem Zeichen ›Taube‹ gleichsetzt. Für diese Gleichsetzung muss das Kind zuerst einige distinkte Eigenschaften von Vögel aus der Vielfalt der konkreten Sinneseindrücke beim Anblick der Taube hervorgehoben haben (z.B. den Schnabel, die Flügel, die Federn) und gleichzeitig die spezifischen Eigenschaften vernachlässigen, die Taube und Spatz voneinander unterscheiden.[5] Diese Art der Abstraktion ist Teil unserer Alltagswelt, weil wir ständig alle Arten von Entitäten identifizieren und in bestimmte Kategorien einordnen. Ohne Allgemeinbegriffe wie ›Pferd‹ oder ›Auto‹, in denen die besonderen Eigenschaften von bestimmten Pferden oder bestimmten Autos vernachlässigt werden, könnten wir nicht ein bestimmtes Pferd als Pferd identifizieren (i.e. ein Tier als zur Kategorie der Pferde gehörig) oder ein bestimmtes Auto als Auto.

Allerdings liefert die konkrete Abstraktion keinerlei theoretische Einsicht in das Wesen der vielfältigen Aspekte, weil – wie ich weiter unten ausführen werde – die Aspekte zu separaten Dimensionen gehören, die von der Dimension der Seinsstruktur – die Strukturen von Dingen, Ereignissen und sozialen Gebilden: ›entity-structures‹ – zu unterscheiden sind.

Philosophie und Einzelwissenschaften

Die Bestimmung der modalen Abstraktion als die distinkte Eigenschaft von Wissenschaft erlaubt eine Einteilung der Wissenschaften. Wir können die Wissenschaften, die auf die Perspektive eines bestimmten Aspekts beschränkt sind, von den Wissenschaften unterscheiden, die die fundamental zusammenhängende Verflechtung aller Wirklichkeitsaspekte thematisieren. Diese zusammenhängende Verflechtung ist das Fundament der theoretischen Analyse – der Analyse, die auf abstrahierte Wirklichkeitsaspekte gerichtet ist und von da ihren Anfang nimmt – und durchwaltet die weite Vielfalt von konkreten Entitäten, Ereignissen und soziale Beziehungen. Diejenige Wissenschaft, die sich der zusammenhängenden Totalsicht der vielfältigen Wirklichkeitsaspekte verschreibt, ist die Philosophie. Diejenigen Wissenschaften, die auf die Perspektive einer bestimmten Modalität beschränkt sind, sind die Einzelwissenschaften.

Dass theoretisches Denken modal abstrahierend vorgeht, hat für die Einzelwissenschaften wichtige Folgen. Die modale Abstraktion führt zur theoretischen Analyse, und die Analyse auf der Basis von Ähnlichkeit und Differenz zielt – wie ich bereits erwähnt habe – auf die Identifikation und Unterscheidung der Daten. Daher lässt sich festhalten, dass theoretische Analyse auf die Identifikation eines bestimmten Aspekts in Abhebung (›in distinction‹) von anderen Aspekten zielt. Wenn die Wirklichkeit nur einen einzigen Aspekt umfasste, dann gäbe es keinerlei Analyse, denn die Identifikation eines Aspekts ist nur bei gleichzeitiger Unterscheidung von anderen Aspekten möglich. Die theoretische Analyse (die modale Abstraktion) erwägt daher immer mindestens zwei unterschiedliche Aspekte

---

5 Hinzuweisen ist hier auf die Symmetrie von Analyse und Abstraktion: Analyse beruht auf Identifikation und Unterscheidung, die der Art der Abstraktion äquivalent ist, die ich als Hervorheben und Vernachlässigen aufgezeigt habe.

gleichzeitig. Beschränken nun die Einzelwissenschaften ihre Forschungsbereiche auf die Perspektive jeweils eines Aspekts, dann ist die Identifikation der jeweiligen Forschungsbereiche keine Fragestellung innerhalb der einzelwissenschaftlichen Forschung bzw. keine Fragestellung, die innerhalb der Perspektive eines bestimmten Aspekts ihren Ort findet – die Identifikation eines Aspekts erfordert ja mehr als einen Aspekt. Weil es nur in die Sphäre der Philosophie fällt, mehr als einen Aspekt theoretisch in den Blick zu bekommen, beginnt jede einzelwissenschaftliche Bestimmung eines Forschungsbereichs von philosophischen Vorstellungen über die Kohärenz der Aspektenvielfalt. Mit anderen Worten: Das Wesen der modalen Abstraktion als distinkte Eigenschaft von Wissenschaft impliziert, dass jede Wissenschaft eine philosophische Basis hat.

Dieser Gedankengang lässt sich durch folgendes Argument verdeutlichen. Wenn ein Einzelwissenschaftler die Frage ›Was ist Wissenschaft?‹ stellt, fällt die Antwort nicht in das Gebiet dieser Einzelwissenschaft. Jede Beschreibung, die ein Einzelwissenschaftler von seiner Disziplin gibt, ist eine Beschreibung der Disziplin – eine Beschreibung von außen – und transzendiert folglich diese Einzelwissenschaft. Eine Beschreibung der Mathematik als bestehend aus den Teildisziplinen Mengentheorie, Algebra, Topologie u.ä. ist keine mathematische Aussage, weil diese Beschreibung – offensichtlich – kein Axiom, Beweis oder Argument innerhalb der Mengentheorie, Algebra, Topologie u.ä. ist. Dieser Gedankengang gilt für jede Einzelwissenschaft, die eine bestimmte Modalitätsperspektive einnimmt. Auch die Theologie kann dieser Einsicht nicht entgehen. Natürlich wird jeder Theologiestudent während seines Studiums mit der Disziplin der ›Enzyklopädie der Theologie‹ vertraut, die ihrerseits für die Identifikation und Beschränkung der Teildisziplinen der Theologie verantwortlich ist. Aber diese Disziplin ihrerseits wird nicht als eine Teildisziplin der Theologie klassifiziert. Daher gilt auch für die Theologie, dass die Frage ›Was ist Theologie?‹ keine theologische Frage ist.

Diese Situation ist aus einem weiteren Grund bemerkenswert. Die Definitionen von Einzelwissenschaften sind zwar niemals einzelwissenschaftlich, aber ohne Bezug auf den Inhalt der jeweiligen Einzelwissenschaft nicht möglich. Selbst wenn man argumentiert, dass Mathematiker, Theologen etc. am besten die Frage nach der Definition ihrer Wissenschaft beantworten können, wird man nicht umhin können zuzugestehen, dass diese Antworten der jeweiligen einzelwissenschaftlichen Forschung vorangehen. Oder anders formuliert: Es kommt nicht darauf an, wer die Frage nach der Definition einer Einzelwissenschaft beantwortet, sondern darauf, welchen Status diese Definition hat. Das weist auf den unzertrennlichen Zusammenhang zwischen den Einzelwissenschaften und den philosophischen Begründungsfragen hin.

Man kann diesen Sachverhalt auch wie folgt fassen: Es gibt grundsätzlich zwei Arten von Wissenschaften, (i) die Art von Wissenschaften, die bei ihrer Definition ihren Bereich transzendieren, und (ii) die Art von Wissenschaften, die bei der Definition ihres Bereiches und auch der Definition anderer wissenschaftlicher Bereiche innerhalb ihres jeweiligen Bereichs verbleiben. Die erste Art entspricht den Einzelwissenschaften und die zweite der Philosophie. In diesem Sinn ist die Philosophie die Wissenschaft von den Wissenschaften, die inter alia mit der philosophischen Begründung der Einzelwissenschaften beschäftigt ist.

Die philosophischen Voraussetzungen der Einzelwissenschaften lassen sich mit folgenden Begründungsfragen erfassen: Welcher Art sind die Kohärenz und die Struktur der vielfältigen Wirklichkeitsaspekte, die die Erfahrung konkreter Phänomene ermöglicht? Ist jeder dieser Wirklichkeitsaspekte irreduzibel und einzigartig, oder sind die vielfältigen Wirklichkeitsaspekte auf einige wenige Wirklichkeitsaspekte reduzierbar bzw. mittels einiger weniger Wirklichkeitsaspekte erklärbar (so wie das viele philosophische und einzelwissenschaftliche Ismen vorschlagen – Rationalismus, Idealismus, Universalismus, Individualismus, Irrationalismus, Realismus, Nominalismus, Phyikalismus, Materialismus, Pietismus usw.)? Sind Tatsachen und Normen (in der Philosophie) bzw. Tatsachen und Gesetze (in den Einzelwissenschaften) voneinander unabhängig oder irreduzibel miteinander verbunden? Schließen sich Kausalität und Freiheit wechselseitig aus? Was ist das Wesen des Menschen (und gibt es einen fundamentalen Unterschied zwischen Mensch und Tier)? In welchem Verhältnis stehen Individuum und Gesellschaft? Worin liegen die Vollendung und der Ursprung der kreatürlichen Vielfalt?

Um den Einfluss dieser philosophischen Fundierungsfragen in den Einzelwissenschaften genauer zu erhellen, werde ich kritisch einige vorherrschende (und manchmal konfligierende) Paradigmen der Mathematik, Physik und Biologie analysieren. Dabei wird stets die Unausweichlichkeit der modalen Abstraktion in den Einzelwissenschaften auftauchen – und damit meine These bestätigen, dass modale Abstraktion als die wesentliche und distinkte Eigenschaft von wissenschaftlichen Aktivitäten anzusehen ist.

Erstes Kapitel
Philosophische Begründungsprobleme in der Mathematik

Einleitende Bemerkung

Beginnen wir unsere Überlegungen mit dem Standardargument gegen eine mögliche Vielfalt von konfligierenden Standpunkten innerhalb der Mathematik: Können wir mit Sicherheit behaupten, dass 3 + 4 = 7? Diese Art des Fragens ist das Standardargument, um die Neutralität der wissenschaftlichen Tätigkeit zu verteidigen – die Aussage 3 + 4 = 7 betrifft offensichtlich eine Tatsache und ist wahr unabhängig von Christentum, Judentum, Atheismus oder Kommunismus. Nehmen wir nun an, ich würde widersprechen und feststellen, dass 3 + 4= 5! Man könnte mich von der Falschheit meiner Aussage zu überzeugen versuchen, indem man mit den Fingern nachzählt. Darauf könnte ich erwidern, dass das Nachzählen der Finger zweifelsohne 3 + 4 = 7 bestätigt, dass das aber bloß die nummerische Addition betrifft. Ich könnte weiters erwidern, dass ich allerdings auf etwas anderes abzielte, das ebenso legitim ist – die geometrische Addition. Denken wir z.B. an eine Person, die an einem bestimmten Punkt startet und drei Meilen nach Norden wandert, um dann vier Meilen nach Osten zu wandern. Wie weit ist diese Person dann von ihrem Startpunkt entfernt? Natürlich fünf Meilen! Damit sind wir mit zwei verschiedenen Arten von Tatsachen konfrontiert: einer nummerischen (3 + 4 = 7) und einer geometrischen (3 + 4 = 5) Tatsache – mit dem Zusatz, dass die Addition von Distanzen mathematisch durch die Vektorentheorie erklärt wird. Ein Vektor weist Distanz und Richtung auf, weswegen ich eine Schreibweise hätte wählen sollen, die dem gerecht wird (z.B. hätte ich Pfeile über die Vektoren ›3‹ und ›4‹ und über die Vektorensumme ›5‹ setzen sollen).

Worauf es hier ankommt, ist folgendes: Tatsachen sind nicht einfach Tatsachen – Tatsachen sind immer strukturiert und qualifiziert. In unserem Fall sind sie qualifiziert durch Zahl und Raum. Wenn man also zwischen verschiedenen Arten von Tatsachen unterscheiden will, muss man sich der vorausgesetzten, präsupponierten geordneten Verschiedenheit (›order-diversity‹) der Wirklichkeit bewusst sein. Und genau an diesem Punkt weichen die Standpunkte der Mathematiker voneinander ab. Hinsichtlich des Wesens und der Kohärenz von Zahl und Raum wurden verschiedene Ansichten entwickelt, die zu einer Differenzierung in der mathematischen Schulbildung führten. So haben intuitionistische Mathematiker eine ganz neue Mathematik formuliert und dabei Konzepte und Methoden eingeführt, die in der klassischen Mathematik nicht zu finden sind. Stegmüller merkt dazu frappiert an:

»Die Andersartigkeit der intuitionistischen Mathematik findet ihren Niederschlag in einer Reihe von Lehrsätzen, die klassischen Resultaten widersprechen. Während z.B. innerhalb der klassischen Analysis nur ein sehr kleiner Teil der reellen Funktionen gleichmäßig stetig ist, gilt in der intuitionistischen Mathematik der Satz von der gleichmäßigen Stetigkeit jeder überhaupt definierbaren Funktion.« (Stegmüller 1969, S.331)

Das scheinbar so ›unschuldige‹ Beispiel 3 + 4 = 7 verwickelt uns also nicht nur unmittelbar in die Begründungsprobleme der Mathematik als Einzelwissenschaft, sondern stellt auch das unterstellte exakte Wesen der Mathematik als akademischer Disziplin auf die Probe. Der berühmte Mathematiker Morris Kline vertritt in *Mathematics. The Loss of Certainty* die These, dass die klassischen Ideale der Mathematik mit dem Leitstern der Gewissheit unterbestimmt sind:

»The developments in the foundations of mathematics since 1900 are bewildering, and the present state of mathematics in anomalous and deplorable. The light of truth no longer illuminates the road to follow. In place of the unique, universally admired and universally accepted body of mathematics whose proofs, though sometimes requiring emendation, were regarded as the acme of sound reasoning, we now have conflicting approaches to mathematics. Beyond the logicist, intuitionist, and formalist bases, the approach through set theory alone gives many options. Some divergent and even conflicting positions are possible even within the other schools. Thus the constructivist movement within the intuitionist philosophy has many splinter groups. Within formalism there are choices to be made about what principles of metamathematics may be employed. Non-standard analysis, though not a doctrine of any one school, permits an alternative approach to analysis which may also lead to conflicting views. At the very least what was considered to be illogical and to be banished is now accepted by some schools as logically sound.« (Kline 1980, S.275f)

Es ist in der Tat frappierend, dass die Mathematik die zweifache Einseitigkeit des arithmetischen Ansatzes (gegründet von den griechischen Mathematikern und wieder inthronisiert während der letzten hundert Jahre) und des geometrischen Ansatzes (vorherrschend in den dazwischen liegenden Epochen) erforschte, sich aber niemals einem offensichtlich dritten Ansatz zuwandte, der sowohl die Einzigartigkeit als auch die wechselseitige Kohärenz von Zahl und Raum als zwei Aspekte der vielfältigen variierenden, kreatürlichen geordneten Verschiedenheit anerkennt.

Ich werde mit einer kurzen Darstellung der wichtigsten historischen Stationen in der Geschichte der Mathematik anfangen und dann mit systematischen Analysen fortfahren, um die komplexen Verbindungen zwischen Zahl und Raum aufzuklären. Dazu werde ich erstens einige moderne Definitionen des Wesens der Mathematik diskutieren. Von diesen Definitionen ausgehend werde ich zweitens den Sinn des Unendlichkeitsbegriffs für die Bewertung des Wesens der Mathematik darstellen. Drittens werde ich einige wichtige Fragestellungen erläutern, um viertens mit einer kurzen Thematisierung von alternativen systematischen Perspektiven zu enden.

Definitionen der Mathematik

Obwohl es selbstverständlich anmutet, die Mathematik als Einzelwissenschaft in erster Linie mit den Aspekten Zahl und Raum in Verbindung zu bringen, beziehen sich die Gegenstandsbestimmungen der meisten modernen Mathematiker nicht ausdrücklich auf diese beiden Aspekte. Der Logizismus (beispielsweise durch B. Russell vertreten) betont, dass die Mathematik nicht mit Quantität, sondern mit Ordnung zu tun hat. W. Hamilton definierte in einem Werk aus dem Jahr 1833 Algebra »as the science of pure time or order in progression« (Hamilton, zitiert nach Cassirer 1957, S.85). Cassirer greift die Traditionslinie, die bis auf Leibniz zurück reicht, auf seine Weise auf. Für Smart (1958, S.245) liegt der Hauptzweck des kritischen Studiums der Geschichte der Mathematik darin, »to illustrate and confirm the special thesis that ordinal number is logically prior to cardinal number, and, more generally, that mathematics may be defined, in Leibnizian fashion, as the science of order.«

Die Werke, die sich mit der Begründung der Mengenlehre beschäftigen und die Philosophie der Mathematik behandeln, beschreiben die Mathematik oftmals als die ›Wissenschaft der formalen Systeme‹. Für diejenigen, die einem axiomatischen Ansatz anhängen, bedeutet das, dass die Mathematik insgesamt Mengenlehre ist (s. Meschkowski 1972, S.356). Obwohl sie eine junge Disziplin ist, sieht sich die Mengenlehre von Anfang an mit grundlegenden Strömungen konfrontiert, die die Geschichte der Mathematik durchlaufen. Zu erwähnen ist hier die Spannung zwischen unvollständiger Unendlichkeit (›uncompleted infinitude‹) und vollständiger Unendlichkeit (›completed infinitude‹) – ein Kontrast, der seit der griechischen Philosophie unter den Begriffen zwischen dem potentiell Unendlichen (›potential infinite‹) und dem aktual Unendlichen (›actual infinite‹) bekannt ist. Das unvollständig Unendliche (›uncompleted infinite‹) verweist auf die Annahme, dass das Unendliche in einem wörtlichen Sinne un-endlich, d.h. ohne Ende bzw. end-los ist. Das vollständige Unendliche (›completed infinite‹) wird demgegenüber als Quantität gesehen, das in all seinen Teilen fest und bestimmt ist und zugleich jede endliche Größe übersteigt.

Der Gründer der Mengenlehre, G. Cantor, ist davon überzeugt, »that Set Theory deals with the actual infinite« (Robinson 1967, S.39). 1874 liefert Cantor auf der Basis des vollständigen Unendlichen den Beweis, dass die Menge aller reellen Zahlen nicht in der Art der Menge aller natürlichen Zahlen aufgezählt werden kann, d.h. dass reelle Zahlen überabzählbar sind (ich komme darauf zurück). Aber genau in diesem Beweis liegt für Meschkowski (1972b, S.25) die Fundierung der Mengenlehre.[1]

Definiert man daher die Mathematik als Mengenlehre, rückt man gleichzeitig die problematische Beziehung von unvollständigem und vollständigem Unendlichen in das Zentrum der Definition. In der modernen Mathematik gibt es daher verschiedene wissenschaftliche Standpunkte, die in der Begriffsbestimmung des Unendlichen divergieren: in Richtung des unvollständigen Unendlichen und in Richtung des vollständigen Unendlichen. Hermann Weyl merkt in dieser Hinsicht an:

»Will man zum Schluß ein kurzes Schlagwort, welches den lebendigen Mittelpunkt der Mathematik trifft, so darf man wohl sagen: sie ist die *Wissenschaft vom Unendlichen.*« (Weyl 1966, S.89)

Vor der Folie der bisherigen Überlegungen lassen sich hier unmittelbar die Worte des bedeutendsten Mathematikers des 20. Jahrhunderts anfügen:

»Das Unendliche hat wie keine andere Frage von jeher so tief das Gemüt des Menschen bewegt; das Unendliche hat wie kaum eine andere Idee auf den Verstand so anregend und fruchtbar gewirkt; das Unendliche ist aber auch wie kein anderer Begriff so der Aufklärung bedürftig.« (Hilbert 1925, S.163)

Keine Darstellung der Mathematik kann einer Bewertung des Wesens der Unendlichen entgehen.

Doch die Frage, wie Einsicht in das Wesen des Unendlichen zu gewinnen ist, appelliert an Begründungsfragen hinsichtlich der Einzigartigkeit des mathematischen Forschungsbereichs. Es sollte klar sein, dass eine Einschränkung der Definition von Mathematik auf eine Disziplin der formalen Systeme ungenügend ist – schon allein deswegen, weil andere Wissenschaften ebenso weitgehend abstrahieren und trotzdem nicht mathematisch sind (z.B. die Philosophie). Der bedeutende Mathematiker Gottlob Frege stellt sogar infrage, dass der Begriff der Abstraktion für eine Definition der Mathematik von Nutzen ist. Wenn wir beispielsweise mit dem Mond als Entität beginnen, dann erhalten wir mittels Abstraktion Begriffe wie ›Begleiter eines Planeten‹, ›Himmelskörper ohne eigenes Licht‹, ›Himmelskörper‹, ›Körper‹ und schließlich ›Gegenstand‹ – aber nirgends in dieser Abstraktionsreihe taucht die Zahl 1 auf (s. Frege 1884, §44).[2] Frege formuliert damit ei-

---

1 Man könnte diese Aussage vor der Folie der Entwicklung der Kategorientheorie und der Topostheorie diskutieren – was allerdings aus dem Rahmen der hier vorgestellten Überlegungen fällt.
2 Frege (1884) schließt: »Die ›1‹ ist in dieser Reihe nicht anzutreffen; denn sie ist kein Begriff, unter der Mond fallen könnte.« Im §34 dieses Buches schreibt er: »Die

nen Einwand gegen die Auffassung, Zahlen seien als eine Menge von Einheiten (reinen Einsen) anzusehen, die ausgehend von der Erfahrung konkreter Dinge durch Abstraktion gewonnen werden. Angelelli vertritt sogar die Meinung, dass Freges Kritik dieser Auffassung vernichtend ist:

»By abstracting from the particular differences and natures of the given objects no plurality can be attained, but only one thing (the concept *cat*, for example).« (Angelelli 1984, S.467)

Frege illustriert seinen Gedanken anhand einer weißen und einer schwarzen Katze:

»Wenn ich z.B. bei der Betrachtung einer weißen und einer schwarzen Katze von den Eigenschaften absehe, durch die sie sich unterscheiden, so erhalte ich etwa den Begriff ›Katze‹. Wenn ich nun auch beide unter diesen Begriff bringe und sie etwa Einheiten nenne, so bleibt die weiße doch immer weiß und die schwarze schwarz. [...] Der Begriff ›Katze‹, der durch die Abstraktion gewonnen ist, enthält zwar die Besonderheiten nicht mehr, ist aber eben dadurch nur einer.« (Frege 1884, S.45-46; §34).[3]

In einem Kommentar zu Cantors Definition einer Teilmenge (s. Cantor 1962, S.283) bezieht sich Zermelo ebenso auf die Bemühungen, den Begriff der Kardinalzahlen mittels eines Abstraktionsprozesses einzuführen – was impliziert, dass Kardinalzahlen als eine »aus lauter Einsen zusammengesetzte Menge« anzusehen sind (s. Zermelos erster Kommentar in: Cantor 1962, S.351).

Schon Kant gelangt zu der Einsicht, dass die reine logische Synthesis niemals eine neue Zahl liefert (s. *Kritik der reinen Vernunft*, B 15). Wenngleich auf andere Argumente gestützt, hebt Frege denselben Punkt hervor: Konkrete (oder auf Seiendes gerichtete) Abstraktion führt immer nur zu allgemeineren Begriffe des Seienden, kann aber niemals zur Zahl als solcher vordringen. Doch die fundamentale Frage lautet: Ist es möglich, verschiedene Merkmale/Eigenschaften an ein und derselben Entität festzustellen? Wir können diese Frage anhand Freges Beispiel des Mondes spezifizieren: Hat der Mond nummerische Eigenschaften? Diese neue Perspektive betrifft die Frage, wie viele Monde die Erde umkreisen – worauf die Antwort im Lichte des heutigen Wissens lautet: einer. Das führt zu einer anderen Art der Abstraktion, die sich grundsätzlich von der konkreten (auf Seiendes gerichteten) Abstraktion unterscheidet, die sich im alltäglichen Leben finden lässt (man denke nur an Begriffe wie Mensch, Baum, Pferd u.ä.) – nämlich

---

Eigenschaften, durch die sich die Dinge unterscheiden, sind für ihre Anzahl etwas Gleichgültiges und Fremdes. Darum will man sie fern enthalten.«
3 Dummett (1995) erklärt: »The concept ›cat‹, which has been attained by abstraction, indeed no longer includes peculiarities of either; but just for that reason, it is a single concept.«

die Merkmalsabstraktion (›property abstraction‹). Diese kann man auch unter dem Begriff der modalen Abstraktion (›modal abstraction‹) fassen, die als die distinkte Charakteristik des wissenschaftlichen Denkens anzusehen ist (so wie in der Einleitung argumentiert wurde). Dieser Unterscheidung werde ich mich später wieder zuwenden, wenn ich die Beziehung zwischen den beiden Unendlichkeitsbegriffen systematisch diskutieren werde, die die Mathematiker seit jeher beschäftigen.

Durch das Aufgreifen einiger historischer Fäden sind wir zu anfänglichen Einblicken in den Begriff des Unendlichen und in die kritischen Wendepunkte in der Geschichte der Mathematik gelangt. Dabei dürfen wir nicht aus dem Blick verlieren, dass das westliche Denken über Unendlichkeit und Raum nachhaltig von Aristoteles beeinflusst wurde, bis Cantor diesen Einfluss infrage stellte.

»Die entscheidende Erkenntnis des Aristoteles war, dass Unendlichkeit wie Kontinuität nur in der Potenz existieren, also keine eigentliche Aktualität besitzen und daher stets unvollendet bleiben. Bis auf Georg Cantor, der in der zweiten Hälfte des 19. Jahrhunderts dieser These mit seiner Mengenlehre entgegentrat, in der er aktual unendliche Mannigfaltigkeiten betrachtete, ist die aristotelische Grundkonzeption von Unendlichkeit und Kontinuität das niemals angefochtene Gemeingut aller Mathematiker (wenn auch nicht aller Philosophen) geblieben.« (Becker 1964, S.69)

Das Unendliche im griechischen Denken und die erste Krise der Mathematik

In der milesischen Naturphilosophie findet sich die Antwort auf die Frage nach dem Ursprung (ἀρχή) alles zeitlich Seienden. Anaximander (610-546 v. Chr.) bestimmt als erster das Unbestimmte und das (zeitlich und räumlich) Unbegrenzte als den ›Urstoff‹ (ἄπειρὸν) alles Seienden (s. Diels-Kranz 1959/60, B Fragment 1)[4]. Das ἄπειρὸν ist zeitlos (FR 2) und es gibt hier weder Tod noch Vergänglichkeit (FR 3). Während die göttliche ἀρχή vor Anaximander mit einem fließenden Element identifiziert wurde (als Wasser bei Thales, als Luft bei Anaximenes und als Feuer bei Heraklit), bestimmt Anaximander Zeitlosigkeit, Unvergänglichkeit und Dauerhaftigkeit als Kennzeichen der ἀρχή, die damit im Gegensatz zum Fließenden steht. Es ist möglich, dass Anaximander einem wesentlichen Element und einer Charakteristik des Unendlichen auf der Spur war (s.u.). Die doppelpolige Natur des Unendlichen zeigt sich auch in Zenons Argumente gegen die Bewegung. Aristoteles erwähnt Zenons vier Argumente in der *Physik* (233a 13ff und 239b 5ff).

Widmen wir uns zunächst folgenden beiden Argumenten von Zenon: (1) Achilles kann niemals die Schildkröte einholen, und (2) es ist unmöglich, sich von Punkt A zu Punkt B zu bewegen. Das berühmte erste Argument lautet: Achilles

---

4 Im Folgenden werde ich Diels-Kranz' B Fragmente unter dem Siegel FR zitieren.

und die Schildkröte starten ein Rennen, bei dem die Schildkröte 100 Meter Vorsprung hat. In der Zeit, die Achilles benötigt, um diesen Rückstand aufzuholen, hat die Schildkröte wieder einen gewissen Weg bewältigt. Bis Achilles an den Punkt gelangt, an dem sich die Schildkröte befand, als er den ersten Vorsprung einholte, hat sie wieder ein Stück Weg zurückgelegt usw. ad infinitum. Achilles kann den Vorsprung der Schildkröte nicht einholen, selbst wenn dieser immer kleiner wird – er wird die Schildkröte nie erreichen oder gar überholen. Das zweite Argument lautet wie folgt: Um sich von A nach B zu bewegen, muss man zuerst die halbe Strecke von A nach B zurücklegen; dann die verbleibende Hälfte; von dieser verbleibenden Strecke dann die nächste Hälfte usw. bis ins Unendliche (s. FR 3). Daraus zieht Zenon den Schluss, dass die Bewegung von A nach B eine Durchquerung von unendlich vielen Raumintervallen mit sich bringt – und das sei innerhalb einer zeitlich begrenzten Periode nicht möglich. Daher ist Bewegung nicht möglich.

Diese Argumente liefern Beispiele für den Gegensatz von unvollständigen und vollständigen Unendlichen. Denn ohne jeden Zweifel entwickelt Anaxagoras eine Vorstellung des potentiell Unendlichen, und Zenon formuliert die erste Fassung der unendlichen Teilbarkeit eines Kontinuums (s. hierzu FR 3). Daher greift Titze zu kurz, wenn er feststellt, dass das »zahlenmäßig Unendliche, sei es im Großen oder im Kleinen, für das antike Denken unbegreiflich war« (Titze 1984, S.141).

Die von Aristoteles geprägte klassische Formulierung, dass das Ganze mehr als die Summe seiner Teile ist (s. *Politeia* 1253a 19-20), beeinflusst die Geschichte der Philosophie und zahlreiche Einzelwissenschaften. In neuerer Zeit wird diese Aussage oft so verstanden, dass das Ganze von der Summe seiner Teile verschieden ist. Daher kehren wir für ein erstes Verständnis der Unteilbarkeit eines räumlichen Kontinuums zu Zenon zurück. Zenons vier Argumente gegen Vielfalt und Bewegung erlangen allerdings durch Aristoteles' *Physik* (233a 13ff, 239b 5ff) Berühmtheit.[5] Der besondere Sinn von Zenons drittem Fragment liegt genau in der expliziten Erklärung von beiden Seiten der Relation des Ganzen zu seinen Teilen – offenbar zum ersten Mal in der Geschichte der Philosophie (und Mathematik). Halten wir folgende von Zenons Formulierung aus den *Fragmenten* fest:

»Wenn Vieles ist, so müssen notwendig gerade so viele Dinge sein als wirklich sind, nicht mehr, nicht minder. Wenn aber so viele Dinge sind als eben sind, so dürften sie (der Zahl nach) begrenzt sein.«

Hier gelangt Zenon von der Vielfalt zur Begrenztheit. Liest man allerdings dieses Fragment weiter, so ergibt sich für Zenon das genaue Gegenteil:

---

5 Tatsächlich liegt von Zenon selbst nur eine Formulierung vor, die sich im vierten und letzten überlieferten Fragment findet: »Das Bewegte bewegt sich weder in dem Raume, in dem es ist, noch in dem es nicht ist.«

»Wenn Vieles ist, so sind die seienden Dinge (der Zahl nach) unbegrenzt. Denn stets sind andere zwischen den seienden Dingen (der Zahl nach) unbegrenzt.«

Obwohl beide Hauptteile dieses Fragments mit der gleichen Formulierung beginnen (»Wenn Vieles ist...«), zieht Zenon gegenteilige Schlussfolgerungen daraus. Im ersten Zitat folgt aus der Existenz der Vielfalt, dass die Anzahl der existierenden Dinge begrenzt ist, und im zweiten Zitat folgt aus der Existenz der Vielfalt, dass die Anzahl der existierenden Dinge unbegrenzt ist. Als Erklärung bietet sich folgende Interpretation an: Zenon erforscht die beiden Seiten der räumlichen Relation des Ganzen zu seinen Teilen, die er in der von Parmenides und dessen Schule geprägten statischen Raumbegriffen vorfindet. Wenn Vielfalt eine Vielfalt der Teile (der Welt) ist, dann muss ihre Gesamtsumme begrenzt sein (und damit die Welt als solche konstituieren). Wenn man aber die Überlegung beim Weltganzen beginnen lässt und so die Vielfalt der (Welten-) Teile erklärt, dann ist es tatsächlich möglich, die Vielfalt der Teile so zu lokalisieren, dass zwischen ihnen Platz für immer weitere Teile bleibt. Und dieses Argument lässt sich in Bezug auf die Teile ad infinitum fortführen.[6] Die Entdeckung der Ganze-Teile-Relation ist in der griechischen Philosophie untrennbar mit der Entwicklung des Begriffs des Unendlichen verknüpft, weil sie mit der unendlichen Teilung des (Welt-) Ganzen verbunden ist.

Um bei der Betrachtung des Unendlichkeitsbegriffs einen weiteren Schritt zu machen, sollten wir zu den Pythagoreern zurückkehren. Das zentrale Kennzeichen der frühen pythagoreischen Schule ist eine arithmetische Feststellung: »Alles ist Zahl.« (s. Thesleff 1970, S.82) Wegweiser für dieses allgemeine Theorem ist die offensichtliche Analysierbarkeit der musikalischen Harmonien. Pythagoras entdeckt, dass den Harmonien einfache Zahlenverhältnisse zu Grunde liegen. Wenn zwei Dinge in ihrer Relation zueinander als zwei Zahlen erscheinen, dann sind sie selbst in Wirklichkeit nur versteckte Zahlen (s. Scholz & Hasse 1928, S.6). Das Interesse der Pythagoreer an der Form von Figuren (einschließlich die Formkongruenz, die Uni-*form*-ität) regt den Beweis von Pythagoras bekanntem Theorem an, nämlich dass in jedem rechtwinkeligen Dreieck das Quadrat der Hypotenuse der Quadratsumme der Katheten entspricht. Der Grund des Universums besteht also nicht aus materiellen Elementen, sondern aus Strukturen bzw. Formen – den mathematischen Beziehungen. Die Harmonielehre zeigt eine Übereinstimmung von Mathematik und etwas so Immateriellen wie der Musik. Der pythagoreische Lehrsatz zeigt, dass die Mathematik für materielle Dinge Gültigkeit besitzt, und die (annähernden) Kreisbahnen der Sterne zeigen, dass auch die himmlischen Gegenstände der Mathematik gehorchen. Die Pythagoreer meinen daher, dass mathematische Strukturen und Relationen ›unter allen Dingen liegen‹, also die ›Sub-stanz‹ sind.

---

6 Herman Fränkel (1968, S.425ff, besonders S.430) rekurriert in seiner Interpretation von Zenons drittem Fragment explizit auf die Relation des Ganzen zu seinen Teilen.

In Babylonischen Schriften findet sich bereits eine Zeichnung, die Pythagoras' Theorem nahelegt.

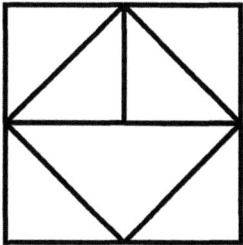

Gemäß Euklids *Elementen* ist der ursprüngliche arithmetische Beweis von Pythagoras' Theorem in der Kongruenz der Figuren fundiert. Hippasos von Metapont (450 v. Chr.) entdeckt wahrscheinlich bereits, dass dieser Beweis nicht generell gültig ist. Dieser setzt nämlich voraus, dass das Verhältnis aller geraden Strecken in Relation zueinander als ganze Zahl stehen, d.h. sie können in der Form a/b dargestellt werden, wobei a und b ganze natürliche Zahlen sind. Das Fünfeck[7] führt Hippasos zu der Überzeugung, dass diese Voraussetzung falsch ist.

Betrachten wir das folgende Fünfeck (siehe Abbildung auf der nächsten Seite). Wenn a_1 and a_0 gleich lang sind, dann ist a_1 genau (ohne Rest) durch a_0 teilbar. Wenn diese Teilung zu einem unendlich fortgesetzten Bruch führt, sind die beiden Streckenlinien inkommensurabel, verursacht durch die Absenz eines gemeinsamen Verhältnisses. Und das bedeutet unweigerlich die Entdeckung der irrationalen Zahlen. Das einfachste Beispiel für eine irrationale Zahl ist die Länge der Hypotenuse eines rechtwinkeligen Dreiecks, dessen beiden Katheten genau 1 lang sind.

---

7 Dabei handelt es sich um das regelmäßige Fünfeck. Die Pythagoräer benutzten ein regelmäßiges Fünfeck, bei dem sich die Seiten bis zu den Schnittpunkten erstrecken (s. Cantor 1922, S.178).

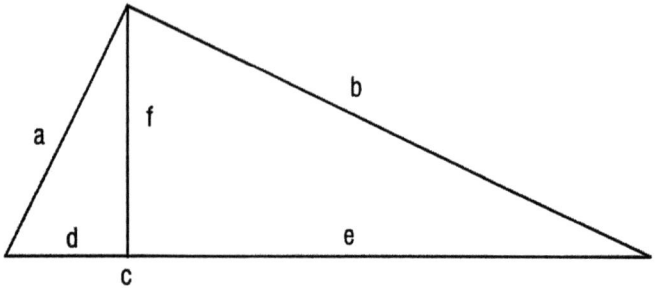

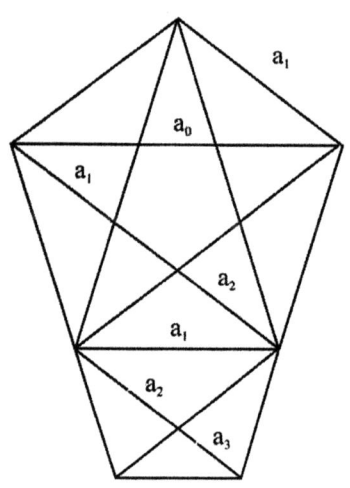

Aus der Figur folgt:

	a_0	=	a_1	+ a_2
deswegen:	a_0/a_1	=	$1+$	a_2/a_1
und:	a_1	=	a_2	+ a_3
es beinhaltet:	a_1/a_2	=	1	+ a_3/a_2
ähnlich:	a_2/a_3	=	$1/a_1/a_2$ und:	
	a_3/a_2	=	$1/a_2/a_3$ etc.	

Woraus folgt:

$$1 + \cfrac{1}{1 + \cfrac{1}{1 + 1}}$$

was die Existenz irrationaler Zahlen bestätigt.

Pythagoras dürfte durchaus gewusst haben, dass √2 eine irrationale Zahl ist. In *Theaitetos* erwähnt Platon, dass der Pythagoreer Theodoros weitere irrationale Zahlen bewiesen hat:

»Von den Seiten des Vierecks zeichnete uns Theodoros etwas vor, indem er uns von der des dreifüßigen bewies, daß sie als Länge nicht meßbar wären durch die einfüßige. Und so ging er jede einzelne durch bis zur siebzehnfüßigen, bei dieser hielt er inne.« (*Theaitetos* 147d)

Das Wesen der irrationalen Zahlen lässt sich nicht auf ein Verhältnis (ratio, λόγοσ) zweier ganzer Zahlen zurückführen – und das stürzt die pythagoreische Mathematik in eine Krise. Warum aber die Entdeckung der irrationalen Zahlen eine Krise auslöst, lässt sich durch eine Betrachtung der zentralen Gedankenmotive in der griechischen Philosophie verstehen. Die formative und begrenzende Funktion von Zahlen wird durch die Entdeckung der irrationalen Zahlen vernichtet (s. Fritz 1945, S.242-264, der hier den Begriff der Inkommensurabilität verwendet), weil die formativ-begrenzende Hypotenuse eines rechtwinkeligen Dreiecks, dessen Katheten eine Länge von 1 aufweisen, in einer arithmetischen Perspektive eine infinite (unbegrenzte) Sequenz enthält. Mit anderen Worten: Das ἄπειρον hebt hier die begrenzende Funktion der περασ auf. Und um diese Konsequenz zu vermeiden, werden alle algebraischen Probleme[8] in räumlichen Begriffen formuliert – der Grund für die Geometrisierung der Mathematik (s. Boyer 1956, S.8ff). Die Denkmotive des Begrenzten versus Unbegrenzten, des Vergänglichen versus Unvergänglichen und der Form versus Materie, die die griechische Philosophie wesentlich bestimmen, sind der Grund für die Richtung, die die griechische Mathematik einschlägt. Um diese erste Krise der griechischen Mathematik zu überwinden, schlägt Eudoxos eine Methode vor, die dem modernen Differenzial- und Integralkalkül ähnelt. Weil man sich aber nicht von der räumlichen Perspektive lösen kann, bleibt es dem 17. Jahrhundert vorbehalten, die wichtigen Neuerungen in der Mathematik zu formulieren.[9]

Neben Zenons *B Fragment 3* finden sich auch bei Anaxagoras Bemerkungen über das Wesen des räumlichen Kontinuums, die ihre Aktualität nicht verloren haben:

---

8 Natürlich kannten die Griechen noch keine Algebra.
9 P.A. Meijer (1968, S.207, bes. Anmerkung 15 auf S. 206) vertritt die Meinung, dass das fundamentale griechische Denkmotiv im Streben nach Unvergänglichkeit zu sehen ist. Bram Bos (1994, S.220) hält Form und Materie für die grundlegenden Motive, indem er die alternative Bezeichnung der ›titanic meaning perspective‹ verwendet. Dennoch bleibt auch hier die Spannung zwischen Veränderung/Werden (z.B. die Jahreszeiten) und der Suche nach der zu Grunde liegenden Konstanz dem Motiv eingeschrieben.

»Denn weder gibt es beim Kleinen ja ein Kleinstes, sondern stets ein *noch* Kleineres (denn es ist unmöglich, daß das Seiende [durch Teilung?] zu sein aufhörte. (B FR 3). Da kein Kleinstes sein kann, so könnte es sich nicht absondern, auch nicht für sich sein, sondern wie anfangs so auch jetzt muß alles beisammen sein.« (B FR 6).

Die gleichzeitige Existenz suggeriert die Kohärenz des räumlichen Kontinuums, die alle (materiellen) Dinge inkludiert. Dieses Kontinuum ist jedoch nicht die Koordinate von diskreten (getrennten) Teilen (als wären die Teile mit einer Axt gespalten – s. B FR 9). Mit diesen Überlegungen darf man Anaxagoras nicht nur als Vorläufer des Aristoteles ansehen, sondern auch der intuitionistischen Mathematik im 20. Jahrhundert (nämlich von Brouwer und Weyl). Für Anaxagoras steht fest, dass das Unendliche nicht nur als außerhalb der Dinge liegend und als räumliche Ausdehnung ohne Grenzen, sondern auch als innerhalb der Dinge situiert und als unendlich teilbare räumliche Ausdehnung zu denken ist.

Eine der Kategorien des Aristoteles ist Quantität. Als genus proximum umfasst die Quantität Zahl und Raum als differentiae specificae. Lässt man also die spezifischen (wesentlichen) Unterschiede zwischen Zahl und Raum beiseite, dann fallen beide unter den höheren Begriff der Quantität.

»Quantität ist teils diskret, teils kontinuierlich.« (*Kategorien* 4b 20) »Diskret ist z.B. die Zahl […].« (*Kategorien* 4b 31) »Die Teile der Zahl haben keine gemeinsame Grenze, an der ihre Teile zusammenstießen. Die Linie ist dagegen kontinuierlich (stetig). Denn man kann eine gemeinsame Grenze namhaft machen, bei der ihre Teile sich berühren, den Punkt.« (*Kategorien* 4b 25ff, 5a 1ff)

Wie Zenon lehnt Aristoteles die Möglichkeit eines aktual Unendlichen (bzw. vollständigen Unendlichen) ab. Er ist davon überzeugt, dass seine Formulierung des potentiellen Unendlichen (unvollständig Unendlichen) das Problem des Zenon überwindet. Eine bestimmte Linie kann zwar unendlich oft geteilt werden, aber diese unendliche Teilung existiert nur in potentia – als Möglichkeit, die man in Wirklichkeit niemals durchführen kann. Wenn sich ein Ding bewegt, dann bewegt es sich für Aristoteles nicht, als ob es während seiner Bewegung zählte (›in a counting manner‹) – sonst würde Zenon mit dem Paradoxon recht behalten. Dieses besteht ja darin, dass man eine begrenzte räumliche Distanz hinter einer aktual unendlichen Sequenz von Zahlen versteckt und dann gleichzeitig abzählt. Aristoteles konfrontiert seinerseits Zenons Paradoxon mit folgendem Argument:

»Wenn jemand eine zusammenhängende (Linie) in zwei Halbstücke teilt, so benutzt der die *eine* Marke wie *zwei*, er macht sie nämlich zu Anfang und Ende. So macht es der, der (nur) zählt, wie auch der, der (wirklich) in Halbstücke teilt. Nimmt man aber so auseinander, so sind weder die Linie noch die Bewegung (auf ihr) noch zusammenhängend; fortlaufende Bewegung besteht doch in Verbindung mit zusammenhängender (Erstreckung), in so einem Zusammenhängenden sind war unendlich viele Halbstücke enthalten, nur nich in Wirklichkeit, sondern *bloß der Möglichkeit nach.*« (*Physik* 263a 23ff)

Aristoteles weist die Existenz des aktual Unendlichen aus zwei Gründen zurück (s. *Physik* 204a 20ff, *Metaphysik* 1066b 11ff, und *Metaphysik* 1084a 1ff.):

- Wenn das aktual Unendliche (d.i. das der Wirklichkeit nach Unendliche) aus Teilen besteht, dann müssen diese Teile selbst aktual unendlich sein – was den paradoxen Schluss nach sich zieht, dass das Ganzen nicht größer als seine Teile ist.
- Wenn das aktual Unendliche aus einer begrenzten Anzahl von Teilen besteht, dann zieht das entweder die Unmöglichkeit nach sich, das Unendliche durchzugehen (*that the infinite can be counted*) oder dass es transfinit viele Kardinalzahlen gibt, die entweder gerade oder ungerade sein müssen.

»Daß es nun ein Unendliches an sich, getrennt von den sinnlichen Dingen gäbe, ist unmöglich. (a) Denn wenn es weder Größe noch Menge ist, sondern das Unendliche selbst Wesenheit und nicht Akzidens ist, so müßte es unteilbar sein, weil das Teilbare Größe oder Menge ist. Ist es nun aber unteilbar, so ist es nicht unendlich, es wäre denn in dem Sinne, wie die Stimme unsichtbar ist. Aber so meint man es nicht, und in diesem Sinne suchen auch wir das Unendliche nicht, sondern als das, was zu durchgehen nicht möglich ist. (b) Wie ist es ferner denkbar, daß etwas unendlich an sich sei, wenn es nicht auch die Zahl und die Größe ist, deren Affektion das Unendliche ist? (c) Ferner, wenn das Unendliche akzidentell ist, so kann es nicht Element der seienden Dinge sein, insofern es unendlich ist, sowenig wie das Unsichtbare Element der Sprache, obgleich die Stimme unsichtbar ist. (d) Daß aber nicht in Wirklichkeit das Unendliche sein kann, leuchtet ein, weil dann jeder davon genommene Teil unendlich sei müßte; denn das Unendlich-sein und das Unendliche sind identisch, sofern das Unendliche Wesenheit ist und nicht von einem Substrat ausgesagt wird. Also muß es entweder unteilbar sein, oder, wofern teilbar, in Unendliches teilbar. Daß aber dasselbe Unendliche wieder vieles Unendliche zu seinen Teilen habe, ist unmöglich, und doch müßte, wie der Luftteil Luft, so des Unendlichen Unendliches sein, wenn es Wesenheit und Prinzip ist. Also ist es vielmehr unteilbar und untrennbar, doch das ist bei dem der Wirklichkeit nach Unendlichen unmöglich, weil es ein Quantum sein muß. Also ist es nur ein Akzidens. Wenn aber dies der Fall ist, so ist es nach den früheren Erläuterungen unmöglich das unendliche Prinzip, sondern dasjenige, dessen Akzidens es ist, die Luft etwa oder das Gerade.« (*Metaphysik* 1066b 1-22)

Es ist also nicht weiter verwunderlich, wenn Aristoteles die Form gebende/gestaltende Gottheit (den νοῦς als νοέσις νοέσεος – s. *Metaphysik* 1074b, 34-35) als endlich bestimmt. Denn nach Aristoteles kann man nur erkennen, was endlich ist. Und er zögert nicht, von der Unendlichkeit der Materie auf deren Unerkennbarkeit zu schließen (s. *Metaphysik* 1036a 8-9).

Historische Entwicklungslinien des Unendlichen

Unter dem Einfluss von Aristoteles lehrt Origines im 3. Jahrhundert n. Chr., dass Gott nicht unendlich ist: Wäre er unendlich, gäbe es keine Grenzen, und ohne Grenzen könnte er sich nicht erkennen. Ein Gott ohne jegliches Selbstbewusstsein ist aber ein gedankliches Unding. Mit Plotin kehrt allerdings die Hochschätzung des Unendlichen wieder zurück. Er bestimmt sowohl das Eine (aus dem alles entsteht) als auch die Materie als unendlich (s. *Enneaden* II 4, 4; II 4, 10; II 4, 15; VI 7, 32). Dabei verwendet Plotin den Begriff des Unenlichen dialektisch, je nachdem ob er ihn auf das Eine oder die Materie anwendet. Die (ungeformte) Materie empfängt die Form (s. *En.* VI, 7, 17) als permanentes Substrat – das (ungeformte) Eine gibt die Form (s. *En.* VI, 7, 17). Die Wiederkehr der Hochschätzung des Unendlichen erklärt sich aus Plotins Ansicht des Unendlichen als unendliche Gegenwart (s. *En.* III, 7), und sie übt einen beträchtlichen Einfluss auf die Konzeptionen des Unendlichen bei Boethius, Augustinus (*Confessiones* XI, 11, 13; *De Trinitate* XII, 14) und Thomas von Aquin (*Summa Theologiae* 1, 10) aus.

Augustinus geht über Plotin hinaus und stellt explizit fest, dass das menschliche Unvermögen, das Unendliche zu verstehen, nicht als Maßstab für Gott verwendet werden sollte. Gottes Allwissenheit erfasst jede Art der Unendlichkeit (wie die vollständige Unendlichkeit der Zahlen) ohne Gedankengang – auf einmal, ohne davor und danach. Daher kann Gott auch sein eigenes vollständig unendliches Wesen erkennen (s. *De Civitate Dei* XII, 19; s. Heimsoeth o. J., S.68). Dennoch bleibt für Augustinus die Endlichkeit der Schöpfung bestehen. Am Ende des Mittelalters kommt es zu einer Modifikation dieser Lehre. Nikolaus von Cues unterscheidet zwischen der aktualen Unendlichkeit Gottes und der Endlosigkeit der Wirklichkeit. Verbunden mit seiner Überzeugung, dass die unendliche Linie gleichzeitig Dreieck, Kreis und Kugel ist (s. *De Docta Ignorantia* I, 13-17), besagt die Lehre des Cusanus, dass man von Gott – als dem aktual Unendlichen – alles und nichts aussagen könne (Gott ist gleichermaßen das Größte und das Kleinste, s. *De Docta Ignorantia* I, 5), weil alle Widersprüche in ihm aufgelöst sind (s. *De Docta Ignorantia* I, 22; *De Coniercturis* II, 1; II, 2).[10]

Descartes stellt die klassische Lehre auf den Kopf. Für ihn stellt sich das Unendliche als vollständig und das Endliche als unvollständig dar, sodass man vom Endlichen besser als vom Nicht-Unendlichen sprechen sollte. Spinoza identifiziert Gott mit der Natur (›deus sive natura‹) und betrachtet daher das Universum als vollständig Unendliches. Galilei diskutiert die bemerkenswerte Beziehung zwischen Quadratzahlen und allen anderen Zahlen in einem Dialog, den er im März 1638 verfasst. Die Kombination von Quadratzahlen (1, 4, 9, 16, 25, ...) und Nicht-Quadratzahlen (2, 3, 5, 6, 7, 8, 10 ...) ergibt eine größere Menge als die

---

10 Wie schon K. Kremer (1966, S.354) anmerkt, lehren bereits Plotin und Proclus, dass in Gott alle Widersprüche aufgelöst sind (*coincidentia oppositorum*).

Menge der Quadratzahlen alleine. Zwischen 0 und 100 gibt es nur zehn Quadratzahlen (ein Zehntel der Zahlen sind Quadratzahlen), zwischen 0 und 10 000 gibt es 100 Quadratzahlen (d.i. ein Hundertstel), zwischen 0 und 1 000 000 gibt es 1 000 Quadratzahlen (d.i. ein Tausendstel) usw. Wenn wir nun fragen, wie viele Quadratzahlen es gib, dann lautet die Antwort: So viele wie Quadratwurzeln, denn zu jeder Quadratzahl gibt es eine Wurzel. Dann gibt es allerdings so viele Quadratzahlen wie Zahlen an sich. Man kann sich das wie folgt vorstellen:

$1^2 \quad 2^2 \quad 3^2 \quad 4^2 \quad 5^2 \quad ....$
$1 \quad\;\; 2 \quad\;\; 3 \quad\;\; 4 \quad\;\; 5 \quad ....$

Bernard Bolzano baut auf dieser Bestimmung in einem posthum erschienen Werk auf.[11] Jede unendliche Menge, in dem ein Element einem anderen Element entspricht (1 entspricht 1^2, 2 entspricht 2^2 usw.), entspricht als ganzes einer echten Teilmenge (die Menge der Quadratzahlen ist eine echte Teilmenge der natürlichen Zahlen) (s. Bolzano 1920, par. 20, S.27ff). Im Falle einer unendlichen Menge ist das Ganze daher seinen echten Teilen äquivalent – und das im Gegensatz zu der von Aristoteles vertretenen Ansicht, dass das Ganze immer größer als seine Teile ist (s. Strauss 1987).

Bevor ich mich Cantor zuwende, halte ich allerdings eine Diskussion der historischen Beziehung zwischen irrationalen Zahlen und dem Unendlichen für notwendig – für die Griechen ist es diese Beziehung, die sie zur Geometrisierung der Mathematik bringt. 1790 argumentiert Maimon, dass es eine wesentliche Differenz zwischen den sogenannten irrationalen Zahlen und einer (rational approximierten) Sequenz gibt, die diese Zahlen ausdrückt. Als Beispiel für die rational approximierte Annäherung an eine irrationale Zahl könnte man die Sequenz aus rationalen Zahlen anführen, die $\sqrt{2}$ darstellt: 1, 1.4, 1.41, 1.414, ... Um das Problem des Unendlichen zu bewältigen, führt Maimon die Unterscheidung zwischen dem endlichen menschlichen Verstand, der kantisch gedacht an die Zeit als innere Anschauungsform gebunden und daher endlich ist, und dem absoluten, unendlichen Verstand ein.

»Eine unendliche Zahl kann bei uns, (indem unsere Wahrnehmung an der Form der Zeit gebunden ist) nicht anders als durch eine unendliche Succession in der Zeit, (die also niemals als vollendet gedacht werden kann), hervorgebracht werden. Bei einem absoluten Verstande hingegen, wird der Begriff einer unendlichen Zahl, ohne Zeitfolge, auf einmal, gedacht. Daher ist das, was der Verstand seiner Einschränkung nach, als bloße Idee betrachtet, seiner absoluten Existenz nach ein reelles Objekt.« (Maimon 1790, S.228)

---

11 Wir reden heute von ›eineindeutigen Zuordnung‹ und von ›Elementen‹ einer Menge. Bolzano (1921, S.28) dagegen spricht von ›Dingen‹ statt ›Elementen‹ und von ›Paaren‹ statt ›eineindeutiger Zuordnung‹.

Infinitesimale und die zweite Begründungskrise der Mathematik

Newton formuliert seinen ersten Kalkül 1665/66. Es dürfte wohl eine historische Anforderung an die Genies dieser Zeit gewesen sein, einen derartigen Kalkül zu entwickeln, denn Leibniz formuliert 1673/76 einen solchen unabhängig von Newton, den er 1684 und 1686 veröffentlicht.[12] Dieser Kalkül ist als Infinitesimalkalkül bekannt und besteht aus zwei Teilen: der Differentialrechnung und der Integralrechnung. Mittels Differentialrechnung ist es beispielsweise möglich, die Steigung einer Kurve an einem bestimmten Punkt zu berechnen (die Steigung wird in der Trigonometrie als *Tangens* angegeben). Die Integralrechnung ist die inverse mathematische Operation zum Differential und erlaubt die Berechnung von Oberflächen und Volumina von Figuren, die durch Kurven begrenzt werden.

Die räumliche Darstellung der Kurvensteigung an einem bestimmten Punkt ist dem Problem von bewegten Körpern verwandt – hierin liegt ja der Anfangspunkt von Newtons Überlegungen. Nehmen wir einmal an, dass $y = x^2$ die Bewegung eines Körpers beschreibt (x ist die Zeit in Sekunden, die ein Körper benötigt, um eine Distanz von y Metern zurückzulegen). Fragen wir uns nun, wie die Geschwindigkeit des Körpers zu einem bestimmten Moment bestimmt werden kann. Dabei gelangen wir zu folgendem Resultat: Nach einer Sekunde bewegt sich der Körper mit einer Geschwindigkeit von 2 Meter pro Sekunde, nach 2 Sekunden mit 4m/sek, nach 3 Sekunden mit 6m/sek usw. Daher ist eine Gleichung, die die Geschwindigkeit an jedem beliebigen Moment angibt ($y' = 2x$, wobei ›y'‹ als ›Ableitung‹ bezeichnet wird), von der ursprünglichen Gleichung abgeleitet. E. T. Bell kommentiert dies wie folgt:

»Newton's first calculus, of 1665-6, seems to have been abstracted from intuitive ideas of motion. A curve was imagined as traced by the motion of a ›flowing‹ point. The ›infinitely short‹ path traced by the point in an ›infinite short‹ time was called the ›momentum‹ and this momentum divided by the infinitely short time was the ›fluxion‹.« (Bell 1945, S.151)

Newtons Differential (›fluxion‹) ist also nichts anderes als die Geschwindigkeit in einem bestimmten Moment in dem Beispiel.

Während der Entwicklung der Differential- und Integralrechnung wird deren Begründung allerdings nicht weiter beachtet, und zwar bis zum Beginn des 19. Jahrhunderts. Dann wird klar, dass die kleinsten Teile (die Infinitesimale) große Probleme verursachen. Langsam, aber unaufhaltsam beginnt daher eine arith-

---

12 Obwohl offensichtlich ist, dass die beiden unabhängig voneinander jeweils ihren Kalkül entwickelten, brach ein Streit über die Urheberschaft aus. Newtons Kalkül wurde zwar früher formuliert, aber später publiziert. Man sollte hier nicht vergessen, dass die meisten Argumente zugunsten von Newtons historischer Priorität von Newton selbst verfasst und unter den Namen seiner Freunde veröffentlicht wurden.

metisch fundierte Reflexion darüber, was mathematisch als ›Grenzwert‹ bezeichnet wird. 1770 definiert A. G. Kästner den Grenzwertbegriff wie folgt:

»Eine Größe nähert sich einem Werte unendlich, wenn ihr Unterschied von diesem Werte kleiner als jede Größe werden kann, die sich angeben lässt. Der Wert heißt alsdann ihre Grenze.« (Kästner 1770, S.1)[13]

Noch Augustin Louis Cauchy (1789-1857) fasst die Ableitung an einem bestimmten Punkt als die »dernière raison des différences infiniment petites Dy et Dx«, also als den Grenzwert der Brüche der Differenzen zwischen dem unendlich kleinen Dy und Dx. Cauchy benützt einen ungerechtfertigten Übergang von Verhältnis der infinitesimal kleinen Zahlen zum Verhältnis von normalen Zahlen, die ausreichend klein sind. Und obwohl Cauchy Dx und Dy als Variablen ansieht (d.i. Größen, die sukzessiv unterschiedliche Werte annehmen), gibt er dennoch eine relativ klare Definition der Grenzwert in seinem Lehrbuch der Analysis (1821):

»When the successive values assigned to a variable indefinitely approaches a fixed value to the extent that it eventually differs from it as little as one wishes, then this last (fixed value) can be characterized as the limit of all the others. [Lorsque les valeurs successivement attribuées à une même variable s'approchent indéfiniment d'une valeur fixe, de manière à finir par en différer aussi peu que l'on voudra, cette dernière est appelée la limite de toutes autres.]« (Cauchy 1821, in: Robinson 1966, S.269)

Nehmen wir als Beispiel die Sequenz $1/n$. Diese Sequenz strebt gegen 0 als Grenze, wenn n gemäß den natürlichen Zahlen ansteigt. Die Sequenz $1/n$ lautet $1/1$, $1/2$, $1/3$, $1/4$ usw. Wenn man daher n hinreichend groß wählt, ist es möglich, den Wert $1/n$ so nahe an die Grenze 0 zu nähern, wie man das wünscht. Doch trotz dieser zwingenden Begründung für die Analysis liefert Cauchy keine befriedigende Begründung für die Einführung der reellen Zahlen – und diese sind vital für eine bindende Entwicklung der Analysis. Cauchy vertritt die Meinung, dass irrationale Zahlen als die Grenzen von konvergierenden Reihen rationaler Zahlen zu definieren sind. Betrachten wir beispielsweise folgende interessante Reihe von Brüchen (die wahrscheinlich schon die Griechen kannten):

$$\frac{1}{1} \quad \frac{3}{2} \quad \frac{7}{5} \quad \frac{17}{12} \quad \frac{41}{29} \quad \frac{99}{70} \quad \frac{239}{169} \quad \frac{577}{408} \quad \frac{1393}{985}$$

Diese Reihe berechnet man wie folgt: Man fängt bei $1/1$ an. Um den Nenner des nächsten Bruches in dieser Reihe zu erhalten, summiere man Zähler und Nenner

---

13 D'Alembert kritisiert äußerst scharf den Begriff der unendlich kleinen Größen (›quantités infiniment petites‹) und bringt den europäischen Mathematikern damit zu Bewusstsein, dass der Grenzbegriff ein zentraler Begriff der Analysis ist (s. Robinson 1966, S.268f).

des vorherigen Bruches (1 + 1 = 2). Um den Zähler des nächsten Bruches zu erhalten, summiere man den berechneten Nenner mit dem Nenner des vorherigen Bruches (2 + 1 = 3). Daher folgt auf $^1/_1$ $^3/_2$. Für den nächsten Bruch addiert man nun 3 und 2 und erhält 5 als nächsten Nenner. Der nächste Zähler ergibt sich aus der Addition von 5 und 2 – $^7/_5$ ist daher das nächste Glied in dieser Reihe. Die Summe von Zähler und Nenner ergeben also immer den Nenner des nächsten Bruches, und die Summe des neu berechneten Nenners und des Nenners des Vorgängerbruches ergeben den Zähler des zu berechnenden Bruches. Diese Reihe von Brüchen nähert sich $\sqrt{2}$ von beiden Seiten an:

$$^1/_1 < {^7/_5} < {^{41}/_{29}} < {^{239}/_{169}} < {^{1393}/_{985}} < ... < \sqrt{2} < ... < {^{577}/_{408}} < {^{99}/_{70}} < {^{17}/_{12}} < {^3/_2}$$

Auf der rechten und der linken Seite von $\sqrt{2}$ finden sich zwei Reihen von rationalen Zahlen, die beide $\sqrt{2}$ als ihren Grenzwert approximieren. Weil der Grenzwert selbst als Zahl (!) definiert ist, der sich der Terme der Reihen mit immer kleiner werdenden Abständen nähern – in einer späteren Formulierung: kleiner werden als irgendeine beliebige Zahl ε > 0 –, lässt sich die nummerische Eigenschaft von $\sqrt{2}$ nicht mittels des Grenzwertkonzepts definieren. Grenzwerte müssen eben bereits als Zahlen definiert sein, was bei $\sqrt{2}$ nicht zutrifft. Da Cauchy irrationale Zahlen als Grenzwerte auffasst, ist er in demselben Zirkelargument verstrickt: Die Präsenz einer irrationalen Zahl unterstellt, dass sie als Zahl existiert, weswegen die nummerische Eigenschaft von irrationalen Zahlen eben nicht als Grenzwert definiert werden kann.

Cantor weist in einem 1883 verfassten Text diesen Zirkel in der Definition der irrationalen Zahlen zurück (s. Cantor 1962, S.187). Eine mögliche Beschreibung eines Grenzwertes, die sich noch heute in Lehrbüchern findet, formuliert 1872 E. Heine, der gemeinsam mit Cantor ein Schüler von K. Weierstrass war (s. Heine 1872, S.178 u. S.182). 1887 streicht Cantor jedenfalls heraus, dass die wichtigsten Gedanken in Heines Artikel von ihm stammen (s. Cantor 1962, S.385). Darüber hinaus verfasst Cantor 1872 einen Artikel über trigonometrische Reihen (publiziert in den *Mathematischen Annalen, Band 5*), in dem sich eine äquivalente Formulierung des Grenzwertbegriffs hinsichtlich konvergierender Reihen von rationalen Zahlen findet (s. Cantor 1962, S.93). Einige Seiten danach beschreibt er den Grenzpunkt *P* einer unendlichen Punktmenge – d.i. ein Punkt, »der gerade von solcher Lage [ist], daß in jeder Umgebung desselben *unendlich* viele Punkte aus *P* sich befinden, wobei es vorkommen kann, daß er außerdem selbst zu der Menge gehört« (s. Cantor 1962, S.98).[14] Die Beschreibung der Umgebung ei-

---

14 Allgemein formuliert: Eine Zahl *l* wird Grenzwert einer Folge (x_n) genannt, wenn für eine beliebige natürliche Zahl ε > 0 eine natürliche Zahl n_0 existiert, in der Weise, dass $|x_n - l| < ε$ für alle $n \geq n_0$ gilt.

nes Punktes markiert gleichzeitig einen wichtigen Anfangspunkt für die moderne Topologie.[15]

Aber schon Weierstrass führt eine neue Voraussetzung in die Analysis ein, nämlich die Definition von Grenzwerten als *statische nummerische Gebiete*, die alle reellen Zahlen umfassen.

»In making the basis of the calculus more rigorously formal, Weierstrass also attacked the appeal to intuition of continuous motion which is implied in Cauchy's expression that a variable *approaches* a limit. Previous writers generally had defined a variable as a quantity or magnitude which is not constant; but since the time of Weierstrass it has been recognized that the ideas of variable and limit are not essentially phoronomic, but involve purely static considerations. Weierstrass interpreted a variable x as simply a letter designating any one of a collection of numerical values. A continuous variable was likewise defined in terms of static considerations: If for any value x_0 of the set and for any sequence of positive numbers $d_1, d_2,..., d_n$, however small, there are in the intervals x_0-d_i, x_0+d_i others of the set, this is called continuous.« (Boyer 1959, S.286)

Die brillante Anwendung des vollständigen Unendlichen in den mathematischen Ansätzen von Weierstrass, Dedekind und Cantor zeitigt in den letzten drei Dekaden des 19. Jahrhunderts Erfolge. Mit Bezug auf Aristoteles (*Physik*, 208a6) unterscheidet Cantor (1966, S.396) zwischen ἄπειρον δυνάμει und ἄπειρον ὡς ἀφωρισμένον, dem potentiell und dem aktual Unendlichen. Cantor fasst das potentiel Unendliche (bzw. in unserer vorläufigen Notation: das unvollendete Unendliche) wie folgt:

»Das potentiale Unendliche wird vorzugsweise dort ausgesagt, wo eine unbestimmte, *veränderliche endliche Größe* vorkommt, die entweder über alle endlichen Grenzen hinaus wächst [...] oder unter jede endliche Grenze der Kleinheit abnimmt [...]. Unter einem aktual Unendlichen ist dagegen ein Quantum zu verstehen, das einerseits nicht veränderlich, sondern vielmehr in allen seinen Teilen fest und bestimmt, eine richtige Konstante ist, zugleich andererseits *jede endliche Größe* derselben Art an Größe übertrifft.« (Cantor 1962, S.401)

Das unvollständig Unendliche wird mit der Beschaffenheit einer Variable und das vollständige Unendliche mit der Beschaffenheit einer Konstanten in Verbindung gesetzt. Denkt man an dieser Stelle an Anaximanders Beschreibung des Unendlichen (das ἄπειρον) zurück, das beständig (also konstant) ist und sich von allem Fließenden (also Vergänglichem) unterscheidet, dann wird die Ahnenschaft von Cantors Bestimmung deutlich. Cantor allerdings bezieht sich inter alia auf die Ansicht des Augustinus, der die Reihe aller Zahlen als aktuales unendliches Quantum bezeichnet (s. *De civitate dei,* 12. Buch, 19. Kapitel). Augustinus' Erklärung, dass

---

15 »Unter ›Umgebung eines Punktes‹ sei aber hier ein jedes Intervall verstanden, welches den Punkt *in seinem Innern* hat.« (Cantor 1962, S.98).

Gott eine aktual unendliche Reihe mit einem Male erfasst (ohne jeglichen Gedankenprozess davor und danach), steht selbst unter Einfluss von Plotins Ewigkeitslehre – verbunden mit der zeitlosen Gegenwart. Dieses Erbe lässt sich – vermittelt durch Cusanus – im 18. Jahrhundert bei Maimon finden, für den der absolute Geist »den Begriff einer unendlichen Zahl auf einmal und ohne das Vergehen von Zeit« zu denken in der Lage ist.

Cantor und Weierstrass vermeiden den Zirkelschluss in Cauchys Argument durch den Rückgriff auf das aktual Unendliche. Weierstrass definiert einfach die vollständig unendliche Menge von Zahlen 1, 1.4, 1.41, 1.414, ... als gleich zu $\sqrt{2}$. Cantor definiert ebenfalls irrationale Zahlen als vollständig unendliche Mengen von rationalen Zahlen.[16] Er führt explizit aus, dass eine irrationale reelle Zahl b nicht als Grenzwert einer fundamentalen Reihe (a_n) bestimmt werden kann, weil das zum logischen Fehler der petitio prinicpii führt (s. Cantor 1962, S.187). Und er fügt an:

»[...] daß die irrationale Zahl vermöge der ihr durch die Definitionen gegebenen Beschaffenheit eine eben so bestimmte Realität in unserem Geiste hat wie die rationale, selbst wie die ganze rationale Zahl, und daß man sie nicht erst durch einen Grenzprozeß zu *gewinnen* braucht, sondern vielmehr im Gegenteil durch ihren *Besitz* von der Tunlichkeit und Evidenz der Grenzprozesse allgemein überzeugt wird.« (Cantor 1962, S.187)

Andererseits verteidigt Cantor seine Lehre der transfiniten Zahlen (entwickelt auf Basis der Akzeptanz des vollständigen Unendlichen) mittels der irrationalen Zahlen.

»Man kann unbedingt sagen: die transfinite Zahlen *stehen oder fallen* mit den endlichen Irrationalzahlen; sie gleichen einander ihrem innersten Wesen nach; denn jene wie diese sind bestimmt abgegrenzte Gestaltungen oder Modifikationen ($ἀφωρισμένα$) des aktualen Unendlichen.« (Cantor 1962, S.395f)

In Paul Lorenzens *Beschreibung* dieser modernen Konzeption von reellen Zahlen scheint die jahrhundertealte Tradition durch, auf der sie ruht, obwohl seine eigene konstruktive Mathematik das aktual Unendliche ablehnt:

»Es wird sogar jede reelle Zahl als unendlicher Dezimalbruch selbst schon so vorgestellt, als ob die unendlich vielen Ziffern alle auf einmal existierten.« (Lorenzen 1968, S.100)

---

16 Cantor (1962, S.186ff und S.410) bezeichnet das als die ›Fundamentalreihe‹.

Cantor und Aristoteles

In der Ausarbeitung der Mengenlehre nimmt Cantor eine kritische Distanz zu Aristoteles' nachdrücklicher Ablehnung der Verwendung des aktual Unendlichen ein. Andererseits hält er auf essentieller Weise bei der Konzeption des Kontinuums an zwei Festsetzungen des Aristoteles bezüglich des Kontinuums fest.

Aristoteles' Einwände gegen das aktual Unendliche

Aristoteles' erster Einwand liegt darin begründet, dass im Fall des aktual Unendlichen das Ganze nicht seine Teile der Größe nach überschreiten kann. Doch exakt auf diesen Gedanken greift Bolzano zurück (ähnlich wie Galilei), wenn er ein Kriterium für infinite Mengen angibt: Eine Mengen ist dann und nur dann unendlich, wenn die ganze Menge eindeutig einer wahren Teilmenge zugeordnet werden kann. In dieser Charakterisierung findet sich der erste Teil von Aristoteles' zweitem Einwand: Es ist unmöglich, das Unendliche zu zählen. Cantor verwendet nur diese Charakterisierung: abzählbar. Jede Menge, deren Elementen eins zu eins mit den natürlichen Zahlen 0, 1, 2, 3, 4, 5, … korreliert werden kann, ist abzählbar. Der wahre Sinn der Bezeichnung ›abzählbar‹ erschließt sich erst, wenn Cantor den Beweis vorlegt, dass es tatsächlich überabzählbare transfinite Mengen gibt.[17]

Sieht man nähmlich von der Ordnung zwischen den Elementen einer Menge ab, kann man die Mächtigkeit oder Kardinalität verschiedener Mengen miteinander vergleichen. Nach Cantor sind zwei Mengen M und N äquivalent, wenn sich deren Elemente »gegenseitig eindeutig […] einander zuordnen lassen« (Cantor 1962, S.387). Der Begriff der Ordnung lässt sich darauf anwenden, dass für jedes Paar von Elementen einer Menge gilt, dass das erste dem zweiten Element vorangeht und das zweite dem ersten Element folgt. Wenn A und B zwei geordnete Mengen sind und wenn eine ordnungserhaltende Relation zwischen deren Elementen besteht, dann haben laut Cantor beide Mengen denselben ›Ordnungstyp‹; die Mengen hingegen bezeichnet Cantor als ›ähnlich‹ (s. Cantor 1962, S.297): »Eine Vielheit heißt *wohlgeordnet*, wenn sie die Bedingung erfüllt, daß jede *Teilvielheit* ein *erstes* Element hat; eine solche Vielheit nenne ich kurz eine ›Folge‹.«[18] Wir können daher feststellen, dass eine transfinite Ordinalzahl (ω) folgende vier Bedingungen erfüllen muss (wobei, genau gesprochen, die zweite und die vierte Bedingung äquivalent sind):

---

17 Cantor (1962, S.394) hält es für sinnlos, den Bezug auf unendliche Zahlen zurückzuweisen und nur von infiniten Mengen zu sprechen – beide sind seiner Meinung unzertrennlich miteinander verbunden.

18 Diese Definition findet sich in einem Brief an Dedekind vom 28. Juli 1899 (abgedruckt in Cantor 1962, S.444; s. hierzu auch Cantor 1962, S.312).

(i) Jede transfinite Ordinalzahl hat ein erstes Element.
(ii) Jedes Element hat einen unmittelbaren Nachfolger.
(iii) Jedes Element mit Ausnahme des ersten hat einen unmittelbaren Vorgänger.
(iv) Es gibt kein letztes Element.

Diese bemerkenswerte Charakteristik der transfiniten Ordinalzahl ω (wobei ω für die Menge der natürlichen Zahlen in seiner natürlichen Ordnung steht: $1 < 2 < 3 < 4 < 5 < 6 < ...$) erlaubt Cantor, den zweiten Einwand des Aristoteles zurückzuweisen, vornehmlich dass aktual unendliche Zahlen weder gerade noch ungerade sind (s. Cantor 1962, S.178f).

Im System der natürlichen Zahlen, das in sich bei Addition und Multiplikation geschossen ist (jede Addition und Multiplikation zweier natürlicher Zahlen ergibt wieder eine natürliche Zahl), ist das kommutative Gesetz im Hinblick auf diese Operationen gültig. Mit anderen Worten: Für zwei natürliche Zahlen a und b gilt, dass $a+b = b+a$ und $ab = ba$. Das kommutative Gesetzt ist jedoch nicht im Hinblick auf transfinite Ordinalzahlen gültig. Das lässt sich wie folgt illustrieren (wobei Cantor in diesem Beispiel beim Produkt ba b als Multiplikator und a als »multiplicandus« auffasst, s. Cantor 1962, S.178). Für die Menge A={1, 2} und B={1, 2, 3, 4, 5, 6, ...} erhält man folgendes (lexikografisch) geordnete Produkt AB, d. i. {(1,1), (1,2), (1,3), ..., (2,1), (2,2), (2,3), ...}, i.e. $\omega \neq \omega.2$. Das geordnete Produkt BA jedoch ergibt: {(1,1), (1,2), (2,1), (2,2), (3,1), ...}. Dieses Produkt erfüllt die oben genannten vier Bedingungen, die implizieren, dass $2.\omega = \omega$. In der Cantorschen Kardinalarithmetik kann man beweisen, dass für das Produkt AB allerdings gilt, dass $\omega \neq \omega.2$. Die Zahl ω lässt sich also als $2.\omega$ und auch als $1+2.\omega$ darstellen – aber eben nicht anders herum, weil $\omega \neq \omega.2$ und $\omega \neq \omega.2+1$.

Die Schlussfolgerung ist daher offensichtlich: ω ist gerade (nämlich $2.\omega$) und ungerade (nämlich $1+2.\omega$), aber gleichzeitig weder gerade (nämlich $\neq \omega.2$) noch ungerade (nämlich $\neq \omega.2+1$) (s. Cantor 1962, S.178f). Vergleicht man diese Schlussfolgerung mit Cusanus' Lehre, dass Gott als das aktuale Unendliche die Vereinigung aller Oppositionen – die ›coincidentia oppositorum‹ – ist, so lässt sich feststellen, dass Cusanus im Grunde etwas Wichtiges über das Unendliche entdeckte.

Kontinuitäten zwischen Aristoteles und Cantor-Dedekind

Für Aristoteles ist es unmöglich, die Kontinuität einer geraden Linie durch eine (unendliche) Anzahl von Punkten zu erklären.

»Zusammenhängend (als solche Dinge), deren Ränder eine Einheit bilden, in Berührung solche, deren (Ränder) beisammen (sind), in Reihenfolge (solche), bei denen nichts Gleichartiges zwischen (ihnen sich findet) –: dann ist es unmöglich, daß aus unteilbaren

(Bestandteilen) etwas Zusammenhängendes bestehen könnte, etwa eine Linie aus Punkten.« (*Physik* 231a 29-31)

Punkte sind aber unteilbar – ein Punkt besteht nicht aus Teilen –, wohingegen das, was zwischen den Punkten ist, immer eine Linie ist (s. *Physik* 231b8). Daher liegt es für Aristoteles auf der Hand:

»Es liegt aber auch auf der Hand, daß alles Zusammenhängende auseinandernehmbar sein muß in immerfort Auseinandernehmbares: Führte dies nämlich zu Nicht-Auseinandernehmbaren, so wird sich ergeben Unteilbares in Berührung mit Unteilbarem; denn einheitlich ist der Rand und in Berührung bei Zusammenhängendem.« (*Physik* 231b 15ff)[19]

Im 19. Jahrhundert tritt eine neue arithmetisierende Tendenz in der Mathematik auf, die allem Anschein nach auf die arithmetische Definition der räumlichen Kontinuität abzielt. Bernard Bolzano erläutert diese Tendenz in Teil 38 seines bereits zitierten Werks über die Paradoxien des Unendlichen. Er erwähnt dabei auch den Einwand, dass eine petitio principii in dem Versuch versteckt ist, die Ausdehnung aus unausgedehnten Teilen zu erklären. Aber er vertritt den Standpunkt, dass dieses Problem verschwindet, wenn man anerkennt, dass jedes Ganze exakt aus zahlreichen Eigenschaften besteht, die in den Teilen absent sind (s. Bolzano 1920, S.73). Allerdings bleibt die Frage offen, ob die Beziehung des Ganzen zu seinen Teilen ursprünglich arithmetisch ist. (Wir werden dieses Problem weiter unten diskutieren.) Als Kriterium für die Kontinuität führt Bolzano folgendes an.

»So können wir nicht umhin zu erklären, dort, aber auch nur dort sei ein Kontinuum vorhanden, wo sich ein Inbegriff von einfachen Gegenständen (von Punkten in der Zeit oder im Raume oder auch von Substanzen) befindet, die so gelegen sind, daß jeder einzelne derselben für jede auch noch so kleine Entfernung wenigstens einen Nachbarn in diesem Inbegriffe habe.« (Bolzano 1920, S.73)

Dieses Kriterium wird von Cantor als ungenügend kritisiert, weil eine Menge, die beispielsweise durch distinkte Kontinua konstituiert ist (und daher als ganzes diskontinuierlich ist), nach Bolzanos Definition als kontinuierlich anzusehen ist:

»Die Bolzanosche Definition des Kontinuums ist gewiß nicht richtig; sie drückt einseitig bloß eine Eigenschaft des Konituums aus, die aber auch erfüllt ist bei Mengen [...] wel-

---

19 Weizsäcker (1993) stellt fest, dass das Gebiet, in dem Figuren definiert sind, im Vergleich mit den natürlichen Zahlen die Eigenschaft der Kontinuität aufweist. In diesem Kontext notiert er zu Aristoteles' Ansicht über Kontinuität: »*Kontinuum* definiert Aristoteles als das, was unbeschränkt in Gleichartiges geteilt werden kann. Die Teile eines Kontinuums kann man nicht zählen; man kann aber Kontinua *messen*.« (Weizsäcker 1993, S.115)

che aus mehreren getrennten Kontinuis bestehen; offenbar liegt in solchen Fällen kein Kontinuum vor, obgleich nach Bolzano dies der Fall wäre.« (Cantor 1962, S.194)

Cantor (1962, S.192) postuliert folglich als einzig möglichen Weg, »einen möglichst allgemeinen, rein arithmetischen Begriff eines Punktkontinuums zu suchen«, und greift dabei auf seine Definition der reellen Zahlen zurück. Ein Punktkontinuum ist nach Cantors Definition eine ›perfekt-zusammenhängende Punktmenge‹. Eine Menge ist dann perfekt, wenn jeder Punkt der Menge ein Grenzpunkt ist und wenn alle Grenzpunkte der Menge zugehören. Anders formuliert:

»Wir nennen T eine *zusammenhängende* Punktmenge, wenn für je zwei Punkte t und t' derselben bei vorgegebener beliebig kleiner Zahl ε immer eine *endliche* Anzahl Punkte t_1, t_2, ... t_v von T auf mehrfache Art vorhanden sind, sodaß die Entfernungen tt_1, t_1t_2, ... t_nt' sämtlich kleiner sind als ε.« (Cantor 1962, S.194)

Cantors Definition betrifft eine metrische Charakterisierung des Kontinuums. In der modernen Topologie wird Kontinuität aber durch offene Mengen beschrieben (abstrahiert von den Eigenschaften eines metrischen Raumes, s. Willard 1970, S.16-19). Dedekind holt die Kontinuität einer geraden Linie arithmetisch ein, indem er die Zeit und wieder neue Zahlen einführt.

»Will man nun, was doch der Wunsch ist, alle Erscheinungen in der Geraden auch arithmetisch verfolgen, so reichen dazu die rationalen Zahlen nicht aus, und es wird daher unumgänglich notwendig, das Instrument R, welches durch die Schöpfung der rationalen Zahlen konstruiert war, wesentlich zu verfeinern durch eine Schöpfung von neuen Zahlen der Art, daß das Gebiet der Zahlen dieselbe Vollständigkeit oder, wie wir gleich sagen wollen, dieselbe *Stetigkeit* gewinnt, wie die gerade Linie.« (Dedekind 1969, S.9)

Auf dieser Basis beschreibt Dedekind seinen berühmten ›Schnitt‹-Begriff, der Kontinuität charakterisiert:

»Zerfällt das System R aller reellen Zahlen in zwei Klassen U_1, U_2 von der Art daß jede Zahl a_1 der Klasse U_1 kleiner ist als jede Zahl a_2 der Klasse U_2, so existiert eine und nur eine Zahl a, durch welche diese Zerlegung hervorgebracht wird.« (Dedekind 1969, S.17)

Dedekinds Schnittbegriff wird in Lehrbüchern der Analysis derart behandelt, dass die reelle Zahl, die die Aufteilung verursacht, genau zwischen den Klassen U_1 und U_2 steht ($U_1 < a < U_2$). Mit anderen Worten, das Paar U_1 und U_2 stellt a dar (s. z.B. Bartle 1964, S.51).

Cantor selbst diskutiert die Beziehung, die zwischen seiner Ansicht einer perfekten Menge und Dedekinds Schnitt-Theorie besteht (s. Cantor 1962, S.194). G. Böhme arbeitet in einem Aufsatz deutlich heraus, dass in der von Cantor vorgelegten Definiton des Kontinuums zwei Festsetzungen impliziert sind, die sich schon in der aristotelischen Definition des Kontinuums finden – Kohärenz und eine Charakteristik, die die Existenz von Teilungspunkten für eine infinite Teilung garantiert (s. Böhme 1966, S.309). Unter ausschließlicher Berufung auf Dedekinds Schnitt zur Teilung rechtfertigt Böhme Cantors Argumentation wie folgt:

»Teilt man ein Cantorsches Kontinuum durch Auszeichnung eines Punktes so in zwei Teilmengen, daß zu der eine Menge die Punkte gehören, deren Zahlenwert größer oder gleich dem Zahlenwert des ausgezeichneten Punktes ist, und zum anderen die Punkte, deren Zahlenwert kleiner oder gleich dem Zahlenwert des ausgezeichneten Punktes ist, so sind die Teile wiederum Kontinua. Solche Teilungen sind ad infinitum möglich wegen der Perfektheit des Kontinuums, und die Teile sind stets im Sinne der 1. Definition des Aristoteles zusammenhängend, d.h. ihr Äußerstes, nähmlich der Grenzpunkt, ist eines.« (Böhme 1966, S.309)

Das ist eine bemerkenswerte Situation: Die Cantor-Dedekind Beschreibung des Kontinuums rekurriert auf das vollständige Unendliche (insbesondere die vollständig unendliche Menge der reellen Zahlen), aber trifft nichtsdestoweniger mit Aristoteles' zwei Forderungen für ein Kontinuum zusammen – und das, obwohl Aristoteles das vollständige Unendliche zurückweist und ausschließlich das unvollständige Unendliche anerkennt. Greift also Aristoteles implizit auf das vollständige Unendliche zurück, oder ist die Cantor-Dedekind Definition in letzter Instanz doch nicht rein arithmetisch begründet? Wir sollten versuchen, auf diese Fragen eine Antwort zu finden.

Überabzählbarkeit: Cantors diagonaler Beweis

Eine Menge gilt als abzählbar, wenn seine Elemente eindeutig den Elementen der Mengen der natürlichen Zahlen zugeordnet werden können. Also ist jede Menge abzählbar, dessen Elemente in der natürlichen Sequenz 1, 2, 3, 4, 5, 6,... angeordnet werden können. Daraus folgt unmittelbar, dass die ganzen Zahlen abzählbar sind: 0, −1, +1, −2, +2, −3, +3,... Da alle rationalen Zahlen durch zwei ganze Zahlen in der Form a/b (wobei $b \neq 0$) darstellbar sind, gelten sie auch als abzählbar. Betrachten wir die Pfeile in der folgenden Darstellung:

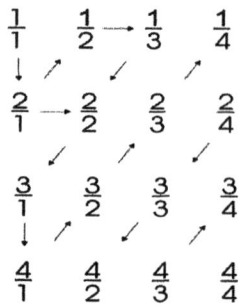

Alle algebraischen Zahlen sind abzählbar.[20] In einem Brief vom 29. November 1873 schreibt Dedekind an Cantor, er habe die Abzählbarkeit aller algebraischen Zahlen bewiesen (s. Meschkowski 1972b, S.23). Dedekind gelingt dies, indem er die Höhe h einer algebraischen Zahl x wie folgt definiert:

$$h = n - 1 + |a_0| + |a_1| + \ldots + |a_n|$$

Zu jeder Höhe h gibt es nur eine endliche Menge von algebraischen Zahlen, weil die Koeffizienten ganze Zahlen sind. Weil jede endliche Quantität abzählbar ist, sind daher auch alle algebraischen Zahlen abzählbar (s. Meschkowski 1972b, S.24).

1874 liefert Cantor jedoch den Beweis, dass reelle Zahlen nicht abzählbar sind, d.h. sie sind überabzählbar. Er verwendet den Diagonal-Beweis, auf den wir in unserer Erklärung weiter unten zurückgreifen werden, nur 1890 (s. Cantor 1962, S.278-281). Eine eindeutige Zuordnung kann zwischen allen reellen Zahlen und der Menge der reellen Zahlen zwischen 0 und 1 hergestellt werden. Weiters lässt sich jede reelle Zahl in diesem Intervall als infiniter Dezimalbruch in der Form

$$x_n = 0.a_1 a_2 a_3 a_4 \ldots$$

darstellen, wobei Zahlen mit zwei Dezimalrepräsentationen, wie 0.1000000... und 0.099999..., durchgängig in der Form mit den 9ern dargestellt werden. Nehmen wir an, es gibt eine Abzählung $x_1, x_2, x_3, \ldots$ von allen reellen Zahlen zwischen 0 und 1, also von allen reellen Zahlen im Intervall $0 \leq x_n \leq 1$ (d.h. [0, 1]), nämlich:

---

20 Algebraische Zahlen sind die Wurzeln von algebraischen Gleichungen.

$$x_1 = 0.a_1 a_2 a_3 \ldots\ldots$$
$$x_2 = 0.b_1 b_2 b_3 \ldots\ldots$$
$$x_3 = 0.c_1 c_2 c_3 \ldots\ldots$$

Wenn gezeigt werden kann, dass sich zwischen 0 und 1 eine Zahl befindet, die sich von jedem x_n unterscheidet, dann ist damit verdeutlicht, dass jede Abzählung der reelen Zahlen zumindest eine reele Zahl auslässt. Das würde beweisen, dass die reellen Zahlen nicht-abzählbar sind. Nun kann man eine solche Zahl wie folgt konstruieren:

$$y = y_1 y_2 y_3 y_4 \ldots, \text{ mit } y_1 \neq 0, a_1 \text{ und } 9; y_2 \neq 0, b_2 \text{ und } 9; y_3 \neq 0, c_3 \text{ und } 9; \ldots$$

Offensichtlich handelt es sich dabei um eine reelle Zahl zwischen 0 und 1 ($0 \leq y \leq 1$). Die Zahl y hat also nicht zwei Dezimalrepräsentationen, weil jede Dezimalzahl in ihrer Dezimalentwicklung ungleich 0 und 9 ist. Die Zahl ist ebenso ungleich mit jeder reellen Zahl x_n, weil die Dezimalentwicklung von y an der ersten Dezimalstelle von der ersten Dezimalstelle von x_1 differiert, die zweite Dezimalstelle von der zweiten Dezimalstelle von x_2, und allgemein die n-te Dezimalstelle von y von x_n differiert. Daher ist bewiesen, dass jede Abzählung der reellen Zahlen immer zumindest eine reelle Zahl ausschließt (›miscount‹ in der Abzählung) – womit Cantors Beweis für die Überabzählbarkeit von reellen Zahlen erbracht ist.

Als Kommentar lässt sich hier anfügen, dass der Intuitionismus diesen Beweis als gültig akzeptiert, allerdings in einem konstruktivistischen Sinn.[21] Allerdings können alle konstruktivistischen Interpretationen nicht adäquat zu einer überabzählbaren Konklusion führen (s. Wolff 1971) – einfach weil es keinen konstruktivistischen Übergang vom potentiell Unendlichen zum aktual Unendlichen gibt. Es ist hier leider nicht der Ort ausführlich zu diskutieren, dass bereits Brouwers Ansatz (was sich bereits in seiner Dissertation von 1907 zeigt) und ebenso Heytings Ansatz hinsichtlich des aktual Unendlichen zweideutig sind. Dasselbe lässt sich auch für Poincaré feststellen. Er weist einerseits das aktual Unendliche zurück, unternimmt aber andererseits gleichzeitig den Versuch, einen alternativen Beweis für die Überabzählbarkeit der reellen Zahlen auszuarbeiten, ohne dabei allerdings zu bemerken, dass die Überabzählbarkeit nur bei Akzeptanz des aktual Unendlichen bewiesen werden kann (s. Poincaré 1910).

Aber es gibt noch eine weitere bemerkenswerte Seite an diesem Ergebnis. In seinem ursprünglichen Beweis von 1874 demonstriert Cantor zunächst die Ab-

---

21 siehe Heyting (1971, S.40), Fraenkel et al. (1973, S.256, S.273), und Fraenkel (1928, S.239, Anm.1)

zählbarkeit von reellen algebraischen Zahlen (s. Cantor 1962, S.115-118). Da nun alle reellen Zahlen überabzählbar sind, liegt ein Beweis dafür vor, dass es eine überabzählbare Anzahl von nicht-algebraischen (sogenannten transzendenten) Zahlen gibt.[22]

Die dritte Begründungskrise der Mathematik

Die ersten zwei Begründungskrisen resultierten aus der Entdeckung der irrationalen Zahlen und der Entwicklung des Infinitesimalkalküls.[23] Die dritte Begründungskrise findet ihren Anfang, als 1895 Cantor in seiner Mengenlehre eine Anomalie feststellt. Cantor hat ja nachgewiesen, dass es für jede Menge A von Ordinalzahlen eine Ordinalzahl gibt, die größer ist als alle Ordinalzahlen der Menge. Definiert man nun W als die Menge aller Ordinalzahlen, dann müsste für W diese Aussage gelten und eine Ordinalzahl existieren, die größer als alle in W enthaltenen Ordinalzahlen ist – eine offensichtliche Unmöglichkeit, sind doch in W alle Ordinalzahlen enthalten. Eine ähnliche Antinomie lässt sich hinsichtlich Cantors Kardinalzahlen ausfindig machen (s. Meschkowski 1967, S.144f; und Singh 1985, S.73).

1901 endeckte Russell eine Antinomie, die sich in den Begriffen der Mengenlehre formulieren lässt (s. Husserl 1979, S.XX ff. u. S.399-400). Nehmen wir an, die Menge C sei die Menge, deren Elemente genau diejenigen Mengen sind, die sich nicht selbst als Element enthalten: $C = \{A/A \notin A\}$. Um besser verstehen zu können, was hier ›sich selbst enthalten‹ meint, betrachte man folgende beiden Mengen. Die Menge von 10 Sesseln ist selbst kein Sessel und enthält sich selbst daher nicht als Element; die Menge von denkbaren Gedanken ist selbst denkbar und enthält sich selbst als Element. Wenn wir nun annehmen, dass C sich selbst als Element enthält ($C \in C$), so muss C natürlich den oben genannten Bedingungen genügen, und das heisst: C darf sich selbst nicht als Element enthalten ($C \notin C$). Wenn aber C sich selbst enthält, dann widerspricht das der Bedingung, dass C nur Elemente enthalten darf, die sich selbst nicht enthalten. Wenn man jetzt zu dem Schluss kommt, dass C eben nicht C als Element enthalten solle – um sich so diesem Problem zu entziehen –, dann steht man vor folgender Situation: Wenn C nämlich nicht C enthält, dann erfüllt C die Bedingung, ein Element von C

---

22 Nur nebenbei möchte ich anmerken, dass Cantor eine ganze Hierarchie von transfiniten Kardinalzahlen auf der Basis seiner Definition von Ordinalzahlen entwickelt.
23 »It was clear to the mathematical world of the late 18th century that proper foundations for the calculus were urgently needed, and at the suggestion of Lagrange the Mathematics section of the Berlin Academy of Sciences, of which he was the director form 1766 to 1787, proposed in 1784 that a prize be awarded in 1786 for the best solution to the problem of the infinite in mathematics.« (Kline 1980, S.149f)

zu sein. Anders formuliert: C ist ein Element von C dann und nur dann, wenn C kein Element von C ist. Formal ausgedrückt:

$$C \in C \Leftrightarrow C \notin C$$

»Russells Paradoxie wird häufig mit der Geschichte des gründlichen Bibliothekars erläutert. Eines Tages, während er zwischen den Regalen umhergeht, entdeckt der Bibliothekar eine Sammlung von Katalogen. Es gibt verschiedene Kataloge für Romane, Fachbücher, Lyrik und so weiter. Der Bibliothekar stellt fest, daß manche Kataloge sich selbst auflisten, während andere dies nicht tun. Um das System zu vereinfachen, stellt der Bibliothekar zwei weitere Kataloge zusammen, wobei der eine die Kataloge auflistet, die sich selbst auflisten, der andere, und uninteressantere, die Kataloge, die sich nicht selbst auflisten. Nach getaner Arbeit stößt der Bibliothekar auf ein Problem: Sollte der Katalog, der alle Kataloge auflistet, die sich nicht selbst auflisten, sich selbst auflisten? Wenn ja, darf er per Definitionem nicht aufgelistet werden. Wenn er allerdings nicht aufgelistet wird, muß er per Definitionem aufgelistet werden. Der Bibliothekar steht vor einem unlösbaren Dilemma.« (Singh 2000, S.169f) [von M.J. Jandl angefügt]

Es war der französische Mathematiker Poincaré, der 1900 voller Stolz verkündet, die Mathematik sei eine absolut strenge Wissenschaft. Doch im Standardwerk über Mengenlehre steht nichtsdestotrotz zu lesen:

»Ironically enough, at the very same time that Poincaré made his proud claim, it has already turned out that the theory of the infinite systems of integers – nothing else but part of set theory – was very far from having obtained absolute security of foundations. More than the mere appearance of antinomies in the basis of set theory, and thereby of analysis, it is the fact that the various attempts to overcome these antinomies [...] revealed a fargoing and surprising divergence of opinions and conceptions on the most fundamental mathematical notions, such as set and number themselves, which induces us to speak of the third foundational crisis that mathematics is still undergoing.« (Fraenkel 1973, S.14)

Das Auseinanderdriften der mathematischen Ansätze

Obwohl das Divergieren der mathematischen Ansätze in der Folgezeit nicht schlichtweg als Reaktion auf die Antinomien zu betrachten ist – vornehmlich weil deren Wurzeln historisch gesehen viel weiter zurückreichen –, bleibt das Aufblühen von Logizismus, Intuitionismus und (axiomatischem) Formalismus während der ersten Dekade des 20. Jahrhunderts unentwirrbar mit diesen Antinomien verbunden.

Sei es nun implizit oder sei es explizit – jeder mathematische Standpunkt muss Rechenschaft ablegen für die wechselseitigen Beziehungen zwischen Zahl, Raum, Bewegung, den logischen und linguistischen Aspekten. So zielt Bertrand Russells Logizismus darauf ab, die gesamte Mathematik auf die Logik zu reduzieren. Das spricht er überdeutlich aus: »Mathematics and logic are identical.« (Russell 1956, S.V) Die entgegengesetzte Meinung wird vom intuitionistischen Standpunkt vertreten. A. Heyting hält fest:

»Every logical theorem [...] is but a mathematical theorem of extreme generality; that is to say, logic is a part of mathematics, and can by no means serve as a foundation for it.« (Heyting 1971, S.6)

Auch bei Hilberts Formalismus steht (unter dem Einfluss von Kant) zu Beginn die Erkenntnis, dass die Welt mehr ist als Logik und dass daher keine Wissenschaft ausschließlich durch die Logik begründet werden kann.

»Schon Kant hat gelehrt – und zwar bildet dies einen integrierenden Bestandteil seiner Lehre –, daß die Mathematik über einen unabhängig von aller Logik gesicherten Inhalt verfügt und daher nie und nimmer allein durch Logik begründet werden kann, weshalb auch die Bestrebungen von Frege und Dedekind scheitern mußten. Vielmehr ist als Vorbedingung für die Anwendung logischer Schlüsse und für die Betätigung logischer Operationen schon etwas in der Vorstellung gegeben: gewisse, außer-logische konkrete Objekte, die anschaulich als unmittelbares Erlebnis vor allem Denken da sind.« (Hilbert 1925, S.170f)

Gemäß dem formalistisch-axiomatischen Ansatz soll die Mathematik vollständig von der Wahrheit von Ausgangspostulaten (Axiomen) gelöst werden; es gelte, im Rahmen der Konsistenz bzw. der Widerspruchsfreiheit die gültigen Theoreme analytisch abzuleiten. Es komme nicht darauf an, worüber wir sprechen, was zähle ist einzig, dass wir konsistent sprechen. Von daher versteht sich Russells berühmtes Epigramm:

»Pure mathematics is the subject in which we do not know what we are talking about, or whether what we are saying is true.« (Russell, zitiert nach Nagel et al. 1971, S.13)

Bereits 1926 zeigt P. Finsler, dass in einer grundlegenden mathematischen Disziplin, der Mengenlehre – definiert durch Axiome und Regeln des Kalküls –, Propositionen existieren, die weder bewiesen noch widerlegt werden können (s. Finsler 1926 bzw. Finsler 1975, S.1-49; Heitler 1972, S.50). Doch erst 1931 erschüttert die mathematische Welt der 25jährige Mathematiker K. Gödel mit dem Artikel *Über formal unentscheidbare Sätze aus der Principia Mathematica und verwandter Systeme*. Gödel legt dar, dass die Widerspruchsfreiheit sich nicht aus den arithmetischen Axiomen beweisen läßt. In jedem formalen axiomatischen System Z, welches die Arithmetik umfaßt, existiert immer eine Aussage A, die mit Hilfe der Axiome von Z weder zu beweisen noch zu widerlegen ist. Um also den Beweis zu erbringen, dass die von bestimmten Axiomen abgeleiteten Schlussfolgerungen konsistent sind, kann man nicht allein die formale Mittel des Systems Z

verwenden. Also ist prinzipiell jedes axiomatische System unvollständig – es verlangt Einsicht in seinen Inhalt und setzt diesen auch voraus, was allerdings seinen eigenen Formalismus übersteigt.[24] H. Weyl kommentiert das treffend wie folgt:

»It must have been hard on Hilbert, the axiomatist, to acknowledge that the insight of consistency is rather to be attained by intuitive reasoning which is based on evidence and not on axioms.« (Weyl 1970, S.269)

Obwohl diese Divergenz in der modernen Mathematik mit der dritten Begründungskrise zusammenhängt, sind historisch weiter zurück reichende Ursprünge leicht ausfindig zu machen. Brouwer, Gödel und Hilbert entnehmen die philosophischen Ausgangspunkte den drei Hauptteilen der *Kritik der reinen Vernunft*: Brouwer der transzendentalen Ästhetik, Gödel der transzendentalen Analytik und Hilbert der transzendentalen Dialektik. Darin liegt auch der Grund dafür, dass die dritte Begründungskrise der Mathematik nicht den grundlegenden philosophischen Problemen entkommt, die schon die erste Begründungskrise der griechischen Mathematik auslösten.

Die Probleme, die sich im Zusammenhang mit dem Differential- und Integralkalkül (die sogenannten Infinitesimalen) einstellen, führen zur Reformulierung des Grenzwertkonzepts, was wiederum die Anwendung des aktual Unendlichen in der Mengenlehre bedingt – mit der möglichen Aufdeckung von Antinomien in dem ›naiven‹ (i.S. von Paul Halmos) Mengenkonzept von Cantor. Hilbert und Bernays streichen heraus, dass die Fehler in Freges logistischem Projekt insbesondere die problematische Voraussetzung einer Totalität von nummerischen Reihen enthüllen. Genau in dieser Hinsicht entscheidet sich der Neo-Intuitionismus für das unvollständig Unendliche, während die axiomatische Mengenlehre, die auf Zermelo und Fraenkel zurückgeht, das aktual Unendliche nicht opfert und versucht, die Mengenlehre durch eine geeignete Axiomatik gegen alle Antinomien zu verteidigen.

Ich werde weiter unten argumentieren, dass die Verwendung des potentiell Unendlichen die nummerische Ordnung der Sukzession auf der Gesetzesseite (›law-side‹) des nummerischen Aspekts voraussetzt und – sobald diese nummerische Zeitordnung aufgedeckt ist und man zur Raumordnung der Simultaneität voranschreitet – jede unvollständig unendliche Menge (wie die Menge der natürlichen Zahlen, der ganzen Zahlen oder der rationalen Zahlen) betrachtet werden kann, als ob alle Elemente gleichzeitig als eine »fertige Gesamtheit« (um die Worte von Hilbert und Bernays zu verwenden) gegeben sind. Die Beziehung zwischen diesen zwei Arten der Unendlichkeit, die seit der dritten Begründungskrise

---

24 *Erster Unvollständigkeitssatz*: Wenn die axiomatische Mengentheorie widerspruchsfrei ist, gibt es Sätze, die weder bewiesen noch widerlegt werden können. *Zweiter Unvollständigkeitssatz*: Es gibt kein konstruktives Verfahren, mit dem zu beweisen wäre, dass die axiomatische Theorie widerspruchsfrei ist. [Anm. M.J. Jandl]

von neuem die Aufmerksamkeit auf sich zieht, appelliert an eine der fundamentalen philosophischen Fragen der Mathematik als Einzelwissenschaft: Worin liegt die Beziehung und Kohärenz des nummerischen und des räumlichen Aspekts der Wirklichkeit? Die Betonung der Sphärensouveränität bleibt damit für die Mathematik hinsichtlich der wechselseitigen Irreduzibilität des nummerischen und räumlichen Aspekts relevant. Die hier vorgestellten Überlegungen zeigen, dass die philosophische Reflexion auch in der Mathematik wichtig ist. Die folgenden Zitate sollten vor diesem Hintergrund gelesen werden:

»From the earliest times two opposing tendencies, sometimes helping one another, have governed the whole involved development of mathematics. Roughly these are the discrete and the continuous.« (Bell 1965, S.12)

»*Bridging the gap between the domains of discreteness and of continuity*, or between arithmetic and geometry, is a central, presumably even *the* central problem of the foundation of mathematics.« (Fraenkel et al. 1973, S.211)

»The discrete and continuous represent fundamentally different aspects of the mathematical universe.« (Rucker 1982, S.243)

Auch Moore (1990) unterscheidet zwei ›cluster‹ innerhalb der Konzepte, die die Begriffsgeschichte des Unendlichkeitsbegriffs dominieren. In den ersten Cluster fallen Begriffe wie: »boundlessness; endlessness; unlimitedness; immeasurability; eternity; that which is such that, given any determinate part of it, there is always more to come; that which is greater than any assignable quantity« (Moore 1990, S.1). In den zweiten Cluster fallen »completeness; wholeness; unity; universality; absoluteness; perfection; self-sufficiency; autonomy« (Moore 1990, S.1f).

Bevor ich diese Diskussion beende, verdient eine interessante Entwicklung erwähnt zu werden. Fraenkel weist auf die Unfruchtbarkeit der Ideen der Infinitesimale (des unendlich Kleinen) und dessen Zurückweisung durch Cantor und die mathematische Welt in der vierten Auflage von *Abstract Set Theory* hin (s. Fraenkel 1968b, S.120-123). Allerdings entwickelt Abraham Robinson mit der ›Non-Standard Analysis‹ eine neue, fruchtbare Anwendung der Infinitesimalen auf der Basis von Cantors aktual unendlichen Mengen (transfinite Kardinalzahlen). Eine Zahl wird infinitesimal (oder unendlich klein) genannt, wenn ihr absoluter Wert (also unabhängig von den Vorzeichen + oder −) kleiner als alle positive Zahlen m in R (die Menge der reellen Zahlen) ist. Gemäß dieser Definition ist 0 infinitesimal. Die Tatsache, dass das unendlich Kleine lediglich das Reziprok zum unendlich Grossen ist, wird dadurch deutlich, dass r (ungleich 0) infinitesimal ist dann und nur dann, wenn r^{-1} infinitesimal ist (s. Robinson 1966, S.55ff). Mittels der Infinitesimimale ist es nun möglich, sinnvoll Grenzwerte, Differential etc. zu definieren. In Bezug auf Cantors Behandlung der unendlichen Mengen hält Robinson fest: »Abstract set theory forms a historical background to the free and easy handling of infinite sets that is required in Non-standard Analysis.« (Robinson 1966, S.279) Und er fügt dem an:

»Whatever our outlook [...], it appears to us today that the infinitely small and infinitely large numbers of a non-standard model of Analysis are neither more nor less real than, for example, the standard irrational number.« (Robinson 1966, S.828)[25]

Weil sowohl infinitesmiale und irrationale Zahlen im Grunde nur wegen des vertieften Verständnisses der Zahlheit existieren, eröffnen sie eine Vorstellung des mathematischen Sinnes des aktual Unendlichen (und zwar auf der Gesetzesseite des quantitativen Aspekts) – zumindest werde ich das zu zeigen versuchen. Jedenfalls bleiben die Erwägungen dieses fundamentalen Problems immer relevant – was die oben zitierten Aussagen von Fraenkel et al. und Kline ebenfalls belegen. Hermann Weyl formuliert folgendes Gegenargument:

»Vom intutionistischen Standpunkt [erscheint] die *vollständigen Induktion* als dasjenige, was die Mathematik davor bewahrt, eine ungeheure Tautologie zu sein, und prägt ihren Behauptungen einen synthetischen, nicht-analytischen Charakter auf.« (Weyl 1966, S.86)

Weyl verteidigt hier – gemäß Kants *Kritik der reinen Vernunft* – die Existenz von synthetischen Urteilen a priori innerhalb der Mathematik. Zugegebenermaßen akzeptiert er (und Brouwer) nur Kants Zeitbegriff. Die Zahl gehört für Kant zur Schematisierung des Verstandesbegriffs Quantität in der Zeit (*KrV*, B 176-187). Für Kant ist das Schema an sich selbst nur ein »Produkt der Einbildungskraft« (*KrV*, B 179) und gehört zu den synthetischen Urteilen a priori innerhalb der Mathematik. In seiner Promotionsschrift von 1885 verteidigt D. Hilbert den apriorischen Charakter der Zahlbegriffe. Seine These II formuliert unmissverständlich: »The objections against Kant's theory of the *a priori* character of arithmetical judgements are unfounded« (s. Reid 1970, S.17). Brouwer fundiert seine Mathematik auf der uranfänglichen Intuition von Kontinuität und Diskretheit – eine Möglichkeit, mehrere Einheiten kombiniert mit einem ›Dazwischen‹ zu denken, das nicht durch das Dazwischensetzen von neuen Einheiten exhaustiert werden kann.[26] Brouwers Beschreibung der primordialen Intuition enthält die Zurückwei-

---

25 Wie oben erwähnt, verweist Cantor hinsichtlich seiner transfiniten Zahlen auf die irrationalen Zahlen: »Man kann unbedingt sagen: Die transfiniten Zahlen *stehen oder fallen* mit den endlichen Irrationalzahlen; sie gleichen einander ihrem innersten Wesen nach.« (Cantor 1962, S.395f)

26 »...als het van qualiteit ontdane substaat van alle waarneming en verandering, een eenheid van continu en discreet, een mogelijkeid van samendenken van meerdere eenheden, verbonden door een tusschen, dat door inschakeling van nieuwe eenheden zich nooit uitput.« (Brouwer 1907, S.8). Sowohl diese mathematisch primordiale Intuition von Brouwer als auch die unmittelbare extra- und prä-logisch intuitive Erfahrung von Hilbert werden als (in einem kantischen Sinn) Apiori der Wissenschaften im

sung des aktual Unendlichen durch den Intuitionismus – und das ist unser nächstes Thema.

Die Frage nach der vollständigen Unendlichkeit

In der intuitionistischen Mathematik wird das Unendliche wörtlich aufgefasst als endlos, niemals zu vollenden und sich ständig entwickelnd. Schon in seinem Brief vom 12. Juli 1831 an Schumacher hält Gauss fest: »So protestierte ich gegen den Gebrauch einer unendlichen Größe als einer vollendeten, welches in der Mathematik niemals erlaubt ist.« (Becker 1964, S.180) Der frühe Intuitionist Leopold Kronecker – ein Zeitgenosse und Gegner von Cantor – verwirft die Idee eines vollständigen Unendlichen und versucht sogar, die gesamte Mathematik auf den finiten natürlichen Zahlen zu fundieren (s. Scholz 1969, S.293f). Der früher französische Intuitionist H. Poincaré – der bedeutendste Mathematiker seiner Zeit, bis sein Ruhm nach seinem Tod 1912 auf Hilbert übergeht – weist den Gedanken eines vollständigen Unendlichen ebenfalls nachdrücklich zurück. Die Totalität von Ordinalzahlen der kleinsten transfiniten Kardinalzahl (Aleph-Null: $\aleph_0$) verwendet vornehmlich Cantor, um die nächste transfinite Kardinalzahl ($\aleph_1$) zu erhalten.

»Was nun die zweite transfinite Kardinalzahl $\aleph_1$ betrifft, so bin ich nicht ganz überzeugt, daß sie existiert. Man gelangt zu ihr durch Betrachtung der Gesamtheit der Ordnungszahlen von der Mächtigkeit $\aleph_0$; es ist klar, daß diese Gesamtheit von höherer Mächtigkeit sein muß. Es fragt sich aber, ob sie abgeschlossen ist, ob wir also von ihrer Mächtigkeit ohne Widerspruch sprechen dürfen. Ein actual Unendliches gibt es jedenfalls nicht.« (Poincaré 1910, S.48)

Brouwer, der ja Existenz und Konstruierbarkeit identifiziert und die Zuverlässigkeit des logischen Prinzips vom ausgeschlossenen Dritten hinsichtlich des Infiniten negiert, lehnt die Idee eines vollständig Unendlichen ebenso ab. Damit verwirft Brouwer zugleich Cantors Theorie der transfiniten Zahlen. Doch der Begriff der Zählbarkeit ist nur dann von besonderer Relevanz, wenn die Existenz von überabzählbaren Kardinalzahlen demonstriert ist. Hat Cantor nicht gezeigt, dass die Menge der reellen Zahlen überabzählbar ist?

Erinnern wir uns an Cantors diagonalen Beweis. Zuerst wird angenommen, dass alle (d.i. die vollständig infinite Menge der) reellen Zahlen eindeutig mit der Menge der natürlichen Zahlen korreliert ist. Danach wird gezeigt, dass es eine

---

allgemeinen und der Mathematik im besonderen gewertet. Es gibt dennoch einen Unterschied zwischen Brouwers und Hilberts Unterscheidung von formalisierter Mathematik und deren intuitiven Interpretation (s. Beth 1965, S.94). Zugegebenermaßen ist die intuitive Mathematik sogar für die Definition einer formalen Mathematik notwendig (s. Kleene 1952, S.62).

weitere reelle Zahl gibt, die sich von jeder abgezählten reellen Zahl unterscheidet (zumindest in einer Dezimalstelle). Daraus lässt sich dann der Schluss von der Überabzählbarkeit der reellen Zahlen ziehen. Doch die Gültigkeit dieses Schlusses hängt davon ab, ob man das vollständige Unendliche zu akzeptieren bereit ist. Wenn jemand nur das potentiell Unendliche als Form der Unendlichkeit anerkennt, dann wird er die Folgerung aus Cantors Beweis niemals akzeptieren. Unter der ausschließlichen Akzeptanz des unvollständig Unendlichen demonstriert die diagonalen Methode nur, dass zu einer konstruierbaren Reihe von abzählbaren Zahlfolgen (d.i. die dezimale Expansion der reellen Zahlen) von natürlichen Zahlen immer eine weitere abzählbare Reihe von natürlichen Zahlen konstruiert werden kann. In der Formulierung von Becker:

»Das Diagonalverfahren zeigt, genau genommen, folgendes: Wenn man eine abgezählte (gesetzmäßige) Reihe von Zahlfolgen hat, so kann man eine von diesen sämtlichen verschiedene Zahlfolge Stelle für Stelle berechnen.« (Becker 1973, S.161 Fußnote 2)

Aber in dieser Interpretation wird nirgends die Überabzählbarkeit erwähnt. Wenn ein mathematischer Beweis einen ›exakten‹ Verlauf nimmt, dann kommt man zu konfligierenden Konklusionen – je nachdem, ob man das aktual Unendliche oder das potentiell Unendliche voraussetzt. Das hebt Fraenkel besonders hervor:

»Cantors Diagonalverfahren wird für diesen Standpunkt nicht bedeutungslos, wenn es auch in etwas anderem Lichte erscheint, nämlich den Begriff der nichtabzählbaren Menge als vorwiegend *negativ* erscheinen läßt [...]; das Kontinuum erweist sich danach als eine Menge, von der zwar immer nur abzählbar unendliche Teilmengen angebbar sind, für die sich aber zu jeder derartigen Teilmenge immer noch weitere Elemente bestimmen lassen, und zwar durch im voraus festlegbare Konstruktionen.« (Fraenkel 1928, S.239 Fußnote 1)

Weist man das vollständig Unendliche zurück, dann sind die Beschreibungen der reellen Zahlen von Dedekind, Weierstrass und Cantor inakzeptabel. In der Formulierung von Paul Lorenzen lässt sich eine reelle Zahl als ein infiniter Dezimalbruch darstellen, dessen Vielzahl von Zahlen auf einmal existieren (d.h. als unendliche Totalität). Cassirer hält bereits 1910 nachdrücklich fest:

»Wenn in der Theorie der Ordnungszahlen die Einzelschritte als solche festgestellt und in eindeutiger Folge entwickelt wurden, so tritt jetzt die Forderung ein, die Reihe nicht nur nacheinander in ihren einzelnen Elementen, sondern als ideelles *Ganzes* zu erfassen. Das vorangehende Moment soll durch das folgende nicht in ihm erhalten bleiben, so dass der letzte Schritt des Verfahrens zugleich alle vorhergehenden und das Gesetz, das sie wechselseitig *verknüpft*, in sich fasst. Erst in dieser Synthese vollendet sich die bloße Folge der Ordnungszahlen zum einheitlichen, in sich geschlossenen *System*, in welchem jedes Glied nicht nur *für* sich steht, sondern zugleich den Aufbau und das formale Prinzip der Gesamtreihe repräsentiert.« (Cassirer 1910, S.55)

Demgegenüber vertritt Felix Kaufmann die Meinung:

»Ganz allgemein erkennt man, daß ein ›unendlicher Dezimalbruch‹ nichts anderes bedeutet, als eine Folge natürlicher Zahlen, wobei, wie wir wiederholt festgestellt haben, unter ›Folge‹ nicht eine unendliche Totalität zu verstehen ist, sondern der Bereich einer bestimmten Beziehung (Gesetzlichkeit).« (Kaufmann 1968, S.122-123)

Im Hinblick auf irrationale Zahlen schreibt L. Fischer:

»Jede ›Darstellung‹ von $\sqrt{2}$, welcher Art sie auch sei, ist nur als endlose und absolute *unvollendbare* Reihe *rationaler* Näherungswerte aufzufassen. Erst wenn die in sich widerspruchsvolle Fiktion des vollendet-Unendlichen hinzutritt, kann der unendliche Dezimalbruch als Darstellung der Wurzel $\sqrt{2}$ angesehen werden.« (Fischer 1933, S.108)

Brouwer und Weyl definieren die reellen Zahlen in den Begriffen des potentiell Unendlichen, genauer als unvollständig unendliche Wahlsequenzen oder als Medium von freien Realisationen.

»Als seine *unendliche Folge von Teilintervallen wachsender Stufe, deren jedes innerhalb des vorhergehenden der Folge liegt*, wird also die einzelne reelle Zahl zu definieren sein.« (Weyl 1966, S.74f)

Eine Feststellung, die Fraenkel et al. wie folgt kommentieren:

»The conception of the continuum as an aggregate of existing points (members), which is at the bottom of nineteenth century analysis and of Cantor's set theory, is replaced by an aggregate of parts which are partially overlapping and which are so to speak the manifestations of real numbers still to be generated.« (Fraenkel et al. 1973, S.256)

Auch der Intuitionismus vertritt eine unterschiedliche Auffassung:

»Nicht in der Beziehung von Element zu Menge, sondern in derjenigen des *Teiles zum Ganzen* sieht *Brouwer* im Einklang mit der Anschauung das Wesen des Kontinuums.« (Weyl 1966, S.74)

Es wird auch deutlich, dass Weyls Ansicht derjenigen des Aristoteles folgt. »Hingegen gehört es zum Wesen des Kontinuums, daß jedes seiner Teile sich unbegrenzt weiter teilen läßt.« (Weyl 1921, S.77) Den Begriff eines Kontinuums von Punkten ablehnend, liegt für Weyl die Rettung der Kontinuität im Begriff der Umgebung.

»Um den stetigen Zusammenhang der Punkte wiederzugeben, nahm die bisherige Analysis, da sie ja das Kontinuum in eine Menge isolierter Punkte zerschlagen hatte, ihre Zuflucht zu dem *Umgebungsbegriff.*« (Weyl 1921, S.77)

Es ist daher kaum verwunderlich, dass sogar ein nicht-intuitionistischer Mathematiker wie Paul Bernays – der bekannte Kollege von David Hilbert – die angeblichen Erfolge des Arithmetizismus innerhalb der Mathematik aufs schärfste zurückweist. Doch kehren wir zu den Überlegungen von Weyl zurück.

»Brouwer made it clear, as I think beyond any doubt, that there is no evidence supporting the belief in the existential character of the totality of all natural numbers. [...] The sequence of numbers which grows beyond any stage already reached by passing to the next number is a manifold of possibilities open towards infinity; it remains for ever in the status of creation, but is not a closed realm of things existing in themselves. [...] Brouwer opened our eyes and made us see how far classical mathematics, nourished by a belief in the absolute that transcends all human possibilities or realisation, goes beyond such statements as can claim real meaning and truth founded on evidence.« (Weyl 1946, S.6)

In der intuitionistischen Mathematik erfüllen zahlreiche klassische Unterteilungen keinen Zweck mehr. Hilbert (1925, S.167) bewertet zum Beispiel Cantors transfinite Zahlentheorie »als die bewunderenswerteste Blüte mathematischen Geistes und überhaupt eine der höchsten Leistungen rein verstandesmäßiger menschlicher Tätigkeit«, während A. Heyting (1949, S.4) die transfinite Zahlentheorie als nicht mehr als ein Phantasma klassifiziert. In *Das Kontinuum* widmet sich Weyl der Begründung der Analysis und rekonstruiert dabei weite Teile der Mathematik in den Begriffen des Intuitionismus. Dennoch konnte er das Theorem nicht begründen, dass jede begrenzte Menge von reellen Zahlen eine obere Grenze hat (Weyl 1932, S.23f). Tatsächlich konstruiert der Intuitionismus eine völlig neue Mathematik.

»The intuitionists have created a whole new mathematics, including a theory of the continuum and a set theory. This mathematics employs concepts and makes distinctions not found in the classical mathematics.« (Kleene 1952, S.52)

Auch E.W. Beth stellt fest:

»It is clear that intuitionistic mathematics is not merely that part of classical mathematics which would remain if one removed certain methods not acceptable to the intuitionists. On the contrary, intuitionistic mathematics replaces those methods by other ones that lead to results which find no counterpart in classical mathematics.« (Beeth 1965, S.89)

Da ich im nächsten Punkt auf den Ansatz von H. Dooyeweerd zu sprechen kommen, um die Irreduzibilität von Zahl und Raum darzulegen, stellt sich zunächst die Frage nach dem Einfluss des Intuitionismus auf Dooyeweerds Ansatz hinsichtlich seines Begriffs der Unendlichkeit. Sowohl Brouwer als auch Dooyeweerd erkennen nur das potentiell Unendliche an – als Gesetz der Reihe.

»Eine *Menge* ist ein *Gesetz*, auf Grund dessen, wenn immer wieder eine willkürliche Nummer gewählt wird, jede dieser Wahlen entweder eine bestimmte Zeichenreihe mit oder ohne Beendigung des Prozesses erzeugt.« (Brouwer 1925, S.244)

Ebenso zieht Dooyeweerd eine unendliche Reihe von Zahlen ausschließlich als bestimmt »by the law of arithmetical progression« in Betracht.

»[This makes it possible] to determine the discrete arithmetical value in arithmetical time of any finite numerical relation in the series. For the rationalist conceptions of law this is sufficient reason to attribute actual completed infinitude to the series as a totality.« (Dooyeweerd 1997c, S.92)

Der grundlegende Fehler der Idee eines vollständig Unendlichen liege – so Dooyeweerd – in der Vermischung von Gesetzesseite und Faktenseite.

»Numbers and spatial figures are subject to their proper laws, and they may not be identified with or reduced to the latter. This distinction is the subject of the famous problem concerning the so-called ›actual infinite‹ in pure mathematics. The principle of progression is a mathematical law which holds for an infinite series of numbers or spatial figures. But the infinite itself cannot be made into an actual number.« (Dooyeweerd 1997a, S.98f)[27]

Kurze systematische Bewertung der Beziehung zwischen dem aktual und dem potentiell Unendlichen

Obwohl Dooyeweerd die Idee eines aktual Unendlichen ablehnt, bietet seine philosophische Theorie der modalen Wirklichkeitsaspekte einen Anfangspunkt für eine neue und nicht-reduktionistische Erklärung über das Wesen dieser Unendlichkeitsform. Gemäß seiner allgemeinen Theorie über die modalen Gesetzessphären weist jeder Aspekt sowohl eine Gesetzesseite und mit ihr korreliert eine Faktenseite auf. Innerhalb der modalen Struktur eines Aspekts gibt es einerseits ›modale Sinn-Momente‹ (›modal meaning-moments‹), die die Kohärenz mit vorangegangenen Aspekten (›Retrozipationen‹) festhalten, und andererseits modale Sinn-Momente, die die Kohärenz mit (ordnungsmäßig gesehen) späteren Aspekten (›Antizipationen‹) innerhalb der kosmischen Ordnung gewährleisten (s. Dooyeweerd 1997b, S.75).

Dieser originellen Bestimmung fügt Dooyeweerd eine ebenfalls neuartige Bestimmung der Zeit an. Die Zeit wird nicht länger mit den physischen Wirklichkeitsaspekten identifiziert, sondern als eine distinkte Dimension angesehen, die

---

[27] De Swart (1989, S.41) merkt an, dass für Brouwers intuitionistisch konstruierte ›spreads‹ (›Verschweigungen‹) jeweils unterschiedliche Einsichten gelten, die in anderen Mengen nicht gültig sind.

die temporale Ordnung der Sukzession zwischen den verschiedenen (modalen) Aspekten der Schöpfung garantiert. Weiters drücke sich die Zeit selbst innerhalb der Grenzen eines jeden Aspekts aus, indem sie das Wesen des Aspekts ›annimmt‹ und ihn in modale Zeit-Ordnung und modale Zeit-Dauer differenziere (s. Dooyeweerd 1997a, S.28). Alle strukturalen Elemente jedes modalen Aspekts werden durch diese Sinnkerne (›meaning-nuclei‹) – Dooyeweerd spricht auch von ›primitivem Sinn‹ (›primitive meaning‹) – qualifiziert, die auch die Weise worin sich die kosmischen Zeit innerhalb des Aspekts prägen.

Die antizipatorischen Analogien eines Aspektes müssen aufgeschlossen bzw. enthüllt werden. Innerhalb des noch nicht aufgeschlossenen Sinnes des nummerischen Aspekts entdeckt man den originellen und grundlegenden Sinn von Unendlichkeit, so wie sie sich selbst auf der Gesetzesseite dieser Modalität manifestiert – Unendlichkeit wörtlich verstanden als Endlosigkeit. Dieser primitive Sinn des Unendlichen ist Ausdruck der arithmetischen Zeitordnung der Sukzession, die ja nicht nur die Natur des mathematischen Induktionsprinzips fundiert, sondern auch jede abzählbare (durchgehbare) endlose (d.i. potentiell unendliche) Sukzession von Zahlen determiniert. Ich werde daher statt des Begriffs des ›potentiell Unendlichen‹ den Begriff des ›sukzessiv Unendlichen‹ verwenden, der die nummerische Zeitordnung der Sukzession auf der Gesetzesseite des arithmetischen Aspekts eindringlicher zur Geltung bringt.

Der Intuitionismus erkennt nur diesen primitiven Sinn des Unendlichen an, das als Produkt des freien und kreativen Vermögens (›power‹) des Mathematikers gesehen wird (s. Brouwer 1952, S.140-142). Aber sobald der sukzessiv unendliche Sinn der nummerischen Zeitordnung durch die Antizipation enthüllt wird, die sich von der Zahl zum Raum wendet, erweitert sich dieser Unendlichkeitssinn durch den Sinn der räumlichen Zeitordnung der Simultaneität. Jede sukzessive Reihe von Zahlen kann dann – unter der Führung dieser antizipatorischen Hypothese – betrachtet werden, als wären alle ihre Elemente *auf einmal* gegeben. Dieser vertiefte und enthüllte Sinn des Unendlichen, dem man hier begegnet, werde ich als das ›auf-einmal-gegebene Unendliche‹ (›at once infinite‹) bezeichnen. Wenn man diese Hypothese akzeptiert, dann lassen sich die ursprünglich sukzessiv unendlichen Reihen der natürlichen Zahlen, der ganzen Zahlen und der rationalen Zahlen als aktual Unendliches, d.i. als *auf einmal gegebene unendliche Totalitäten* auffassen.

Letztlich bildet die räumliche Ordnung eine Gleichzeitigkeit alles Gegebenen. Diese ist die Basis der jahrhundertealten Rechtmäßigkeit des aktual (auf-einmal-gegebenen) Unendlichen, das kein Davor und kein Danach kennt (Augustinus) und das mit der zeitlosen Gleichzeitigkeit (Plotin, Maimon) oder der gleichzeitigen Existenz von allem (Lorenzen) verbunden ist. Cantor spricht von einer Konstanten, das in all seinen Teilen fest und bestimmt ist.

Ein intuitives Beispiel hilft beim Verständnis der Idee des auf-einmal-gegebenen Unendlichen. So lassen sich die natürlichen Zahlen als gewisse Punkte auf eine geraden Linie zwischen 0 und 1 abbilden, die alle auf einmal existieren, indem man jeder natürlichen Zahl n den Punkt $1/n$ zuordnen. Diese Art des Sprechens ist nur dann sinnvoll, wenn man die regulative Hypothese von der originären räumlichen Zeitordnung der Simultaneität als Leitprinzip akzeptiert – wodurch der *Zahlenbegriff* des sukzessiven Unendlichen hinsichtlich der *Zahlenidee* des auf-einmal-gegebenen Unendlichen vertieft und aufgeschlossen wird.[28] In kantischer Weise merkt Hilbert sogar an:

»Die Rolle, die dem Unendlichen bleibt, ist vielmehr lediglich die einer Idee – wenn man, nach den Worten Kants, unter einer Idee einen Vernunftbegriff versteht, der alle Erfahrung übersteigt und durch den das Konkrete im Sinne der Totalität ergänzt wird – einer Idee überdies, der wir unbedenklich vertrauen dürfen in dem Rahmen, den die von mir hier skizzierte und vertretene Theorie gesteckt hat.« (Hilbert 1925, S.190)

Die moderne Mengenlehre behauptet, das Kontinuum ausschließlich in arithmetischen Begriffen zu definieren, d.h. in Begriffen der aktual unendlichen Menge aller reellen Zahlen, das ja – wie Cantor in seinem Diagonalbeweis darlegt – überabzählbar ist. Im Gegensatz dazu hält Ludwig Fischer fest:

»Zwischen Punkten, die nicht zusammenfallen, liegt ›Kontinuum‹ [...]. Es gibt also unter allen Umständen für *jeden einzelnen* Punkt die Gesetzmäßigkeit: Kontinuum – Punkt – Kontinuum.« (Fischer 1933, S.86f)

Weil die Maßzahl für jeden Punkt 0 ist, heißt das gleichzeitig, dass jede abzählbare Menge von Punkten die Maßzahl 0 hat. Aber im Falle einer überabzählbaren Menge ist die Addition nicht definiert – kann man die Elemente einer solchen Menge nicht aufzählen, dann lassen sie sich auch nicht addieren. Das macht es für die arithmetische Behauptung scheinbar möglich, dass die überabzählbare Menge der realen Punkte eine positive Maßzahl konstituiert, d.h. eine Maßzahl größer als 0. Daher teilen Cantor und die moderne mathematische Masstheorie die Auffassung, dass eine vollständige Arithmetisierung des Kontinuums erreicht ist.

Ohne hier die spektakulären Errungenschaften der Mathematik des 20. Jahrhunderts in den Gebieten der Maßtheorie und der Integration infrage zu stellen, muss dennoch darauf hingewiesen werden, dass deren arithmetistischen Behauptungen nicht gerechtfertigt sind. Es gibt schlicht und einfach keine konstruktive Möglichkeit, den Graben zwischen abzählbarer und überabzählbarer Unendlichkeit zu überbrücken. Grünbaum, ein glühender Verfechter der Konzeption eines Kontinuums, das durch ein Aggregat von unausgedehnten Elementen konstituiert ist (›degenerate intervals‹), merkt an:

---

28 Die Unterscheidung von Begriff und Idee ist ein zentrales Thema meiner Dissertation (s. Strauss 1973).

»The consistency of the metrical analysis which I have given depends crucially on the non-denumerability of the infinite point-sets constituting the intervals on the line.« (Grünbaum 1952, S.302)

Die Überabzählbarkeit lässt sich nur belegen, wenn man von der Annahme eines auf-einmal-gegebenen Unendlichen ausgeht. Ohne dieses ist es unmöglich, konstruktiv von der Abzählbarkeit zur Überabzählbarkeit zu gelangen (s. Wolff 1971, S.399f). Darüber hinaus haben meine Überlegungen gezeigt, dass der primitive Sinn der Zahl keinen Grund für die Einführung eines auf einmal gegebenen Unendlichen liefert, weil sie an die endlose Sukzession der Zahlen gebunden bleibt (bestimmt durch die nummerische Zeitordnung der Sukzession auf der Gesetzesseite des arithmetischen Aspekts). Nur durch die Erwägung, dass Zahlheit wesentlich mit dem Raum zusammenhängt (dass die Zahlheit auf den Raum verweist), lässt sich der Sinn des auf-einmal-gegebenen Unendlichen erkennen. Die Verweisung ist vollständig von der Irreduzibilität der räumlichen Ordnung der Simultaneität abhängig. Anders gesagt: Ohne die räumliche Simultaneität ist die Annahme eines auf-einmal-gegebenen Unendlichen ohne Begründung. Das auf-einmalgegebene Unendliche spiegelt innerhalb des Zahlenaspekts etwas Räumliches wieder.

Weil das auf-einmal-gegebene Unendliche das irreduzible, einzigartige Wesen des räumlichen Aspekts voraussetzt, ist es nicht für eine folgende Reduktion des Raumes auf die Zahl (eine distinkte Anzahl von Punkten) in Begriffen einer überabzählbaren Menge von realen Punkten zu gebrauchen. Dieser Reduktionismus ist eine Antinomie und impliziert folgenden Widerspruch: Der Raum ist dann und nur dann auf die Zahl reduzierbar, wenn er sich nicht auf die Zahl reduzieren lässt – der Raum lässt sich eben nur dann auf die Zahl reduzieren, wenn man auf das auf-einmal-gegeben Unendliche zurückgreift; dieses setzt allerdings irreduzibel den räumlichen Aspekt voraus. Daher stimme ich vollkommen folgenden Worten von Paul Bernays zu:

»Der arithmetisierende Monismus in der Mathematik ist eine willkürliche These. Daß die mathematische Gegenständlichkeit lediglich aus der Zahlenvorstellung erwächst, ist keineswegs erwiesen. Vielmehr lassen sich vermutlich Begriffe wie diejenigen der stetigen Kurve und der Fläche, die ja insbesondere in der Topologie zur Entfaltung kommen, nicht auf die Zahlvorstellungen zurückführen.« (Bernays 1976a, S.188)

Fügen wir dem vorangegangenen Argument noch an, dass der räumliche Aspekt (mit der primitiven Bedeutung von ›kontinuierlicher Ausdehnung‹) sich vom nummerischen Aspekt unterscheidet, aber nicht existiert, ohne mit diesem zusammenzuhängen. Es gehört tatsächlich zum Wesen eines räumlich ausgedehnten Kontinuums, dass jeder seiner Teile eine sukzessive, unendliche Teilbarkeit erlaubt. Natürlich setzt diese Teilbarkeit den Sinn des nummerischen Aspekts voraus – was in der Bewertung ›sukzessiv unendlich‹ offensichtlich wird. In dieser

Hinsicht ist auch bemerkenswert, dass die Menge der rationalen Zahlen als ›dicht‹ bezeichnet wird – jede nummerische Differenz zwischen zwei beliebigen rationalen Zahlen kann ad infinitum durch eine rationale Zahl geteilt werden. Diese Eigenschaft belegt eine antizipatorische Kohärenz zwischen Zahl und Raum auf der Faktenseite. Weil die unendliche Teilbarkeit jedes räumlichen Gegenstands, die auf der Faktenseite des räumlichen Aspektes fungiert, in sich selbst eine Retrozipation zur nummerischen Zeitordnung der Sukzession (auf der Gesetzesseite des nummerischen Aspekts) enthält, ist es durchaus gerechtfertigt, im System der rationalen Zahlen eine Antizipation zu einer Retrozipation zu erblicken. Der Charakter des Sich-zurück-Reflektierens der Antizipation lässt sich am besten durch die Rede vom ›halb enthüllten‹ (›semi-disclosed‹) Wesen der Zahl erfassen. Dennoch bleibt die Teilbarkeit, um die es hier geht, abzählbar – so wie die Menge der rationalen Zahlen in erster Linie in den Begriffen des sukzessiven Unendlichen beschreibbar ist.

Es ist diese Eigenschaft, die Brouwer die Einführung einer intuitionistischen Theorie des Kontinuums ermöglicht. Brouwer abstrahiert völlig von jeglichem Maßkonzept und konzentriert sich ausschließlich auf die fundamentale, vollständig geordnete und überall dichte Reihe mit einem ersten und einem letzten Element.

»The second act of intuitionism creates the possibility of introducing the intuitionist continuum as the species of the more or less freely proceeding convergent infinite sequence of rational numbers.« (Brouwer 1952, S.142)

Diese intuitionistische Position hängt offensichtlich von der nummerischen Antizipation zu einer Retrozipation ab. Sie verbleibt daher innerhalb der Grenzen eines halb-enthüllten Umgangs des sukzessiven Unendlichen, mittels dessen man sich den reellen Zahlen nähert. Unter dem Anspruch ausschließlich arithmetisch vorzugehen, liefert Cantors Mengenlehre (und die nachfolgende axiomatische Formalistik) tatsächlich eine *vertiefte Zahlentheorie* – eine Zahlentheorie, die durch die Verwendung des auf-einmal-gegebenen Unendlichen als antizipatorische Hypothese innerhalb eines vertieften Verständnis vom Sinn des Zahlenaspekts enthüllt (›disclosed‹) wird. Durch das Fehlen eines adäquaten Verständnisses dafür, was damit eigentlich erreicht wurde, führte das mathematische Erbe dazu, den ursprünglichen Sinn des Raumes auf diese antizipatorische Sphäre der Zahl zu reduzieren (hinüberzutragen) – was die Neigung der Mathematiker erklärt, den Begriff des Kontinuums mit den reellen Zahlen zu identifizieren, statt in den reellen Zahlen eine (räumlich vertiefte) Antizipation nach dem Sinn des Raumaspekts zu erkennen. Der Intuitionismus reduziert auf der anderen Seite den halb enthüllten Sinn des Raumes auf die Zahl.

In beiden Fällen werden gegen die erklärten Absichten wesentliche Elemente des Raumaspekts benutzt: Der Intuitionismus borgt sich die unendliche Teilbarkeit des räumlichen Kontinuums, und der axiomatische Formalismus greift auf die räumliche Ordnung des auf-einmal-Gegebenen bei seiner Unendlichkeitsdefinition zurück. Aber der neue Blickwinkel hilft auch zu verstehen, warum Aristoteles und Cantor ähnliche Kriterien für die Kontinuität geltend machen. Weil sich Aristoteles der Kontinuität vom räumlichen Aspekt – mit ihrer charakteristischen endlosen Teilbarkeit – nähert, greift er klarer Weise auf das sukzessiv Unendliche zurück. Cantor nähert sich vom nummerischen Aspekt, und die einzige Möglichkeit, eine Kontinuität zu bekommen, liegt dann in der nummerischen Antizipation des Raumes – in der Idee eines auf einmal gegebenen Unendlichen.[29]

Von einem systematischen Standpunkt aus müssen wir daher zwischen dem Zahlenkonzept der Abzählbarkeit einerseits und der Zahlenidee von abzählbaren und überabzählbaren transfiniten Zahlen andererseits unterscheiden. Eine völlig enthüllte Behandlung der reellen Zahlen – eine Behandlung auf Basis des auf-einmal-gegebenen Unendlichen – hebt die Mathematik auf ein Niveau mit verbesserter Denkökonomie (weil unter anderem indirekte Existenzbeweise und die freie Verwendung des logischen Prinzips vom ausgeschlossenen Dritten erlaubt sind) und wirft gleichzeit ein neues Licht auf die unnötigen Komplikationen und Einschränkungen der intuitionistischen Mathematik. Der ›primitive‹ Ausdruck in Zermelo-Fraenkels Mengenlehre ›Menge/Element von‹ enthüllt die implizite Abhängigkeit der Mengenlehre vom irreduziblen Sinnkern des Raumes – die Mengenlehre als räumlich enthüllte Zahlentheorie, die die räumliche Beziehung des Ganzen zu seinen Teilen und die räumliche Ordnung des auf-einmal-Gegebenen antizipiert.[30]

Die Akzeptanz einer nicht-reduktionistischen Ontologie leitete unsere vorherigen Analysen. Auf der Basis der theoretisch artikulierten Darstellung der geordneten Verschiedenheit (›order-diversity‹) innerhalb der Schöpfung (dabei die Prinzipien der Sphärensouveränität und der Sphärenuniversalität anerkennend, einschließlich der Antizipationen und Retrozipationen)[31] sollte unsere Aufmerk-

---

29 Nicht grundlos merkt Becker (1965, S.xii, Fußnote 2) an: »Thus the Aristotelian theory of the infinite and the continuum, in its peculiar problem-setting, is still of actual importance to a genuine adequate foundation of higher [mathematical] analysis.«

30 Der Logizismus muss eingestehen, dass er den Begriff der Unendlichkeit nicht erfolgreich auf die Logik zurückführen konnte. Myhill (1952, S.182) merkt an: »The axioms of *Principia [Mathematica]* do not determine how many individuals there are; the axiom of infinity, which is needed as a hypothesis for the development of mathematics in that system is neither provable nor refutable therein, i.e., is undecidable.« Ich möchte dem die Worte von Kline (1980, S.246) anschließen, der feststellt, dass Hilbert »did agree with Russell and Whitehead that infinite sets should be included. But this required« the axiom of infinity and Hilbert like others argued that this is not an axiom of logic«.

31 Gegen die Ende seines Lebens (1924/1925) hat Frege von neuem den geometristischen Standpunkt verteidigt: »So an a priori mode of cognition must be involved here.

samkeit auf dem wechselseitigen Zusammenhang und der Irreduzibilität des Aspekts von Zahl und Raum liegen. Es sollte ebenso klar sein, dass bei der Verfolgung dieses Ansatzes – wie ich schon anfangs anmerkte – eine *dritte Alternative* auftaucht, nämlich die Umgehung der Extreme, die im geometrisierenden und arithmetisierenden Ansatz liegen. Man kann zugleich an der Irreduzibilität der arithmetischen und rämlichen Aspekte festhalten und ihre unvermeidlichen wechselseitigen Verküpfungen analysieren.

Leider sehen Lakoff und Núñez (2000, S.323-324) einen grunlegenden Gegensatz zwischen Diskretheit und Kontinuität und versuchen eine metaphorische Charakterisierung des Kontinuums zu geben – zwischen begrifflichen Bereichen. Aber der ontisch gegebene Zusammenhang zwischen Zahl und Raum stellt keinen Gegansatz dar: Oppositionen wie ›viel vs. wenig‹ oder ›groß vs. klein‹ erscheinen innerhalb eines bestimmten Aspekts. Zahl und Raum sind einander nicht entgegengesetzt – sie sind einzigartige und zugleich unzertrennlich zusammenhängende Aspekte der Wirklichkeit.

But this cognition does not have to flow from purely logical principles, as I originally assumed. There is the further possibility that it has a geometrical source. [...] The more I have thought the matter over, the more convinced I have become that arithmetic and geometry have developed on the same basis – a geometrical one in fact – so that mathematics in its entirety is really geometry.« (Frege, 1979, S.277)

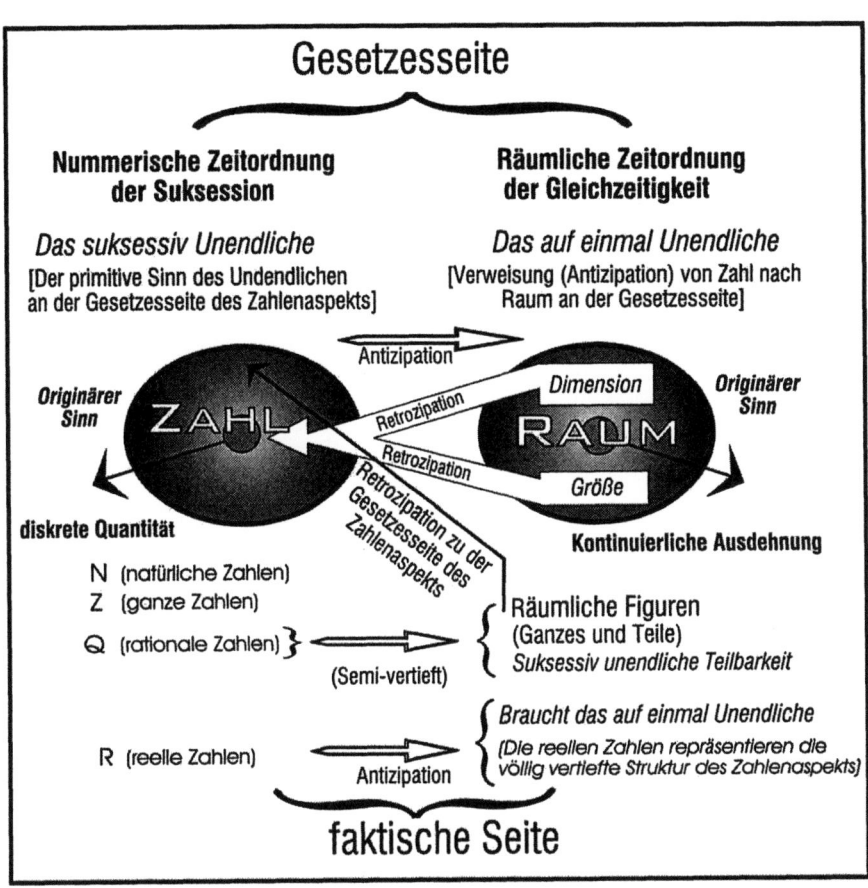

Wechselseitiger Zusammenhang und Irreduzibilität
von Zahl und Raum

Zweites Kapitel
Grundfragen der Physik

Das Vorurteil gegen Vorurteile

Die vielleicht markanteste Eigenschaft der westlichen Zivilisation ist die Aufklärung des 18. Jahrhunderts. Die Aufklärung wird von Historikern als Resultat des ständig steigenden Vertrauens in die menschliche Vernunft angesehen. Diese Ansicht ist positiv und verstellt den Blick auf die gewaltige Blockade von Einsichten, die durch die Aufklärungsphilosophie verursacht wird. Will man die Schattenseite der Aufklärungszeit erhellen, muss man bloß daran erinnern, was H.G. Gadamer das ›Vorurteil gegen Vorurteile‹ nennt.

Die Inthronisation der menschlichen Vernunft geht auf Immanuel Kant (1724-1804) zurück, durch dessen kritisches Denken sogar Gesetzgebung und Religion infrage gestellt werden. In der Vorrede zur ersten Auflage der *Kritik der reinen Vernunft* steht zu lesen:

»Unser Zeitalter ist das eigentliche Zeitalter der Kritik, der sich alles unterwerfen muß. Religion, durch ihre Heiligkeit, und Gesetzgebung, durch ihre Majestät, wollten sich gemeiniglich derselben entziehen. Aber alsdenn erregen sie gerechten Verdacht wider sich, und können auf unverstellte Achtung nicht Anspruch machen, die die Vernunft nur demjenigen bewilligt, was ihre freie und öffentliche Prüfung hat aushalten können.« (*KrV*, Vorrede A XII)

Kant intendiert, die Anwendbarkeit der (Natur-)Wissenschaft zu begrenzen, weil er einen Bereich für die praktische Vernunft offen lassen wollte, der die Sphäre von Sinneswahrnehmung und Denken übersteigt. Allerdings – wie ich bereits oben ausgeführt habe – macht sich am Ende des 19. Jahrhunderts und zu Beginn des 20. Jahrhunderts der Positivismus daran alles auszumerzen, was die sinnliche Wahrnehmung übersteigt. Eine herausragende Stellung nimmt der neopositivistische Wiener Kreis ein, der während der 1920er und 1930er Jahren enthusiastisch dafür eintritt, dass die positiven (empirischen) Wissenschaften eine Führungsrolle in der Weiterentwicklung und Entfaltung der Gesellschaft einnehmen sollen. Dabei setzt der Wiener Kreis voraus, dass die positiven Wissenschaften voraussetzungslos sind (i.S. von theoretisch nicht verifizierten bzw. verifzierbaren Annahmen). Die Begründung der Wissenschaften in der sinnlichen Wahrnehmung führt derart zur Voraussetzung der Voraussetzungslosigkeit in der Wissenschaft.

Karl R. Popper – als scharfer Kritiker des Wiener Kreises – sieht die Probleme, die sich aus diesem neopositivistischen Wissenschaftsverständnis ergeben, und verwirft die Allgemeinheit des empirischen Testens – die ›Verifikation‹ – zugunsten eines von ihm neu formulierten Abgrenzungskriteriums – der ›Falsifikation‹. W. Stegmüller weist das für die Aufklärung charakteristische Vorurteil gegen Vorurteile eindeutig zurück, wenn er erklärt:

»Eine ›Selbstgarantie‹ des menschlichen Denkens ist, auf welchem Gebiete auch immer, ausgeschlossen. Man kann nicht vollkommen ›voraussetzungslos‹ ein Positives gewinnen. Man muß bereits an etwas glauben, um etwas anderes rechtfertigen zu können. Mehr könnte sinnvollerweise nur dann verlangt werden, wenn wir die Endlichkeit unseres Seins zu überspringen vermöchten. Aber der alchimedische Punkt außerhalb unserer endlichen Realität bleibt, zumindest für uns, eine Fiktion.« (Stegmüller 1969, S.314)

Die Diskrepanz zwischen Wissenschaftstheoretikern und Wissenschaftlern

Obwohl die Wissenschaftstheorie der letzten drei bis vier Dekaden zahlreiche Streitpunkte enthält, so besteht doch eine allgemeine Übereinstimmung darin, die positivistische Ablehnung von unvermeidbaren Vorurteilen zurückzuweisen. Gleichzeitig bleibt aber die ständige Diskrepanz zwischen den Praktikern der Wissenschaft in den verschiedenen Disziplinen, die nach wie vor an der veralteten positivistischen Ansicht über Wissenschaft festhalten, und der gegenwärtigen Lage der Philosophie bestehen. Vor rund zehn Jahren hatte ich die Gelegenheit vor Wissenschaftlern zu sprechen, die an dem alten wissenschaftstheoretischen Glauben festhielten, dass nur sinnlich Erfahrbares für naturwissenschaftliche Untersuchung qualifiziert ist – nur das falle in den Bereich der Naturwissenschaft, was gewogen, gezählt und gemessen werden kann. Die Haltung dieser Naturwissenschaftler erinnerte mich an die spöttischen Worte des amerikanischen Soziologen McIver, der die vermeintliche Vorurteilslosigkeit und Standpunktlosigkeit der positivistischen Einstellung wie folgt beschreibt:

»The following seems to be the chief tenets of their creed. First, I believe in facts, and to be saved I must discover new ones. Second, when I have discovered them, I must if possible measure them, but, failing that consummation, I must count them. Third, while all facts are sacred, all theories are from the devil. Hence the next best thing, if one can't discover new facts, is to refute old theories.« (McIver 1967, S.21)

Das Problem der positivistischen Voreingenommenheit für Tatsachen liegt in der Unvermeidlichkeit, mit der wissenschaftliche Tätigkeit zu theoretischen Begriffen führt. Die einzigartige Kraft der Wissenschaft liegt ja genau darin, die experimentell gewonnenen Daten einer scheinbar divergierenden Natur auf systematische Weise in eine universelle Perspektive zu rücken. So begegnet man beispielsweise in der Physik ganz verschiedenen Arten von Entitäten – von Elementarteilchen und Atomen hin zu Makroprozessen und Makrosystemen. Doch so verschieden diese Entitäten und Prozesse auch sein mögen, sie entgehen nicht der integrierenden und universalen Perspektive der zentralen physikalischen Disziplin, nämlich der Thermodynamik. Die Gesetze der Thermodynamik – wie das Gesetz der Energiekonstanz oder das Gesetz der nicht abnehmenden Entropie – sind grundsätzlich auf alle möglichen physikalischen Entitäten und Prozesse anwendbar, und zwar völlig unabhängig von deren Wesen.

Dem Positivismus lässt sich damit folgende Frage stellen: Wie lässt sich diese Allgemeinheit erklären? Was ist der empirische Status von Eigenschaftsbegriffen (›property terms‹) wie der Energiekonstanz? Versuchen wir, diese Fragen durch einen historischen Rückblick einer Antwort näher zu bringen.

Eigenschaftsbegriffe als die Achillesfersen des Positivismus

Im vorigen Kapitel haben wir gesehen, dass die Pythagoreer keiner Aussage so sehr anhängen wie der These, alles sei Zahl. Nach der Entdeckung der irrationalen Zahlen, die die Formlosigkeit innerhalb der vermeintlichen Formgebung und Begrenzung durch die Zahl aufdecken, wird die ganze griechische Mathematik in einen räumlichen Modus verwandelt: die Geometrisierung nach der anfänglichen Arithmetisierung. Als direkte Folge werden materielle Entitäten nicht länger ausschließlich in arithmetischen Begriffen beschrieben; die nötigen Begriffe dazu liefert nun der Raum. Dieser Raumaspekt von wissenschaftlichen Verfahren bleibt bis zum Beginn der modernen Philosophie in Kraft – auch Descartes (1596–1650) und Kant (1724–1804) sehen das Wesen der materiellen Dinge in der Ausdehnung.

Eine Verschiebung der modalen Perspektive in der klassischen Physik geht wohl auf Galilei und Newton zurück, die alle physikalischen Phänomene ausschließlich in den Begriffen der (kinematischen) Bewegung beschreiben.[1] In seinen Bemerkungen über die Begründung der Physik bezieht sich David Hilbert[2] auf das mechanische Ideal der Einheit innerhalb der Physik, und er fügt unmittelbar an, dass wir uns von diesem unerreichbaren Ideal endlich verabschieden müssen. Daher ist es durchaus erstaunlich, wenn ein zeitgenössischer Physiker aus Cambridge, Stephen Hawking, nach wie vor schreibt: »The eventual goal of science is to provide a single theory that describes the whole universe.« (Hawking 1988, S.10)[3]

---

1 Der englische Philosoph Thomas Hobbes (1588-1679) ist mit Galileis Mechanik vertraut, was ihm ermöglicht – und zwar im Gegensatz zu Descartes –, den Grundbegriff des sich bewegenden Körpers als Beschreibungsmittel anzuwenden.
2 Er ist der vielleicht bedeutendste Mathematiker des 20. Jahrhunderts.
3 Greene, berühmt für seine Rolle in der Entwicklung der String Theorie, verfolgt einen ähnlich verfehlten Weg bei seiner Suche nach einer ›Theory of everything‹ (s.Greene 2003, S.15, S.16, S.146, S.287, S.366).

Seit der Einführung der Atomtheorie durch Niels Bohr 1913, seit der Entdeckung der Radioaktivität 1896 und seit der Entdeckung des Energiequantums h erkennen die modernen Physiker, dass materielle Entitäten tatsächlich durch eine physikalische Energiewirkungsweise charakterisiert ist – der physikalische Aspekt der Wirklichkeit müsse als die qualifizierende Funktion der materiellen Wirklichkeit gesehen werden.

Schon dieser kurze Blick auf die Entstehung und Entwicklung des Materiebegriffes zeigt, wie verschiedene modale Eigenschaftsbegriffe dazu dienen, die materiellen Entitäten zu charakterisieren – beginnend mit der Zahlenperspektive, gefolgt von der Raumperspektive, der kinematischen Perspektive und schließlich der physikalischen Perspektive der Wirklichkeit. Diese Einsicht, dass die Beschreibung von materiellen Entitäten von einer bestimmten Wirklichkeitssicht abhängt – Kuhn verwendet hier die Begriffe des Paradigmas oder der disziplinären Matrix –, ist von entscheidender Bedeutung. Ist es möglich, diese grundlegende Wahl einer Wirklichkeitssicht auf empirischem Wege zu treffen? Ist es also möglich, den nummerischen Aspekt zu sehen? Oder kann man den räumlichen Aspekt wiegen? Oder lässt sich das Volumen des kinematischen Aspekts bestimmen? Wie lässt sich die Distanz zwischen dem räumlichen Aspekt und dem physischen Aspekt messen?

Die offensichtliche Absurdität dieser Fragen illustriert nicht nur die Unhaltbarkeit des positivistischen Vertrauens in Tatsachen, sondern verweist gleichzeitig auf die entscheidende Unterscheidung, die historisch die einzelnen Wissenschaften durchwaltet – die Unterscheidung zwischen Aspekt und Entität. Der holländische Philosoph Herman Dooyeweerd hebt hervor, dass diese Aspekte die wissenschaftliche Reflexion erst dazu in die Lage versetzen, zwischen den verschiedenen Arten von Entitäten eine universelle Kohärenz zu etablieren – man erinnere sich hier nur an den universellen Bereich der fundamentalen Gesetze der Thermodynamik, die für alle möglichen physikalischen Entitäten gelten. Allgemein lässt sich sagen, dass die implizite Wahl auf diesem Level der wissenschaftlichen Überzeugungen zur Divergenz innerhalb der Einzelwissenschaften führt. Die Frage nach Beziehung und Kohärenz zwischen den unterschiedlichen Wirklichkeitsaspekten, in deren Begriffen sich alles beschreiben lässt, ist mittels der positivistischen Methode der empirischen Wahrnehmung und Verifikation schlichtweg nicht zu beantworten.

Der Positivismus führt zu der Einsicht, dass das strukturelle Wesen und die für physikalische Entitäten gültigen Gesetze durch die Untersuchung der Gesetzlichkeit (Gesetzeskonformität), die sie erweisen, entdeckt werden können. Doch genau dieser Unterschied zwischen der Universalität der göttlichen Gesetze und dem einzigartigen Fall, der in einem experimentellen Setting empirisch getestet wird, zeigt die Unhaltbarkeit der positivistischen Position. Denn die begrenzte Anzahl an experimentellen Fällen wird niemals das Universalitätspostulat rechtfertigen können, das in Gesetzesaussagen enthalten ist.

In seiner materialistischen Spielart zeigt sich eine weitere Inkonsistenz des Positivismus. Die typische These lautet hier, dass alles aus Materie besteht, also aus Atomen, Molekülen und Makro-Molekülen in Interaktion. Die These besagt, dass es nichts außer Materie gibt. Aber was bedeutet das für eben diese Feststellung? Ist sie wahr? Wenn sie wahr ist, dann muss es etwas Immaterielles geben – die Wahrheit. Und wie steht es mit den Naturgesetzen? Die Bedingung, ein materielles Ding zu sein, ist selbst nicht materiell. Mit den beiden Forderungen des Wahrheitswertes und der universellen Gültigkeit von Naturgesetzen bringt sich der positivistische Materialismus selbst zu Fall.

Die Messung der Zeit und modale Zeitordnungen

Die Physiker behaupten gewöhnlich, dass Zeit ein ausschließlich physikalisches Phänomen ist. Daher sind nur Physiker dazu befugt, über das Wesen der Zeit zu sprechen. Stellen wir uns einmal vor, dass wir gemeinsam mit einer historischen Vereinigung eine historisch bedeutende Farm besichtigen. Schon bei der Ankunft stellen wir fest, dass das alte Ehepaar genau so lebt wie vor fünfzig Jahren, als es in diese Farm einzog. Es hat den Anschein, als habe sich in den letzten fünfzig Jahren nichts geändert, als wäre die Zeit in dieser Periode still gestanden. Aber was bedeutet es zu sagen, dass die Zeit für fünfzig Jahre still gestanden ist? Wenn man an die physikalische Zeit denkt, dann ist diese Aussage sinnlos, weil ja die physikalische Zeit ohne Unterbrechung dahinfließt. Wenn wir allerdings begreifen, dass die Feststellung auf das historische Zeitbewusstsein abzielt, dann verliert sich die Absurdität, die sich aufgrund des physikalischen Zeitbegriffs eingestellt hat. Wenn man diese Einsicht hinsichtlich der kulturellen Entwicklung formuliert und die Entwicklungslinie von der Steinzeit über die Bronze- und Eisenzeit usw. in Betracht zieht, dann ist die Aussage sinnvoll, dass sich im 21. Jahrhundert Kulturen finden lassen, die es seit der Steinzeit gibt – und dabei handelt es sich um einen Zeitraum, der zwischen zwei Millionen und 10.000 Jahre zurück datiert wird.

Betrachten wir ein weiteres Beispiel. Die modernen Regierungen sind dazu ermächtigt, rückwirkende Gesetze zu erlassen. Das wäre völlig unmöglich, wenn man der Rechtswissenschaft den physikalischen Zeitbegriff zugrunde legte. Es ist unmöglich, der Wirkung eines rückwirkenden Gesetzes zu entgehen, indem man es für eine bloß legale Fiktion hält. Natürlich ist die physikalische Zeit irreversibel und fließt nur in eine Richtung. Aber selbst wenn wir feststellen, dass die historische und die juristische Zeit nur auf der Basis der physikalischen Zeit existieren, so hebt das nicht die Einzigartigkeit und die Irreduzibilität dieser beiden Zeitmodi auf.

Aus diesen beiden Beispielen lässt sich folgende wichtige systematische Schlussfolgerung ziehen: Kein Erfahrungsmodus der Wirklichkeit kann die volle

Bedeutung der Zeit ausschöpfen. Dieser neue Vorschlag geht auf Dooyeweerd zurück. Die Zeit ist als einzigartige Dimension der Wirklichkeit zu sehen. Innerhalb der Verschiedenheit (›diversity‹) der modalen Aspekte drückt sich die Zeit in Übereinstimmung mit dem einzigartigen Wesen jedes einzelnen Aspekts aus. Interessant übrigens, dass Hawking (1988, S.8) völlig richtig – Augustinus folgend – betont, Zeit selbst sei etwas Geschaffenes (›a creature‹) und existiere nicht seit ewig.

Der Blick auf die Geschichte der Zeitmessung lässt einige entscheidende Verbindungspunkte erkennen, um die ersten vier Wirklichkeitsmodi hinsichtlich deren jeweiligen Zeitordnung zu unterscheiden. Zu unserem allgemeinen Zeitbewusstsein zählen als wohlbekannte Zeitmodalitäten: früher und später, Gleichzeitigkeit, Zeitfluss und Irreversibilität. In seinem Buch über die Grundlagen der Physik – *Time and Again* – stellt Stafleu fest:

»This is most clearly shown by an analysis of the historical development of time measurement. Initially, time measurement was simply done by counting (days, months, years, etc.). Later on, time was measured by the relative *position* of the sun or the stars in the sky, with or without the help of instruments like the sundial. In still more advanced cultures, time was measured by utilizing the regular motion of more or less complicated clockworks. Finally, in recent developments time is measured via *irreversible* processes, for example, in atomic clocks.« (Stafleu 1980, S.16)

In dieser Entwicklung fällt auf, dass nacheinander verschiedene Zeitordnungen der Zeitmessung zu Grunde gelegt werden: die nummerische Zeitordnung der Sukzession[4], die räumliche Zeitordnung der Simultaneität[5], die kinematische Zeitordnung der Konstanz und die irreversible physikalische Zeitordnung, die in einem Ursache-Wirkungsverhältnis ausgedrückt wird.

Wir begegnen der Zeit einerseits als Zeitordnung, die in diesem Fall auf der Gesetzesseite bzw. Normenseite der Wirklichkeit erscheint, und andererseits als Zeitdauer, die die Faktenseite der Wirklichkeit ausmacht. Kraft der kosmischen Zeitordnung gibt es also eine Zeitordnung der Sukzession zwischen den zahlreichen Aspekten.

---

4 Im 2. Kapitel habe ich die Zeitordnung der Sukzession als das Basisbewusstsein des Unendlichen beschrieben, insbesondere des sukzessiven Unendlichen.
5 Vergleiche das auf-einmal-gegebene Unendliche (›at once infinite‹), das ich im 2. Kapitel dargestellt habe.

Zeit im Zahlen- und Raumaspekt

Die Mathematiker, die nur mit dem dominanten Trend in der modernen Mathematik – dem axiomatisch formalistischen Standpunkt – vertraut sind, werden sofort feststellen, dass die Zeit in der Mathematik keinen Platz hat. Wer allerdings mit dem Intuitionismus vertraut ist, der in den Werken von L.E.J. Brouwer und seinen Nachfolgern (unter denen sich Mathematiker wie H. Weyl, A. Heyting, D. van Dalen, A. Troelstra und bis zu einem gewissen Grad auch P. Lorenzen) dargelegt ist, wird erkennen, dass diese Schule ausdrücklich von der Annahme einer ursprünglichen Intuition von Zeit ausgeht. In dieser Intuition koinzidieren, so Brouwer, Kontinuität und Diskretheit und konstituieren damit das Bewusstsein von eins, noch einmal eins und so weiter – einen Prozess also, der durch die endlose Addition von neuen Einheiten niemals erschöpft werden kann. Mit anderen Worten, dieser Prozess ist in einem wörtlichen Sinn unendlich – ohne Ende. Die intuitionistische Zeitkonzeption hängt historisch gesehen von Kants Philosophie ab, der Zeit als die innere Anschauungsform bestimmt.[6]

Was der Intuitionismus als die Intuition von eins, noch einmal eins usw. identifiziert, bezieht sich auf die arithmetische Zeitordnung der Sukzession auf der Gesetzesseite des numerischen Aspekts. Diese gehört tatsächlich zu der Zeitintuition jeder Person, weil ohne diese nummerische Zeitordnung ein Eckstein der modernen Zivilisation einstürzen würde, einschließlich der Messung und Berechnung der (physikalischen) Zeit. Anders betrachtet: Unsere Erfahrungsintuition der nummerischen Beziehung versieht uns mit einer Einsicht in die ursprüngliche (also ontisch gegebene) nummerische Zeitordnung der Sukzession.

In der Mathematik ist die nummerische Zeitordnung eine Begründung des (mathematischen) Induktionsprinzips, das auf Pascal zurückgeht. Wenn eine Aussage für die Zahl 1 gilt und gezeigt werden kann, dass wenn diese Aussage für die Zahl n auch für n+1 gilt, dann gilt die Aussage allgemein. Für Weyl reicht bereits dieses Prinzip aus, um die Mathematik davor zu bewahren, eine ungeheure Tautologie zu werden – davor zu bewahren, dass eine Menge von formalen Axiomen anstelle einer Grundeinsicht, die sich nicht formalisieren lässt, die Basis der Mathematik ausmacht.

Das einfachste Beispiel der nummerischen Zeitordnung der Sukzession ist die Folge der natürlichen Zahlen: (0), 1, 2, 3, 4, 5, 6, 7, ... – sie ist ohne Ende, also endlos und unendlich. Die axiomatische Mengenlehre versucht manchmal die Ordnung zu definieren. Sie führt zu diesem Zwecke beispielsweise das Konzept der geordneten Paare ein. Im Standardwerk über Mengenlehre (Fraenkel et al. 1973) erscheint in dieser Hinsicht plötzlich eine unerwartete petitio principii. Ohne hier in die technischen Details zu gehen, sollte man nur die Anmerkung be-

---

6 Für Kant entsteht der Zahlenbegriff durch den Schematismus der Quantität, die eine Kategorie ist, in der Zeit, die eine Anschauungsform ist.

trachten, die die Autoren ihrem Beispiel der geordneten Paare hinzufügen (abgeleitet von Kuratowski) – »in dieser Ordnung genommen«.[7]

Innerhalb des Raumaspekts drückt sich die (kosmische) Zeit in der räumlichen Zeitordnung der Simultaneität aus, die mit der faktischen räumlichen Ausdehnung korreliert ist. Schon diese Einsicht beendet die falsche Auffassung, dass die Zeit raumlos und der Raum zeitlos ist. Das Bewusstsein von Simultaneität – dessen, was auf einmal existiert – ist eine Basisintuition von Raum.

Wenn die arithmetische Ordnung der Sukzession auf der Gesetzesseite des Zahlenaspekts unter der Leitung der theoretischen Einsicht in das Wesen der räumlichen Ordnung von Simultaneität enthüllt ist, dann lässt sich eine regulative Idee der Unendlichkeit entdecken – die Idee des aktual Unendlichen bzw. vollständigen Unendlichen, die ich ja das auf-einmal-gegebene Unendliche nenne.

Die kinematische und physikalische Zeitordnung

Seit der Entwicklung von Galileis Mechanik versucht die klassische Physik, alle Körper auf den Nenner der mechanischen Bewegung zu bringen. Von Newton bis zum Beginn des 20. Jahrhunderts behindert diese mechanistische Tendenz die Entwicklung der modernen Physik. Max Planck[8] stellt das wie folgt dar:

»Diejenige Naturanschauung, die bisher der Physik die wichtigsten Dienste geleistet hat, ist unstreitig die mechanische. Bedenken wir, daß dieselbe darauf ausgeht, alle qualitativen Unterschiede in letzter Linie zu erklären durch Bewegungen, so dürfen wir die mechanische Naturanschauung wohl definieren als die Ansicht, daß alle physikalischen Vorgänge sich vollständig auf *Bewegungen* von unveränderlichen, gleichartigen Massenpunkten oder Massenelementen zurückführen lassen. Jedenfalls werde ich hier in diesem Sinne von der mechanischen Naturanschauung sprechen.« (Planck 1973, S.53)

In der Kinematik sind alle Prozesse prinzipiell reversibel. Diese Reversiblität betrifft die kinematische Zeitordnung. Aber analog sind die nummerische und räumliche Zeitordnung auch reversibel. Die Reversibältät der nummerischen Zeitordnung kommt von der + und – Richtung im System der ganzen Zahlen. Obwohl konkrete Ereignisse in der physikalischen Wirklichkeit unidirektional sind, kann

---

7 Das geordnete Paar (a,b) ist ›definiert‹ als die Menge (a,b), die die Mengen (a) und (a,b) als Elemente »genommen in dieser Ordnung« enthält.
8 Wie bereits erwähnt, ist Planck der Entdecker des Wirkungsquantums h (6.62 x 10^{-34} joule/sec), das die grundsätzliche Diskontinuität der Energie darstellt. Um die Absorption und Omission von Energie zu erklären, postuliert Planck, dass Stahlungsenergie quantifiziert wird, und zwar proportional zu der Frequenz v in der Formel $E = hnv$ (n ist eine ganze Zahl, v die Frequenz und h das Wirkungsquantum).

die Zeitordnung innerhalb des nummerischen Aspekts in der negativen und der positiven Richtung erfahren werden.[9]

Bereits 1824 entdeckt Carnot grundsätzlich irreversible physikalische Prozesse. Die Implikationen dieser Entdeckung werden später gleichzeitig von Clausius und Thompson weiterentwickelt, und zwar in der Formulierung des zweiten Hauptgesetzes der Thermodynamik.[10] Auf Clausius geht auch der Begriff der ›Entropie‹ zurück, den er 1865 einführt. Das zweite Hauptgesetz der Thermodynamik liefert die Anerkennung von irreversiblen physikalischen Prozessen, denn es gibt die Richtung eines physikalischen (oder auch chemischen) Prozesses innerhalb eines geschlossenen Systems an.[11] Daher etabliert sich das Gesetz der nicht abnehmenden Entropie als das zweite Hauptgesetz der Thermodynamik. Gleichzeitig wird die klassisch-mechanistische Reduktion auf reine Bewegung entwurzelt. Zu Recht bemerkt Planck (1973, S.55), dass die Irreversibilität von Naturvorgängen die mechanische Konzeption der Natur mit unüberwindlichen Problemen konfrontiert.[12] Während also die Zeitordnung in den ersten drei Aspekten reversibel ist, gilt das nicht für den physikalischen Aspekt, der uns mit einer irreversiblen Zeitordnung konfrontiert. Das lässt sich leicht einsehen, wenn man an die asymmetrische Relation der Kausalität denkt: Selbstverständlich geht die Ursache der Wirkung voraus.

Mit der Entdeckung der Radioaktivität stellt sich heraus, dass innerhalb einer Mikrostruktur irreversible Prozesse auftreten, die spontan in einer Richtung ablaufen. Dem lässt sich unmittelbar anfügen, dass diese Sachlage die Irreduzibilität des physikalischen Aspekts auf den kinematischen Aspekt bestätigt, dessen Zeitordnung ja reversibel ist. So unterscheidet Vollenhoven in den erstmals 1930

---

9 Sagen wir, es dauert fünf Minuten (physikalische Zeitdauer), wenn 100 Studenten einen Hörsaal nacheinander betreten. Am Ende der Vorlesung verlassen die Studenten in entgegengesetzter Ordnung den Hörsaal, was nur eine Minute dauern möge. Obwohl also die physikalische Zeitdauer nur in einer Richtung stattfindet, wird die nummerische Zeitordnung am Ende der Vorlesung umgekehrt.

10 Das erste Gesetz ist der Energieerhaltungssatz.

11 Nehmen wir an, dass ein ideales Gas in einem Behälter mit einem anderen Behälter, in dem ein Vakuum präsent ist, verbunden wird. Die innere Energie wird sich nicht ändern. Doch die Gasmoleküle werden spontan den freien Raum ausfüllen. Das weist auf eine Steigerung der Entropie hin. Statistisch gesehen reflektiert die Steigerung der Entropie das Auftreten des wahrscheinlichsten Zustandes. Aus diesem Grund wird innerhalb eines geschlossenen Systems immer entweder eine Steigerung oder eine Konstanz der Entropie anzutreffen sein, aber niemals eine Abnahme von Entropie.

12 »Vorgänge der mechanischen Naturauffassung viel zu schaffen, denn in der Mechanik sind alle Vorgänge reversibel, und es bedurfte der tiefgehenden Analyse und nicht minder des unbeugsamen wissenschaftlichen Optimismus eines Ludwig Boltzmann, um die Atomistik mit dem zweiten Hauptsatz der Wärmetheorie nicht nur zu versöhnen, sondern sogar die Grundidee des zweiten Hauptsatzes durch die Atomistik erst verständlich zu machen.« (Planck 1973, S.55)

erschienen Vorlesungen *Isagogè Philosophiae* zwischen dem mechanischen und dem physikalischen Aspekt. Doch in der Auflage von 1936 fehlt diese Unterscheidung. Dooyeweerd andererseits postuliert ursprünglich die nummerische, räumliche und physikalische Ordnung – er identifiziert hier also den kinematischen mit dem physikalischen Aspekt. Um 1950 sieht er ein, dass diese letzte Unterscheidung durchaus notwendig ist – für die Erklärung der Tatsache, dass die Kinematik (Phoronomie) eine einförmige Bewegung definieren kann, ohne eine Wirkursache anzuführen (im Vergleich zu Galileis Trägheitsgesetz).

Die Einzigartigkeit von Konstanz und Dynamik

Ständige Bewegung

Im Altertum gibt es das Bestreben, eine Maschine zu konstruieren, die sich – einmal in Bewegung gesetzt – ohne eine weitere äußere Energiequelle ständig weiter bewegen wird. Zu Beginn des 17. Jahrhunderts entwirft Fludd eine Wassermühle mit einem in sich geschlossenem Rundlauf. Doch was auf dem Papier durchführbar erscheint, erweist sich als praktisch völlig unrealisierbar. 1775 beschließt die französische Académie des Sciences et des Arts, der Entwicklung eines perpetuum mobile künftig keine Aufmerksamkeit mehr zu widmen. Auch in England werden alle Ansprüche auf ein Patentrecht auf ein perpetuum mobile zurückgewiesen.

Die Frage lautet: Warum funktioniert es nicht? Die Antwort auf diese Frage liegt im ersten Hauptgesetz der Physik. Die Idee einer ständigen Bewegung, die dem perpetuum mobile zu Grunde liegt, besagt, dass benutzbare Energie ohne jegliche Energie produziert wird. Praktisch gewendet bedeutet das, dass irgendwie Energie produziert wird. Wie hält es die Physik mit dieser Idee?

Durch die deutsche Naturphilosophie des 19. Jahrhunderts angeregt (insbesondere durch das Werk von Schelling), suchen deutsche Naturwissenschaftler nach einem vereinheitlichenden Gesetz, das alle physikalischen Phänomene aus einer einzigen Perspektive umfasst. Die Physiker Helmholtz und Mayer und der Chemiker von Liebig verteidigen den Begriff der unzerstörbaren Eigenschaft von Materie, bevor noch experimentelle Daten ihre Ansicht bestätigen. Im jugendlichen Alter von 26 Jahren präsentiert Helmholtz 1847 der Physikalischen Gesellschaft in Berlin die Formulierung des ersten Hauptgesetzes der Physik (eigentlich der Thermodynamik). Er beginnt seinen Vortrag mit dem Hinweis, dass es bislang noch nicht gelungen sei, ein perpetuum mobile zu konstruieren, was eine logische Konsequenz aus der Unzerstörbarkeit von Energie sei. Bis heute kennen die Physiker dieses Gesetz als das Gesetz der Energieerhaltung – Energie kann nicht produziert oder zerstört werden.[13] Im Lichte des Energieerhaltungssatzes ist es völlig klar, dass die Konstruktion eines perpetuum mobiles prinzipiell nicht klappen kann, weil ein solches die Neuproduktion von Energie benötigen würde, ohne dafür aber Energie einzusetzen.

Es lassen sich auch Ideen für eine Maschine finden, die die Hitze ihrer Umgebung entzieht und diese zu Bewegungsenergie transformiert. Die Unmöglichkeit einer solchen Maschine zeigt sich im Lichte des zweiten Gesetzes der Thermodynamik – der nicht abnehmenden Entropie. Statistisch gesprochen besagt dieses, dass in einem geschlossenen System der wahrscheinlichste Zustand auftreten wird. Die Unmöglichkeit dieser Maschine liegt laut diesem Gesetz darin, dass das Auftreten jener Temperaturdifferenz zwischen Umgebung und Maschine, die zur Umwandlung von Hitze in Energie notwendig wäre, nicht wahrscheinlich ist.

Diese beiden Hauptgesetze der Physik sind insofern grundlegend, als sie auf alle physikalischen Entitäten anwendbar sind. Wenn Gesetze ohne Unterschied für alle Entitäten gültig sind, dann ignorieren sie vollständig die typischen Differenzen dieser Entitäten. Diese modalen Gesetze indizieren die grundlegenden Möglichkeiten des Seins bzw. die Modi der Entitäten. Um universell gültige modale Gesetze abzuleiten, ist jene wissenschaftliche Tätigkeit gefordert, die ich weiter oben als modale Abstraktion beschrieben habe.

Nähere Überlegungen zu Konstanz und Dynamik

Um die physikalische Modalität (die physikalische Seinsweise) der materiellen Entitäten zu erfassen, muss man von den nicht-physikalischen Aspekten absehen. Unter anderem bedeutet das, dass eine klare Unterscheidung zwischen dem physikalischen Aspekt der Energiewirkung und dessen begründenden kinematischen Aspekt wesentlich ist – also der Aspekt, innerhalb dessen nur die gleichförmige Bewegung ohne Wirkursache relevant ist. Die Bewegung – so wie die Modi der Konstanz und des gleichförmigen Flusses – ist ursprünglich gegeben, so wie die Zahl, der Raum, die Ökonomie oder die Ethik. Daher impliziert Galileis Trägheitsgesetz, dass bestenfalls von der Ursache der Bewegungsveränderung zu sprechen ist. Jede Veränderung setzt eine bestehen bleibende Grundlage voraus – so wie sich eine Person nicht verändern kann, wenn sie nicht sie selbst ist. Da es höchst wichtig ist, das Verhältnis von Konstanz und Veränderung (Dynamik) zu verstehen, ist deren Wesen und Ursprung näher zu diskutieren. Das wird uns in die Lage versetzen, weitere strukturelle Eigenschaften der modalen Aspekte aufzuzeigen.

---

13 Dieses Gesetz schließt nicht die Tatsache aus, dass eine Energieform in eine andere Energieform transformiert werden kann.

Das Herzstück von Einsteins Relativitätstheorie

Einsteins Relativitätstheorie ist ja wohlbekannt. Eine populäre Meinung über die Relativitätstheorie fasst diese ja in dem Glauben zusammen, dass alles relativ und veränderlich ist. Doch Einsteins Theorie beruht auf einer grundlegenden Annahme, die das genaue Gegenteil des Relativismus besagt – der Idee einer uniformen und konstanten Ordnung. Alles, was nach Einstein als relativ zu betrachten ist, ist relativ in Bezug auf diese konstante Ordnung. Dass die Lichtgeschwindigkeit in einem Vakuum konstant ist, macht dieses Postulat verständlich. Dabei ist Einsteins Annahme wichtig, dass ein besonderes Lichtsignal die gleiche konstante Geschwindigkeit (c) in Bezug auf alle möglichen sich bewegenden Systeme hat. Für diese Theorie ist es unerheblich, ob ein solches Lichtsignal tatsächlich existiert. Die nachträgliche experimentelle Bestätigung von Einsteins Relativitätstheorie ist – wie Stafleu anmerkt – für diese Theorie letztlich irrelevant. Das sollte man angesichts der gegenwärtigen Diskussion um die veränderte Lichtgeschwindigkeit stets im Auge behalten.

Die Krux von Einsteins Relativitätstheorie liegt daher im Wesen der Ordnung von Konstanz, die sie voraussetzt.[14] Wir kennen bereits die nummerische Ordnung der Sukzession, die bei jedem Zählen anzutreffen ist. Fast genauso bekannt ist die räumliche Ordnung der Simultaneität. Im Unterschied zur nummerischen Ordnung der Sukzession und der räumlichen Ordnung der Simultaneität liegt die Erfahrung der Ordnung von Konstanz im kinematischen Aspekt der Bewegung. Anders gesagt: Einsteins 1905 vorgestellte spezielle Relativitätstheorie ist eine rein kinematische Theorie.[15] Einstein entwickelt also nicht so sehr eine Theorie der Relativität, sondern vielmehr eine Theorie der Konstanz.

Wie das Trägheitsgesetz zeigt, entdeckt Galilei das besondere Wesen der kinematischen Zeitordnung. Dieses Gesetz besagt, dass ein sich bewegender Körper seine Bewegung unendlich fortsetzen wird, und zwar bis etwas anderes (wie eine Kraft oder eine Reibung) auf ihn wirkt. Die Einsicht in die Bewegung beruht also nicht auf einer kausalen Kraft. Der Begriff der Ursache gehört zum physikalischen Aspekt der menschlichen Erfahrung – die Erfahrung, die im Zusammentref-

---

14 Spielberg & Bryon (1987) betonen zu Recht, dass es um Invarianz – d.i. Konstanz – geht, obwohl sie unglücklicher Weise die Begriffe ›absolut‹ und ›unveränderlich‹ vermischen: »Indeed, Einstein originally developed his theory in order to find those things that are invariant (absolute and unchanging) rather than the relative. He was concerned with things that are universal and the same from all points of view.« (Spielberg & Bryon 1987, S.6) Der Begriff der Unveränderlichkeit ist schlicht die Negation von Veränderlichkeit, der ein physikalischer Ausdruck ist. Der Begriff des Absoluten kann nicht auf irgendetwas in der Schöpfung angewandt werden – jedenfalls dann nicht, wenn man die kreierte Wirklichkeit nicht zu einem Idol machen will.

15 Das irreduzible Wesen der kinematischen Zeitordnung wird mittels eines kinematischen Subjekts eingeführt, das sich mit konstanter Geschwindigkeit bewegt.

fen mit Energieoperationen liegt. Es kann daher nicht oft genug betont werden, dass man nicht von Bewegungsursache reden kann, sondern nur von Veränderungsursache der Bewegung. Wieder müssen wir die modale Differenz zwischen dem kinematischen Aspekt und dem physikalischen Aspekt der Wirklichkeit anerkennen.[16]

Das einzigartige Wesen der Konstanz (d.i. die Irreduzibilität des kinematischen Aspekts) markiert die Grundlage für alle Beziehungen zur Dynamik und Veränderung. Ohne eine konstante Basis mutiert jede Rede über Veränderung zur Sinnlosigkeit. Aus diesem Grund ist es für die Physik auch nicht möglich, einen sinnvollen Inhalt mit dem Begriff einer diskontinuierlichen Bewegungsänderung zu verbinden – Bewegungsänderung ist immer kontinuierlich (Beschleunigung und Bremsung), weil eine diskontinuierliche Bewegungsänderung eine physikalisch unmögliche unendliche Kraft erfordert.[17] Daher ist die Etablierung einer Veränderung nur auf der Grundlage des Kontinuierlichen möglich.

Eine alternative Formulierung des ersten Hauptgesetzes der Thermodynamik

Diese Begründung des Aspekts der Bewegung macht es philosophisch möglich, eine andere Formulierung für das erste Hauptgesetz der Thermodynamik zu formulieren, die wirklichkeitsecht (›true to reality‹) ist. Der physikalische Aspekt sollte nicht strikt vom kinematischen Aspekt getrennt werden, weil es nämlich eine unauflösbare Kohärenz zwischen diesen beiden Aspekten gibt. Daher wird man im physikalischen Aspekt ein strukturelles Moment finden, das an den kinematischen Aspekt erinnert. Die Konstanz erscheint im physikalischen Aspekt als der strukturelle Rest der Bedeutung von Bewegung. Philosophisch gesprochen heißt das, dass man auf der Gesetzesseite des physikalischen Aspekts eine Analogie des kinematischen Aspekts findet.

Eine Formulierung des ersten Hauptgesetzes, die wirklichkeitsecht (›true to reality‹) ist, bezieht sich daher auf die *Energiekonstanz*. Genau gesprochen ist die Verwendung des Ausdrucks ›Konservierung‹ inadäquat, weil die Aktivität der Retention selbst einen Energieinput verlangt – wie das bei thermodynamischen ›offenen Systemen‹ (oder ›stabilen Zuständen‹) der Fall ist. Das Gesetz der Energiekonstanz illustriert nicht nur die distinke Einzigartigkeit des kinematischen und des physikalischen Aspekts, sondern auch – zieht man die Unterscheidung von Gesetzesseite und Faktenseite in Betracht – deren unauflösliche Kohärenz: Ohne die grundlegende Position des kinematischen Aspekts in der kosmischen Ordnung

---

16 Planck (1910, S.65) unterscheidet zwischen der ›mechanischen‹ und ›energetischen‹ Natursicht.
17 Janich (1975, S.68) betont eine strikte Unterscheidung zwischen phoronomischen (später: kinematischen) und dynamischen Aussagen.

der vielschichtig variierenden Wirklichkeitsaspekte gäbe es keine Möglichkeit, eine Analogie zu erkennen zwischen dem Bewegungsaspekt und dem pyhsikalischen Aspekt; es wäre also unmöglich, die Analogie der Energiekonstanz zu erkennen.

Die Relativitätstheorie und der Relativismus

In der Moderne bleibt keine Wissenschaft – nicht einmal die Theologie – vor den Anstürmen des historischen Relativismus verschont. Der Historismus postuliert im Grunde, dass sich alles mit der Zeit verändert und dass nichts gleich bleibt – moralische Standards, religiöse Überzeugungen, Rechtsmeinungen, ökonomische Praktiken etc. seien einem ständigen Wandel unterworfen. Der Mangel dieses Arguments zeigt sich bereits in der Verwendung von Begriffen wie ›kontinuierlich‹, ›noch‹, ›immer‹, ›unaufhörlich‹ etc. Das meint nicht, dass man das Konstante statisch denken sollte, aber man sollte ihm immerhin eine positive Konnotation beilegen und es als die Grundlage aller Dynamik verstehen. Gleichzeit gilt es auch, die einseitige und exzessive Beschäftigung mit der Dynamik aufzugeben, die gegen jegliche Form des Konstanten gestellt wird. Dieser Ansatz führt bloß in eine ungerechtfertigte dialektische Spannung: Was die Bedingung und die Voraussetzung von dynamischer Veränderung ist – das ist das Konstante (in einer nicht statisch gedachten Form) –, wird hier als Opposition und gar Feind betrachtet.

Doch die bemerkenswerte Kohärenz zwischen den Begriffen der Konstanz und der Dynamik bringt nicht nur Licht in die Bestimmung der Grundlagen des naturwissenschaftlichen Gebrauchs dieser Begriffe. Sie macht auch deutlich, dass wir auch über alltägliche Begebenheiten in einer Weise sprechen, die stets und unvermeidlich eine Perspektive auf einen bestimmten Aspekt voraussetzt.

Determinismus und Indeterminismus

Wenn man die Energiekonstanz zur Formulierung des ersten Hauptgesetzes der Thermodynamik verwendet, dann setzt man implizit die Unterscheidung zwischen Gesetz (bzw. Ordnung) und demjenigen, das unter dieses Gesetz fällt bzw. mit diesem Gesetz zusammenhängt. Es ist ein Wesenszug des Gesetzesbegriffs, dass das Gesetz das tatsächlich unter es Fallende determiniert und begrenzt. Umgekehrt wird die faktische Realität durch das Gesetz determiniert und begrenzt. In dieser Gesetzeskonformität zeigt die faktische Realität ihr Unterworfensein (›subjectedness‹). Sogar im Hinblick auf den angenommenen Ursprungszustand des Großen Knalls stellt Hawking (1988, S.11) fest, dass man Gesetze annehmen muss, die diesen Zustand bestimmen. Aber es bleibt doch frappierend, dass Hawking nicht nach dem Ursprung dieser Gesetze fragt.

Werner Heisenberg legt dar, dass die Entwicklung der Quantentheorie zu einer statistischen Formulierung der physikalischen Gesetze führt. Darüber hinaus etabliert Heisenberg (1956, S.28) mit der Unbestimmtheitsrelation, dass es nicht möglich ist, gleichzeitig den Ort und die Geschwindigkeit eines atomaren Teilchens zu bestimmen.[18] Die seit Heisenberg vorherrschende Konzeption der physikalischen Kausalität ist davon überzeugt, dass physikalische Subjekte nur als Extensionen von physikalischen Gesetzen anzusehen sind, die deren Existenz erschöpfend determinieren – weswegen dieser Ansatz Determinismus genannt wird. Ein exaktes Wissen über die Natur oder über einen ihrer speziellen Ausschnitte reicht – wie Heisenberg zum deterministischen Ansatz ausführt – vollkommen aus, um die Zukunft zu determinieren. Und er fährt fort:

»If one interprets the word causality in such a strict sense, one also speaks of determinism and means by that that there exist laws of nature determining univocally from the present the future condition of a system.« (Heisenberg 1956, S.25)

Für den Determinismus ist jede Wirkung strikt durch eine Ursache bestimmt. In Wirklichkeit stellt diese Ansicht eine Verabsolutierung der Gesetzesseite des physikalischen Aspekts dar, was erklärt, warum laut Determinismus physikalische Entitäten (›subjects‹) nur als Extensionen von physikalischen Gesetzen anzusehen sind. Der Determinismus reduziert die Faktenseite auf die Gesetzesseite. Wie Stafleu richtig anmerkt, stellt im Gegensatz dazu die Kausalrelation auf der Gesetzesseite des physikalischen Aspekts nur fest: Nichts passiert ohne Ursache; aber was die Wirkung einer bestimmten Ursache auch sein mag, das vermag man im vorhinein nicht zu sagen. Diese Formulierung umgeht die Einseitigkeit sowohl des Determinismus als auch des Indeterminismus. Diese Formulierung gesteht dem Indeterminismus zu, dass die Wirkung nicht im Vorhinein bekannt zu sein braucht – man denke nur an die Halbwertszeit von radioaktiven Elementen; und sie erhellt die Unhaltbarkeit des Determinismus in dieser Hinsicht.

Heisenbergs Unschärferelation hat zur Folge, dass sich die Wege der großen Physiker des 20. Jahrhunderts trennen – und zwar hinsichtlich der Frage, ob das Konzept der Kausalität für die weitere Entwicklung der Physik eine Rolle spielen solle. Planck und Einstein wollen die Forderung nach dem Determinismus aufrechterhalten, während Heisenberg und Bohr (mit der Kopenhagener Deutung der Quantenphysik) für das andere Extrem – den Indeterminismus – optieren. Wenn aber der Determinismus die Gesetzesseite des physikalischen Aspekts verabsolutiert, dann verabsolutiert der Indeterminismus die Faktenseite des physikalischen Aspekts. Als alternativer Zugang ist die Irreduzibilität von Gesetzesseite und Faktenseite als Korrelationsbegriffe aufzufassen – eine Alternative, die implizit durch

---

18 Bevor er die Unbestimmtheitsrelation publiziert, sagt Heisenberg im April 1927 zu Weizsäcker: »Ich glaub', ich hab' das Kausalgesetz widerlegt.« (Weizsäcker 1993, S.132, Fußnote)

die notwendige Anwendung von statistischen Gesetzen innerhalb der Physik Unterstützung erfährt (s. Stafleu 1968, S.304).

Ordnung in der Physik und Begrenzung der Physik

Trotz des gegenwärtigen Interesses am Chaos ist es nicht weiter verwunderlich, dass Physiker nach wie vor nach einer der Welt zu Grunde liegenden Ordnung suchen (s. Hawking 1988, S.13). In ihrer abschließenden Analyse will die Chaostheorie eine komplexere und übergreifende Ordnung in dem aufdecken, was ungeordnet und chaotisch erscheint. Die neu entdeckten komplexen Muster verweisen aber – wie wir gesehen haben – stets auf ein determinierendes und begrenzendes Gesetz. Sobald man dies erkennt, gewinnt eine andere Fragestellung an Prominenz – die Frage nach den Grenzen von Wissenschaft und Wirklichkeit. Schon in seiner frühen Phasen ist das westliche wissenschaftliche Denken mit der Suche nach seiner Grenzbestimmung konfrontiert. Praktisch koinzidiert diese Suche mit der Grenze des Universums selbst.

Der endliche und begrenzte Kosmos der Griechen

Es mag für uns erstaunlich anmuten, dass das griechische Denken in dem ihm eigenen Weltbild offensichtlich einen Ruhepunkt findet. Die Welt ist eine runde Scheibe und wird umgeben (und so begrenzt) vom ›Okeanos‹, dem großen Weltmeer. Dass die Griechen nicht nach dem Jenseits des Ozeans fragen, ist frappierend. Aber es ist die Vertrautheit des modernen Denkens mit der Unendlichkeit, die uns diese Frage unmittelbar aufdrängt. Doch für die Griechen stellt sie eine Unmöglichkeit dar. Der Okeanos ist eine der ersten Mächte, die mit Beginn der Herrschaft durch die olympischen Götter unterworfen wurde. Der geordnete Kosmos verdankt Form, Maß, Harmonie und Bestimmung (Begriff) diesen Göttern. Was außerhalb dieser Grenzen auftritt, zeigt keinerlei Formbegrenzung und kann daher vom Denken nicht auf den Begriff gebracht werden. Dass Aristoteles den abstrakten oder leeren Raum nicht anerkennt, liegt in diesem Weltbild begründet – die seit der Moderne gültige Raumvorstellung fehlt hier. Gemäß dem ausgereiften griechischen Verständnis gibt es keinen Raum, sondern nur den Platz. Dieser ist eine Eigenschaft, die sich nur einem konkreten Körper zuschreiben lässt. Fehlt ein Körper, fehlt auch das Subjekt, von dem sich die Eigenschaft Platz als Prädikat aussagen lässt. Ein ›leerer Platz‹ ist daher ein Platz von nichts – anders gesagt, es ist überhaupt kein Platz. Die Möglichkeit des Verständnisses (und des Erfassens) eines geordneten Kosmos liegt in dessen endlichem und begrenztem Wesen. Auch die Wissenschaft ist auf diesen endlichen und begrenzten, geordneten Kosmos beschränkt.

Diese Ausrichtung verursacht auf verschiedene Weisen Spannungen in der griechischen Wissenschaft und Kultur. Im ersten Kapitel bin ich bereits auf die Probleme eingegangen, die durch die Entdeckung der irrationalen Zahlen durch die Pythagoräer entstanden – was möglicher Weise zur Geometrisierung der griechischen Mathematik führte. Doch das Gegenstück zur Frage bezüglich unseres Wissens über die Grenzen des Kosmos liegt in der Frage, ob ›Raum‹ eine kontinuierliche Teilung zulässt oder ob der Teilungsprozess an letzten unteilbaren Teilchen ein Ende findet. Die griechischen Atomisten, Leukipp und Demokrit, sehen in den sog. ›Atomen‹ die letzten, unteilbaren Teile. Seit Descartes wechselt die moderne Konzeption zur Überzeugung, dass der physikalische Raum sowohl kontinuierlich als auch unendlich teilbar ist.[19] Am Ende des 19. Jahrhunderts und zu Beginn des 20. Jahrhunderts erweist sich jedoch eine Unterscheidung als notwendig – die Unterscheidung zwischen mathematischem und physikalischem Raum. Während jener in einer rein abstrakten und funktionalen Perspektive kontinuierlich und unendlich teilbar ist (s. Kapitel 1), ist dieser weder kontinuierlich, noch unendlich teilbar. Da der physikalische Raum an die Quantenstruktur der Energie gebunden ist, lässt er sich nicht unendlich teilen. Energiequanten stellen tatsächlich die Grenze der Teilbarkeit von Energie dar.[20]

Gibt es unzugängliche Grenzen in den Naturwissenschaften?

Es lässt sich sagen, dass Energiequanten die zugängliche (untere) Grenze darstellen. Gibt es wirklich unzugängliche physikalische Grenzen?

Das zweite Hauptgesetz der Thermodynamik – das Gesetz der nicht abnehmenden Entropie (das schlicht besagt, dass innerhalb eines geschlossenen Systems eine Neigung zum wahrscheinlichsten Zustand besteht) – liefert uns in dieser Hinsicht zwei gute Beispiele. Dieses Gesetz zieht nach sich, dass es keine Maschine geben kann, die so effizient ist, bei Energieproduktion keine Energie zu verlieren. Aus diesem Grund ist das klassische Ideal eines perpetuum mobile unerreichbar. Unter anderem besagt es auch, dass die untere Grenze (-273,16° als absoluter

---

19 Im zweiten Kapitel habe ich dargelegt, dass diese Eigenschaft eine wichtige Charakterisitik der räumlichen Ausdehnung darstellt. Diese Charakterisitik liefert die Basis für die (halb-vertiefte) intuitionistische Mathematik von Brouwer, Weyl und deren Nachfolger.

20 »Aber überall, wo man die Methoden der Forschung in der Physik der Materie genügend verfeinerte, stieß man auf Grenzen für die Teilbarkeit, die nicht an der Unzulänglichkeit unserer Versuche, sondern in der Natur der Sache liegen, so daß [164] man geradezu die Tendenz der modernen Wissenschaft als eine Emanzipation von dem Unendlichkleinen auffassen könnte und daß man jetzt an Stelle des alten Leitsatzes: ›natura non facit saltus‹ das Gegenteil ›die Natur macht Sprünge‹ behaupten könnte.« (Hilbert 1925, S. 163-164)

Nullpunkt) unzugänglich ist. Obwohl es dem Physiker Kurti gelang eine Temperatur herzustellen, die sich vom absoluten Nullpunkt nur um ein Millionstel Grad unterscheidet, bleibt es im Prinzip unmöglich, diese letzte kleine Lücke zu überbrücken. Das würde nämlich eine optimal effektive Maschine erfordern, die alle Energie, die sie braucht, in verwendbare Energie verwandeln kann. Aber genau das ist – so das zweite Hauptgesetz – nicht möglich.

Das unbegrenzte, aber endliche Universum in Einsteins Relativitätstheorie

Einstein entwickelt in dieser Hinsicht in seiner Relativitätstheorie eine bemerkenswerte Perspektive. Weil alle Himmelskörper dem Gravitationsgesetz unterworfen sind, führt Einstein den Begriff des ›gekrümmten Raumes des Universums‹ ein, wobei eine nicht euklidische Geometrie zur Anwendung kommt. Einerseits schlägt Einstein vor, das Universum sei grenzlos, d.h. man könne sich jenseits aller Grenzen in alle Richtungen bewegen. Aber weil ja der Weltraum gekrümmt ist, kann es passieren, dass man dort ankommt, von wo man gestartet ist – und das zeigt, dass das Universum trotz Grenzlosigkeit doch endlich ist.

Einsteins Theorie ruht, wie die abschließenden Analysen zeigen, auf einer anderen unzugänglichen Grenze, nämlich der Lichtgeschwindigkeit c im Vakuum. Die Lichtgeschwindigkeit ist eine echte Konstante – was immer auch sich bewegt, bewegt sich relativ zu diesem Element der Konstanz.[21] Diese Überlegungen zeigen einmal mehr, dass Einsteins Theorie – in ihrer Abhängigkeit von der oberen Grenze der Bewegung – eine Theorie der Konstanz ist.

Komplementarität – Grenzen des Experiments

Es gibt aber bemerkenswerte Grenzen für die Physik im Sinne der experimentellen Exaktheit und Bestimmung. Heisenberg hat mit der Einführung der Unschärferelation gezeigt, dass der Impuls und die Position eines Elektrons nicht gleichzeitig messbar sind. Die Kopenhagener Deutung der Quantenphysik führt den Begriff der Komplementarität ein, um die Unmöglichkeit zu erklären, beides gleichzeitig zu messen. Sie lässt daher zwei irreduzible (und komplementäre) Beschreibungsweisen zu, entweder hinsichtlich des Platzes oder hinsichtlich des Impulses. Einigen Ideen von Mario Bunge folgend, verteidigt der Physiker Henry Margenau einen sogenannten ›moderaten Reduktionismus‹. Diesen beschreibt Margenau als »the strategy consisting of reducing whatever can be reduced with-

---

21 Manchmal verwendet Einstein den Begriff ›Invarianz‹ (s. Schlipp 1951, S.56). Oftmals bezieht er sich explizit auf die Konstanz der Lichtgeschwindigkeit in einem Vakuum (s. Schlipp 1951, S.54 u. S.56).

out however ignoring emergence or persisting in reducing the irreducible« (Margenau 1982, S.187).

Entitäten mit einer physikalischen Bestimmung

Obwohl Wissenschaft gewöhnlich dazu tendiert, sich in erster Linie mit universellen Eigenschaften oder mit spezifizierten Universalität von Typen zu beschäftigen, ist es keiner akademischen Disziplin (auch nicht der Physik) möglich, der Alltagswirklichkeit zu entfliehen, in der wir die individuelle Seite der Dinge und Ereignisse erfahren. Die Wissenschaftsgeschichte kennt viele Beispiele für Versuche, die Individualität von Dingen hinsichtlich einer bestimmten Eigenschaft zu erklären. Manchmal ist die Individualität mit der Materie verbunden – wie beispielsweise bei Aristoteles und Thomas von Aquin, die die Materie als das *prinicipium individuationis* bestimmen.

Doch wie ich in diesem und im vorigen Kapitel bereits kurz ausgeführt habe, kann man unmöglich zu einer Ansicht zurückkehren, die den Aspekt der Zahl als geprägte Materie ansieht (worin der Fehler der Pythagoräer liegt). Ich habe auch dargelegt, dass der räumliche und der kinematische Aspekt nicht qualifizierende Aspekte für materielle Dinge und Ereignisse liefern. Der einzige Kandidat, der dafür übrig bleibt, ist der physikalische Aspekt der Energiewirkung.

Um das Typengesetz der physikalisch qualifizierten Entitäten zu erklären, müssen wir deren begründende Funktion erläutern. Dabei sollten wir stets bedenken, dass jede Entität (welcher Art auch immer) typischer Weise in allen Aspekten der Wirklichkeit funktioniert. In anderen Worten: Jede Entität zeigt in einer sehr konkreten und anschaulichen Art eine typische Funktion innerhalb der (universellen) modalen Struktur der vielfältigen Wirklichkeitsaspekte. Man kann hier an das allgemeine Interesse der Thermodynamik denken – eine strikt modal abgegrenzte Disziplin mit einem universellen Bereich, in dem die typischen Eigenschaften der verschiedenen Arten von physikalischen Entitäten unbeachtet bleiben. In der Thermodynamik ist es unwichtig, ob man über feste, flüssige oder gasförmige Aggregatzustände spricht, denn das spezifische Gewicht und die Wärme bleiben dieselben. Aber sobald wir die Beziehung zwischen den Mikrostrukturen und den Makrostrukturen in Betracht ziehen (solche wie innerhalb der Grenzen der statistischen Physik), dann bekommen die zunächst missachteten Nuancen ihr Gewicht, weil das spezifische Gewicht und die Wärme je nach den genannten Aggregatzuständen unterschiedlich spezifiziert werden.

Eine Analyse der materiellen Dinge kann weiters nicht den funktionalen Wechselbeziehungen entkommen, die zwischen den verschiedenen modalen Aspekten präsent sind, innerhalb derer materielle Dinge in einer konkreten Art funktionieren. Die Wechselbeziehungen sind zu allererst die Erklärung dafür, was Herman Dooyeweerd ›modale Analogien‹ (Anti- und Retrozipation) nennt –

strukturelle Momente, innerhalb derer jeder Aspekt die Kohärenz mit anderen beteiligten Aspekten und auch mit den anderen Aspekten reflektiert. Aber innerhalb modaler Aspekte haben Entitäten und Ereignisse immer typische Funktionen. Das Typische an diesen Funktionen liegt darin, dass sie die Wirkung der qualifizierenden Funktion der betreffenden Entität bekunden. Das impliziert, dass die qualifizierende Funktion der materiellen Entitäten innerhalb der ersten drei modalen Aspekte der Wirklichkeit stets auf den qualifizierenden physikalischen Aspekt der Materie hinweisen (bzw. diesen Aspekt antizipieren).

Universelle modale Eigenschaften sind auf typische Art spezifiziert. Dieser Gedanke verlangt folgende Ausdrucksweise: Wir können von antizipatorischen Formen der modalen Spezifikation sprechen. So treffen wir beispielsweise, qualifiziert durch die physikalische Funktion der Energiewirksamkeit, die modale Spezifikation des Energiequantums h, das für den Physiker eine typische Zahl ist ($h = 6.62 \times 10^{-34}$ Joule/Sek). Manchmal ist diese Art der Typenspezifikation durch die Verwendung des Ausdrucks ›Konstante‹ festgelegt. Ähnlich wie die Konstante h in der Quantenmechanik, dient c als Lichtgeschwindigkeit (in einem Vakuum) als Konstante in Einsteins Relativitätstheorie.[22]

Im Unterschied dazu ist die Atomzahl, die der Anzahl der Protonen in einem Atomkern äquivalent ist und ein chemisches Element charakterisiert, ein anderes Beispiel für eine typische Zahl. Sogar eine biotisch qualifizierte Entität – eine Zelle mit einem Zellkern – präsentiert sich selbst mit einer typischen räumlichen Beziehung, die sich mit einer nummerischen Konstanten K erklären lässt. K wird als ›Zellplasmaindex‹ bezeichnet, weil er sich auf das Verhältnis des Volumens des Zellkerns (V_n) zum Volumen der ganzen Zelle (C_C) bezieht, von dem das Volumen des Zellkerns subtrahiert wird.

Natürliche und künstliche Kristalle werden in Systemen auf Basis der symmetrischen Eigenschaften klassifiziert, innerhalb derer jeder Kristall gemäß einem bestimmten Achsensystem charakterisiert wird. Die Anordnung erscheint gemäß einer sich verringender Anzahl von Symmertrie-Elementen. Die sieben bekannten Systeme sind das kubische, das hexagonale, das trigonale, das tetragonale, das orthorhombische, das monoklidische und das triklidische System. Aus der Kombination dieser verschiedenen Symmetrie-Elemente sind 32 mögliche Symmetrie-Klassen benennbar, die als räumliche Formtypen alle Möglichkeiten der physikalisch qualifizierten Kristallisationen umfassen. Mit anderen Worten, diese 32 Klassen von Kristallen repräsentieren *typische* räumliche Beziehungen.

Jetzt muss ich eine wichtige Unterscheidung explizieren, die schon bislang eine versteckte Rolle gespielt hat. Erstens gibt es universelle modale Gesetze – solche, wie eben behandelt (das Gesetz der Energiekonstanz und Galileis Trägheitsgesetz). Das Erkennen von modalen Gesetzen erfordert die distinkte wissen-

---

22 Allerdings ist in diesem Fall die Lichtgeschwindigkeit in einem unspezifizierten universellen modalen kinematischen Sinn aufgefasst.

schaftliche Aktivität, die ich oben beschrieben habe – modale Abstraktion. Nur auf der Basis unserer vollständigen, vielschichtigen Erfahrung der Wirklichkeit erlangen wir theoretischen Zugang zu den ihr zu Grunde liegenden modalen Strukturen. Aus diesem Grund kann man die Methode der Artikulation von modalen Eigenschaften als transzendental-empirisch bezeichnen. Traditionell und vor allem seit Kants *Kritik der reinen Vernunft* wird ›transzendental‹ verwendet, um dasjenige zu erfassen, mittels dessen der Mensch Erfahrung machen kann: Transzendentalität ist die Bedingung der Möglichkeit von Erfahrung. Aber gegen Kant nehme ich nicht an, dass die transzendentalen Bedingungen der Erfahrung im vorhinein (i.e. a priori) in den formalen Strukturen der erkennenden Person (Kants Anschauungsformen und Verstandesbegriffe) gegeben sind. Vielmehr gehe ich von der Überzeugung aus, dass die modale Bedingung für die Erfahrung von physikalischen Phänomenen mit der universellen modalen Struktur des physikalischen Wirklichkeitsaspekts gegeben ist. Mit diesem Ansatz behaupte ich, dass der physikalische Aspekt den Grund für jegliche Erfahrung in einem physikalischen Sinn ausmacht. Eine Analyse der distinkten modalen Wirklichkeitsaspekte ruht daher auf einem transzendental-empirischen Ansatz.

Zweitens haben wir anzuerkennen, dass es für verschiedene Seinstypen unterschiedliche Seinsgesetze gibt – kurz und bündig ›Typengesetze‹ genannt. Die Existenz von Typengesetzen ermöglicht es, physikalische Entitäten zu klassifizieren und sie verschiedenen Kategorien zuzuordnen. Das typische Wesen einer Entität spezifiziert[23] die modale Bedeutung des Aspekts, innerhalb dessen es funktioniert. Dieses typische Wesen einer Entität liefert eine bestimmte ›Färbung‹ ihrer modalen Funktionen. Aber am wichtigsten ist, dass Typengesetze nicht für alle möglichen Entitäten gültig sind – sie können nur auf eine begrenzte Klasse von Entitäten angewandt werden. Stafleu erklärt diese Unterscheidung wie folgt:

»Hereby we distinguish laws which are valid for a limited class of subjects (typical laws) from those which are valid for all kinds of subjects (modal laws). Typical laws, in principle, delineate a class of subjects to which they apply, describing their structures and typical properties. Examples of such laws are the Coulomb law (applicable only to charged subjects), the Pauli principle (applicable to ferminons), etc. Often the law describing the structure of a particular subject (e.g., the copper atom) can be reduced to some more general laws (e.g., the electromagnetic laws in quantum physics). On the other hand, modal laws are those which have a universal validity. For example, the law of gravitation applies to all physical subjects, regardless of their typical structure. We call them modal laws because, rather than circumscribing a certain class of subjects, they describe a mode of being, relatedness, experience, or explanation.« (Stafleu 1980, S.11; s. S.6ff).[24]

---

23 Man bemerke, dass ich nicht ›individualisieren‹ schreibe – Universalität existiert nicht an einem Ende eines Kontinuums, an dessen anderem Ende Individualität steht.
24 Dass modale Gesetze – wie die der Quantenphysik – für alle möglichen ›Objekte‹ gelten, wird von Weizsäcker klar gesehen: »Die Quantentheorie, hinreichend abstrakt

Wie allgemein bekannt, lässt Kant die Erkenntnistheorie mit der Frage beginnen, wie synthetische Urteile a priori möglich sind (s. *Kritik der reinen Vernunft*, B 19). Ich habe schon darauf hingewiesen, dass für Kant die Verstandesbegriffe (in einem formalen Sinn) nicht von der Natur abgeleitet, sondern der Natur a priori vorgeschrieben sind (s. Kant 1783, §36, A 113). Obwohl er durch rationalistische Annahmen in seiner Erkenntnistheorie fehlgeleitet ist, kämpft Kant bei seiner Suche nach dem synthetischen Apriori mit dem Wesen der modalen Universalität.

Um Kants Lehre in dieser Hinsicht besser würdigen zu können, gilt es eine weitere Differenz einzuführen – die zwischen modalen Gesetzen und typischen Gesetzen. Wer einen bestimmten Aspekt auf transzendental-empirische Methode modal abstrahiert, erlangt Zugang zu der (unspezifizierten) Universalität der modal-funktionalen Zusammenhänge. Weil modale Aspekte nicht konkrete Entitäten oder Ereignisse sind, können sie nicht behandelt werden als wären sie Entitäten, weil dies nur zu einer Hypostasierung führen würde. Wenn man die Typengesetze von besonderen Arten von Entitäten verstehen will, dann muss man sich auf eine empirische Untersuchung dieser Entitäten einlassen. Es ist nicht möglich, das typische Wesen verschiedener Arten von physikalischen Entitäten von der modalen Analyse bzw. Abstraktion abzuleiten – hier ist empirisches Testen mittels Experiment verlangt. Das erklärt, warum auch Kant gezwungen war, zwischen den – universellen, a priori gültigen – Verstandesbegriffen und den sogenannten empirischen Naturgesetzen zu unterscheiden.

»Wir müssen aber empirische Gesetze der Natur, die jederzeit besondere Wahrnehmungen voraussetzen, von den reinen, oder allgemeinen Naturgesetzen, welche, ohne daß besondere Wahrnehmungen zum Grunde liegen, bloß die Bedingungen ihrer notwendigen Vereinigung in einer Erfahrung enthalten, unterscheiden, und in Ansehung der letztern ist Natur und mögliche Erfahrung ganz und gar einerlei, und da in dieser die Gesetzmäßigkeit auf der notwendigen Verknüpfung der Erscheinungen in einer Erfahrung (ohne welche wir ganz und gar keinen Gegenstand der Sinnenwelt erkennen können), mithin auf den ursprünglichen Gesetzen des Verstandes beruht, so klingt es zwar anfangs befremdlich, ist aber nichts desto weniger gewiß, wenn ich in Ansehung der letzteren sage: der **Verstand schöpft seine Gesetze (a priori) nicht aus der Natur, sondern schreibt sie dieser vor.**« (Kant 1783, §36, A 113)

Diese Unterscheidung entspricht der Unterscheidung von modalen Gesetzen und Typengesetzen. Während Kant für seinen Kampf mit der Dimension der modalen Universalität Ehre gebührt, verdient der Positivismus und der Neopositivismus

---

formuliert, ist eine universale Theorie für alle Gegenstandsklassen.« (Weizsäcker 1993, S.128) Wenn seine Erklärung, die auf der nächsten Seite folgt, besagt, dass man die Arten der Erfahrungsentitäten nicht aus dem universellen Bereich der Quantentheorie ableiten kann, dann dürfte Weizsäcker daran denken, was ich Typengesetze nenne.

wegen seiner Anstrengungen für das experimentelle Testen (was nicht dasselbe wie Verifikation besagt!) Anerkennung. Nur durch das Studium der Geordnetheit bzw. der Gesetzeskonformität (Gesetzmäßigkeit) von Entitäten ist es möglich, zu einem Verständnis der Typengesetze zu gelangen, das für eine beschränkte Klasse von Entitäten hinsichtlich deren besonderer Typengesetze gültig ist. Im Falle der Physik erfordert die empirische Forschung das Experiment. Natürlich befreit das die Physiker nicht von übergreifenden und zu Grunde liegenden Paradigmen (theoretischen Perspektiven), innerhalb derer modale Eigenschaften ihre Erklärung finden. Manchmal wird diese Theoriendimension implizit anerkannt: Wenn auf theoretische Begriffe referiert wird, die sich der direkten experimentellen Überprüfung entziehen.

Unter Berufung auf Diltheys Ansicht – die Gestaltung der Naturwissenschaften sei eine Konstruktion durch logisch-mathematische Elemente des Bewusstseins (womit das souveräne Bewusstsein des autonomen Menschen seine Macht über die Natur demonstriert)[25] – folgt Weyl der Konzeption von Hugo Dingler hinsichtlich des ›Prinzips der symbolischen Konstruktion‹. Weyl (1966, S.192) ist überzeugt, dass durch ihn »der konstruktive Charakter der Naturwissenschaft, der Umstand, daß nicht ihre einzelnen Aussagen einen in der Anschauung zu verifizierenden Sinn besitzen, sondern daß die Wahrheit in ihr ein System bildet, welches nur als Ganzes geprüft werden kann« erklärt wurde. Prägnant hält Max Planck eine ähnliche Ansicht fest:

»Denn genau genommen gibt es überhaupt keine einzige physikalische Frage, welche direkt, ohne Zuhilfenahme einer Theorie, durch Messungen geprüft werden kann.« (Planck 1973, S.341)

Weyl bekräftigt Dinglers Definition der Physik als Disziplin, in der das Prinzip der symbolischen Konstruktion vollständig durchgeführt ist, und er fügt – sich auf die oben diskutierte Unterscheidung von modaler Universalität und Typizität berufend – an: »Aber mit der apriorischen Konstruktion ist gekoppelt die Erfahrung und die Analyse der Erfahrung durch das Experiment.« (Weyl 1966, S.192) Wenn Stegmüller das Wesen des synthetischen Apriori in den empirischen Wissenschaften diskutiert, eröffnet er folgende Möglichkeit, die auf dieselbe Problematik anspielt.

»Dazu muß man sich nur klar machen, was ein solcher synthetischer Apriorismus bedeuten kann. Sicherlich nicht dies, daß sämtliche in einer Naturwissenschaft anzutreffenden Gesetzesaussagen apriorischen Charakter tragen. Vielmehr müßte sich ein derartiger Apriorismus darauf beschränken, einige allgemeine gesetzliche Beziehungen als a priori

---

25 Weyl bezieht sich auf S.260 des zweiten Bandes der 1923 herausgegebenen Werke von Dilthey (s. Weyl 1966, S.192).

gültig hinzustellen, während alle spezielleren Naturgesetze weiterhin eine Bewährung durch die Erfahrung erheischen würden.« (Stegmüller 1969, S.316)[26]

Bedenkend, dass man Gesetze in einem ontischen Sinn von den hypothetischen Gesetzesaussagen in wissenschaftlichen Formulierungen unterscheiden muss, ist eine Ähnlichkeit zwischen Stegmüllers Gedanken und Stafleus Aussage auszumachen, die sich auf die Unterscheidung von modalen Gesetzen und Typengesetzen bezieht:

»Whereas typical laws can usually be found by induction and generalization of empirical facts or lower lever law statements, modal laws are found by abstraction. Euclidean geometry, Galileo's discovery of the laws of motion [...], and thermodynamic laws are all examples of laws found by abstraction. This state of affairs is reflected in the use of the term ›rational mechanics‹, in distinction from experimental physics.« (Stafleu 1980, S.11)

Die Unterscheidung von modalen und typischen Gesetzen – und das sollte man nicht aus den Augen verlieren – hat die Gedanken bedeutender Denker gefangen gehalten. Weizsäcker weist darauf hin, dass sich die Grundlagen der Quantentheorie (für den mathematisch geschulten Leser) auf einer Seite niederschreiben lassen, während die Zahl der bekannten Experimente in diesem Bereich in die Milliarden geht – wobei kein einziges auf überzeugende Weise der Quantentheorie widerspricht. Auf Kants Verstandesbegriffe anspielend hält er fest:

»Ich benütze einen Gedanken von Kant und vermute, daß die Quantentheorie deshalb allgemein in der Erfahrung gilt, weil sie Bedingungen der Möglichkeit der Erfahrung formuliert.« (Weizsäcker 1993, S.93)[27]

Um über Entitäten zu sprechen, müssen die modalen Aspekte als Anfangspunkte (›points of entry‹) genutzt werden. Auch wenn wir uns auf die Totalitätsstruktur (›totality-structure‹) einer Entität beziehen, stammt der angewandte Begriff von einem einzigartigen modalen Aspekt ab: dem räumlichen Modus. Der Begriff der Totalität ist im Grunde schlichtweg synonym mit dem Begriff der Kohärenz und der Ganzheit (und er impliziert die Vielheit der Teile und – zumindest hinsichtlich der räumlichen Kontinuität – die grenzenlose Teilbarkeit des Ganzen).

---

26 Fales (1990, S.148) erwägt in einem anderen Kontext »the possibility that there are synthetic a priori truths; truths about abstract entities may express facts which are not merely the result of linguistic convention.«

27 »Mathematisch formulierbare Gesetze sind schließlich der harte Kern der Naturwissenschaft: nicht das wichtige Detail, aber die Form der Allgemeingültigkeit.« (Weizsäcker 1993, S.113) In anderen Kontexten schreibt Weizsäcker, dass die quantitativen Resultate der Astronomie auf physikalischen Gesetzen basieren und dass wir als Arbeitshypothese eine universelle Gültigkeit für diese Gesetze postulieren (s. Weizsäcker 1993, S.25).

Obwohl Kant natürlich nicht vorhersehen konnte, dass sein Ringen mit dem Wesen des synthetischen Apriori die Frage nach der modalen Universalität ermutigt, die ja den Gegenpol zur Typikalität (›typicality‹) markiert, ist die Auswirkung dieser Unterscheidung nach wie vor immens wichtig für ein sinnvolles Verstehen der physikalischen Realität und auch derjenigen Wissenschaft, die diese untersucht – die Physik. Ich möchte meine Überlegungen mit einer kurzen Analyse der strukturellen Einzigartigkeit einer Entität und mit der bündigen Feststellung beenden, welche Konsequenzen die Idee einer physikalischen Qualifikation von materiellen Dingen nach sich zieht.

Einheit und Identität einer Entität

Eines der Grundprobleme der theoretischen Reflexion, das Philosophen seit Jahrhunderten beschäftigt, liegt in der Frage, wie man die Erfahrung der Identität erklären kann, die wir verschiedenen Dingen zuschreiben. Was ermöglicht es, einen sich verändernden und alternden Menschen über die Zeit als denselben Menschen zu erkennen? Ist es gerechtfertigt zu sagen, dass ein Baum mit seinen verschiedenen Erscheinungsbildern im Frühling, im Sommer, im Herbst und im Winter immer derselbe (identische) Baum ist?

Platon ringt mit diesem Problem, und vielleicht verdankt sich seine spekulative Theorie der statischen und übersinnlichen idealen Formen der Einsicht, dass Veränderung ohne Konstanz nicht denkbar ist. Vielleicht ist es richtiger zu sagen, dass Platon über die Gesetze für Entitäten stolpert, während er auf der Suche nach der Erkenntnis von sich ändernden Dingen ist. Das Typengesetz einer Entität sollte tatsächlich als die Bedingung für die dauerhafte Identität einer Entität angesehen werden; es liegt all den Veränderungen und Variationen zu Grunde, die erfahren werden können. Der Identität einer Entität kann man sich allerdings nur vom Anfangspunkt her nähern, der durch verschiedene modale Aspekte gegeben ist. Aus diesem Grund müssen wir schon bei der Formulierung des Problems Begriffe anwenden, die vom kinematischen und physikalischen Aspekt her kommen. Das lässt sich ja klar erkennen, wenn wir feststellen, dass Veränderungen (physikalischer Anfangspunkt) nur vor der Folie von etwas relativ Konstantem (kinematischer Ausgangspunkt) etabliert werden können. Die eigene Identität kontinuierend, zeigt jede einzelne Entität eine Regelmäßigkeit, die die Ordnung für seine Existenz widerspiegelt, der die Entität unterworfen ist. Anders gesagt: In ihrer Regelmäßigkeit und Gesetzeskonformität zeigt eine Entität auf universelle Weise, dass sie dem universell bedingenden Gesetz für ihre Existenz unterworfen ist.[28]

---

28 Universalität und Individualität sind auf der Faktenseite immer strikt miteinander verbunden: *Dieser* Baum (individuelle Seite) ist *ein* Baum (universelle Seite).

Diese angesprochene Ordnung als Gesetz für das Sein einer Entität unterscheidet sich im Prinzip vom statischen $ειδoσ$, das Platon als das übersinnliche Wesen des Seienden nennt. Auch Aristoteles entkommt nicht der Einseitigkeit des epistemologischen Ansatzes, der Erkenntnis mit Begriffserkenntnis gleichsetzt.[29] Aristoteles' erste Substanz ist als strikt individuelle Entität unerkennbar. Das führt Aristoteles dazu, die zweite Substanz einzuführen, die die universelle substanzielle Form der Dinge ist, um eben die Möglichkeit der Begriffserkenntnis zu bewahren.

Unser Wissen über die Individualität von Entitäten hängt eng mit der Art zusammen, in der wir deren Identität erfahren. Diese Identität ist in der Erfahrung primordial gegeben und lässt sich nicht im Nachhinein in den Begriffen der vielfältigen modalen Aspekte konstruieren, durch die wir einen erklärenden Zugang zu diesen Entitäten gewinnen. Mit dem Gebundensein an diesen Anfangspunkt liegt die einzige Alternative darin, die typisch fundierende Funktion von der typisch qualifizierenden Funktion zu unterscheiden. Aber auch dieser Ansatz kann die gegebene Identität und Einheit einer Entität nicht ersetzen – etwas, dem wir uns nur in einer begriffs-transzendierenden Erkenntnis, der ›Ideen-Erkenntnis‹ (›idea-knowledge‹) nähern können. Das heißt, dass die (konstitutiven) Begriffe der Ordnung für und der Regelmäßigkeit von Entitäten sich immer (regulativ) auf der Idee der temporalen Einheit, der Idee der Individualität und der Idee der Identität einer Enität basieren.

Physikalisch qualifizierte Entitäten

Obwohl die Geschichte der Philosophie und der Naturwissenschaften seit langer Zeit eine auszeichnende Qualifikation der materiellen Dinge in einem der ersten drei Wirklichkeitsaspekte zu finden versuchte, gelangt der naturwissenschaftliche Konsens zu Beginn des 20. Jahrhunderts bloß bis zur energetischen Qualifikation der materiellen Dinge (Elementarteilchen, Atome, Moleküle, Makromoleküle, Makrosysteme). Die Pythagoräer wollten alles auf die Zahl reduzieren. Die Entdeckung der irrationalen Zahlen führt die Schule des Parmenides (der Zenon angehört, der Argumente gegen die Bewegung und Vielfalt entwickelt) zur Geometrisierung der griechischen Mathematik und zur Überzeugung, dass alle physikali-

---

29 Die Begriffsbildung ereignet sich stets auf der Basis von universellen Eigenschaften. Aus diesem Grund ist die individuelle Seite der Dinge – begrifflich gesprochen – unerkennbar! Wer nur begriffliche Erkenntnis anerkennt, kann nicht das Wissen erklären, das wir von den Dingen (und auch von uns!) in individueller Weise haben. Ich nenne all diejenigen, die Erkenntnis mit universeller begrifflicher Erkenntnis gleichsetzen, Rationalisten und all diejenigen, die die begriffliche Erkenntnis zurückweisen und auf die menschliche Erkenntnisfähigkeit der Individualität bauen, Irrationalisten (ausführlich siehe das 4. Kapitel).

schen Dinge räumlich charakterisiert sind. Diese räumliche Orientierung dauert nun schon länger als zweitausend Jahre! Der Vater der modernen Philosophie, René Descartes (1596-1650), teilt die Wirklichkeit in zwei Sphären – in die ausgedehnte Substanz und die denkende Substanz (res extensa und res cogitans): »Die Natur der Körper besteht nicht in Gewicht, Härte, Farbe und dergleichen, sondern ausschließlich in der Ausdehnung.« (Descartes 1965, Part II, IV) Bis ins 18. Jahrhundert übt diese Ansicht ihren Einfluss ungestört aus. Für Kant gilt, dass wir von allem abstrahieren können, was der Verstand von der Vorstellung der Körper erfasst (wie Sustanz, Zahl, Teilbarkeit etc.), aber auch von dem, was zu unserem Bewusstsein von den Körpern gehört (wie Undurchdringlichkeit, Härte, Farbe etc.), bis schließlich nur noch Ausdehnung und Gestalt übrig bleiben (*Kritik der reinen Vernunft*, B 35).

In Verbindung mit dem Wesen von Konstanz und Wechsel habe ich aufgezeigt, dass die Haupttendenz der klassischen Physik seit Newton mechanistisch ist – man vertraut also darauf, dass sich alle physikalischen Prozesse auf die (mechanische) Bewegung zurückführen lassen. Der letzte große Vertreter dieses mechanistischen Ansatzes ist möglicherweise Heinrich Hertz – ein deutscher Physiker, der vor mehr als hundert Jahren experimentell die elektromagnetischen Wellen untersuchte.[30] Ich habe auf Plancks Aufsatz von 1910 hingewiesen, in dem die Irreversibilität von natürlichen Prozessen, die in der mechanistischen Konzeption der Natur begründet ist, mit unüberwindlichen Problemen konfrontiert wird.

Es ist klar, dass sich jeder Versuch in theoretischen Antinomien verstrickt, eine arithmetische, eine räumliche oder eine kinetische Qualifikation für physikalische Entitäten zu finden. Nehmen wir als Beispiel das Wesen eines Atoms. Neben der arithmetischen Funktion, die ein Atom hat (man denke nur an die Atomzahl), weist es ebenso klar eine räumliche Funktion auf, denn es ist durch eine bestimmte räumliche Konfiguration gekennzeichnet – der Kern des Atoms mit dem peripheren Elektronensystem. Gemäß der Wellenmechanik lassen sich um den Kern herum Bewegungen feststellen, worin die kinematische Funktion des Atoms liegt. Schon in der 1911 von Rutherford formulierten Atomtheorie wird die Hypothese aufgestellt, dass Atome aus einem positiv geladenen Kern und negativ geladenen Partikeln bestehen, die sich um den Kern bewegen – eine Theorie, die vom Planetensystem inspiriert ist. Im folgenden Jahr, also 1912, entwickelte Niels Bohr eine Theorie, die zwei wichtige neue Ideen enthält:

---

30 Diese Arbeiten haben Hertz nicht nur als den Erfinder der drahtlosen Telegrafie und des Radios etabliert, sondern seinen Namen auch durch die Bezeichnung der Einheit der Frequenz unsterblich gemacht. Kurz nach seinem Tod im Jänner 1894 erscheint sein groß angelegtes Werk *Die Prinzipien der Mechanik in neuem Zusammenhange dargestellt*. Sich auf die ersten drei modalen Aspekte (repräsentiert in den Begriffen Zeit, Raum und Masse) beschränkend, weist Hertz den Begriff der *Kraft* (als einen physikalischen Begriff) als in sich antinomisch zurück (s. Katscher 1970, S.329). Daran lässt sich erkennen, wie konsequent Hertz dem mechanistischen Ansatz anhängt.

(i) Die Elektronen bewegen sich nur in einer beschränkten Anzahl von getrennten Umlaufbahnen um den Kern.

(ii) Wenn ein Elektron von einer Umlaufbahn mit hohem Energiegehalt zu einer Umlaufbahn mit einem niedrigen Energiehaushalt wechselt, dann tritt elektromagnetische Strahlung auf.

1925 formuliert Pauli das Exklusionsprinzip (Pauli-Exklusion).[31] Gemäß der Division der Ladungen von Elektronen gibt es korrespondierende Elektronenschalen, und in jeder Schale gibt es Platz für eine Maximalanzahl von Elektronen. Diese Maximalanzahl errechnet sich aus der einfachen Formel: $2n^2$. In der ersten Schale, die als K-Schale bekannt ist, finden 2 Elektronen Platz. Die folgende L-Schale bietet 8 Elektronen Platz, die M-Schale 18, die N-Schale 32 usw. Innerhalb einer Schale mit der Quantenzahl n (in der Platz für $2n^2$ Elektronen ist), werden Subumlaufbahnen identifiziert, sodass jede von ihnen mit der Quantenzahl l Platz für $2^{(2l+1)}$ Elektronen hat. Diese Tatsachen machen bereits klar, dass die unterscheidbare Anzahl von Elementarteilchen in der inneren Atomstruktur mit der typisch räumlichen Ordnung der elektronischen Umlaufbahnen verbunden ist, die die Atome als eine individuelle physikalisch-chemische Mikrototalität konfigurieren. Die spezielle räumliche Konfiguration, die im inneren Aufbau der Atome manifest wird, reflektiert die typische fundierende Funktion der Atome.[32]

Die Dualität von Wellen-Partikel und die Idee einer typischen Totalitätsstruktur einer Entität

Nachdem Einstein zu einer Partikeltheorie hinsichtlich des Wesens des Lichts[33] zurückkehrt, zeigt sich, dass es auf der Basis von Interferenzphänomenen[34] immer

---

31 Es wird auf Fermionen angwandt, also auf Elementarteilchen mit ½ Spin ($^1/_2$, $^3/_2$, $^5/_2$ etc.), für die die statistischen Gesetze von Fermi-Dirac formuliert sind.

32 Dooyeweerd dachte ursprünglich – 1935-36 –, dass natürliche Dinge keine typische fundierende Funktion aufweisen. 1950 gibt er diese Meinung auf (s. Dooyeweerd 1950, S.75, Anmerkung 8).

33 Lichtquanten werden Photonen genannt, die – ähnlich wie Neutrinos – eine Nullmasse aufweisen.

34 Interferenzphänomene werden um 1880 von Michelson etabliert, um einen Interferometer zu bezeichnen, der in der Lage ist, Licht zu zerteilen und anschließend wieder zu verbinden. Man endet zwar mit demselben Lichtstrahl, aber dieser hat geringfügig weniger Energie. Das bemerkenswerte Ergebnis ist, dass die Summe nicht Licht, sondern Dunkelheit ergibt. Doch wenn man eine von zwei Hälften mit einem Blatt schwarzen Papiers blockiert, dann erscheint die andere Hälfte. Der scheinbar einzige

möglich war, Elementarteilchen Wellencharakter zuzuschreiben. Umgekehrt belegt der Compton-Effekt, der die Interaktion von Photon und Elektron betrachtet, die Ansicht von distinkten Teilen. De Broglie erweitert die Perspektive durch den Beleg, dass man mit jedem bewegenden Partikel (Atom, Moleküle und sogar Makrostrukturen) ein Welle assoziieren kann (s. Eisenberg 1961, S.81; S.151). Obwohl es sich als unmöglich herausgestellt hat, in einem Experiment gleichzeitig das Partikel- und Wellenwesen zu belegen, stellt Bohr (1966, S.20) die Forderung auf, dass diese beiden Perspektiven komplementär sind.

Doch im Lichte der Generalisierung, die De Broglie vorschlägt, stellt sich die Frage: Wenn es möglich ist, energetisch qualifizierte Entitäten hinsichtlich zweier sich wechselseitig ausschließender experimenteller Daten (nämlich als Partikel und als Wellen) zu beschreiben bzw. erklären, macht es dann überhaupt Sinn, von einer Einheitsstruktur (›unitary structure‹) zu sprechen? Diese Frage legt den Finger genau auf den Punkt, an dem die einzelwissenschaftliche Beschreibung ihre Grenze erreicht und eine Perspektive benötigt, die die Beschränkungen der einzelwissenschaftlichen Forschung transzendiert. Hier ist also eine philosophische Erklärung gefordert, die nicht bloß eine oder mehrere einzelwissenschaftliche Ansichten (die ja allesamt modal beschränkt sind) miteinander verbindet. Wie ich dargelegt habe, ist die Idee von Einheit und Identität einer Entität niemals durch die zahlreichen theoretisch erklärenden modalen Funktionen gegeben, weil ja die Einheit dieser theoretischen Erklärung immer schon vorausgesetzt wird. In einem strikten und technischen Sinn bezieht sich die Idee einer Entität in deren Totalität – der Analyse ihrer modalen Aspekte stets vorausgehend – auf ein individuelles Ganzes, das in eine inter-modale und inter-strukturelle Kohärenz der Wirklichkeit eingebettet ist – also auf eine Entität, die aus einer Tiefenschicht der alles umfassenden Temporalität auftauchend die ursprüngliche Begriffsbildung transzendiert und der man sich nur mit einer begriffs-transzendierenden Idee nähern kann.

Eine Vertiefung dieser grundlegenden (transzendentalen) Idee erscheint, wenn – durch theoretische Reflexion und Forschung – die Dimension der Mikrostrukturen aufgedeckt wird (die Mikrowelt mit Atomen und subatomaren Teilchen). Doch in diesem Kontext ist es wichtig zu erkennen, dass Begriffe wie Teilchen, Feld und Welle nicht typische Begriffe, sondern modal funktionale Begriffe sind (die manchmal als die elementaren Grundbegriffe der Physik bezeichnet werden). Konsequenter Weise spiegeln die Begriffe Teilchen und Welle analog die retrozipatorischen Strukturmomente innerhalb der Struktur des kinematischen Aspekts wider, namentlich die Bewegungsvielfalt (eine nummerische Analogie) und Bewegungsausdehnung (eine räumliche Analogie). Diese Facetten werden bei physikalisch qualifizierten Entitäten vertieft und können in der physikalischen

---

Weg, dies zu erklären, liegt in der Annahme, dass sich die Interferenz der geteilten Lichtwellen gegenseitig aufheben, wenn sie miteinander vereinigt werden.

Theorie von der Perspektive der mathematischen Antizipation auf die physikalischen Aspekte angenähert werden – siehe nur Schröders Wellenfunktion, die er in Differentialgleichungen formuliert.

Weil Zahl, Raum und Bewegung irreduzible Aspekte sind – unabhängig vom Wesen und der Art derjenigen Entitäten, die innerhalb dieser Aspekte funktionieren (was ihre modale Universalität ausmacht) –, ist auch verständlich, warum die funktional unterschiedlichen Begriffe Teilchen und Welle nicht aufeinander reduziert werden können. Und diese Sachlage wird durch die experimentelle Faktenlage bestätigt.

Physikalisch qualifizierte strukturelle Verflechtungen

Alle Entitäten mit einer physikalischen Qualifikation zählen zum Bereich der materiellen Dinge. Die Atome stellen einen ›Stamm-typus‹ (›Phylum‹) innerhalb dieses Bereichs dar. Welcher Art ist die Beziehung zwischen Atomen und Molekülen? Kann man Moleküle in einem atomistischen Sinne als die externe Verbindung von Atomen ansehen, um weiterhin zu existieren? Wenn ja, wie bewertet man dann die offensichtlichen Ganzheitseigenschaften von Molekülen? Sind wir nicht aufgrund dieser Ganzheitseigenschaften dazu genötigt, auf ein Wesen von Molekülen zu schließen, das konstituierende Atome auf transformierte Art enthält – als integrale Teile eines neuen Ganzen? Diese Position lässt sich wie folgt auf den Punkt bringen: »In most forms of Atomism it is a matter of principle that any combination of atoms into a greater unity can only be an aggregate of these atoms. (Van Melsen 1975, S.349) Die holistischen Tendenzen hingegen fasst Van Melsen wie folgt:

»In modern theories atomic and molecular structures are characterized as associations of many interacting entities that *lose* their own identity. The resulting aggregate originates from the converging contributions of all its components. Yet, it forms a new entity, which in its turn controls the behaviour of its components.« (Van Melsen 1975, S.349)

Chemische Verbindungen werden in Begriffen der elektronischen Schalen erklärt.[35] Normalerweise sind nur die äußeren Elektronen einer Schale für eine chemische Verbindung verantwortlich. Ionen[36], die normalerweise mit einem Pluszeichen (+) oder einem Minuszeichen (–)[37] bezeichnet werden, bilden eine ionische

---

35 Weininger (1984, S.940) weist darauf hin, dass bezüglich der Beziehung zwischen dem klassischen Konzept der Molekularstruktur und der Quantenmechanik einige ernsthafte Probleme ungelöst sind.

36 Dabei handelt es sich um Atome mit einer positiven oder negativen Ladung, je nachdem ob diese ein Elektron erworben oder verloren haben.

37 Na^+ steht beispielsweise für ein Natriumion und Cl^- für ein Chloridion.

Verbindung durch das Ausbalancieren der positiven und negativen Ionen. Die Coulomb'schen Kräfte halten die Ionen einer chemischen Verbindung zusammen.[38] Zu einer nicht-ionische (kovalenten) Verbindung kommt es dann, wenn bestimmte Atome spezifische Elektronen miteinander teilen. Diese Verbindungsart ist auch unter den Bezeichnungen der kovalenten Bindung und der Elektronen-Paar-Bindung bekannt – nicht nur, weil das Elektronenpaar viel Zeit im Raum zwischen den Atomen verbringt, sondern auch weil deren Spinpunkte in verschiedene Richtungen verbunden sind. Eine dritte Art der chemischen Bindung findet man beim gewöhnlichen Metall – bekannt als metallische Verbindungen. Die meisten organischen Kristalle werden durch die Van der Waals Kräfte zusammengehalten, aber weil diese sehr schwach sind, sollten sie nicht als wahre Formen der chemischen Bindungen angesehen werden.

Kehren wir nun zurück zu den möglichen Extrempositionen in Bezug auf die Beziehung von Atomen und Molekülen in chemischen Verbindungen. Ausgehend von der Tatsache, dass chemische Verbindungen durch die äußeren Elektronenschalen erklärt werden, bleibt der Atomkern in seiner internen Vollständigkeit erhalten. Der Atomkern ist nicht einfach eine zufällige Eigenschaft des Atoms, sondern vielmehr sein zentraler Bestandteil, der dem Atom den Platz im Periodensystem zuweist. So dienen Atome beispielsweise in einem Kristallgitter als Strahlungsquelle, wenn man sie Röntgenstrahlen aussetzt. Eine andere Überlegung geht dahin, dass die chemische Verbindung nicht die Radioaktivität von Atomkernen betrifft. Diese Überlegungen belegen, dass der Atomismus recht behält – oder, mit den bereits zitierten Worten von Van Melsen: »It is a matter of principle that any combination of atoms into a greater unity can only be an aggregate of these atoms.«

Doch das ist noch nicht die ganze Geschichte, weil es genauso starke Argumente zugunsten der Ansicht gibt, dass Moleküle eine neue Einheit bilden, die die Atome als Teile eines integralen Ganzen enthält. Die Biochemie entdeckt viele isometrische Formen, d.h. sie hat chemische Strukturen identifiziert, die aus denselben Atomen zusammengesetzt sind – wenn man es nummerisch sieht –, die aber nichtsdestotrotz eine unterschiedliche räumliche Anordnung aufweisen, die sich also chemisch voneinander unterscheiden. Die Formel C_3H_6O kann zu folgenden (chemisch unterschiedlichen) Strukturen führen: $CH_3.CH_2.CHO$ oder $CH_3.CO.CH_3$. Ein anderes Beispiel liefert $C_4H_4O_4$:

---

38 Im Unterschied zu den Elektronen mit einer negativen Ladung ist der Atomkern positiv geladen. Dieser setzt sich aus (elektrisch neutralen) Neutronen und positiv geladenen Protonen zusammen.

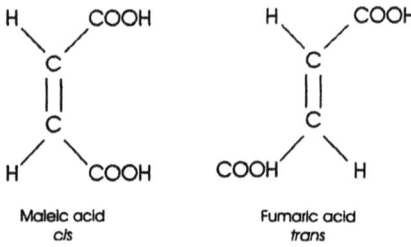

Maleic acid
cis

Fumaric acid
trans

P. Hoenen verteidigt aus einer neo-thomistischen Perspektive eine Moleküllehre, die in der Linie der aristotelischen Philosophie steht. Hoenen akzeptiert Aristoteles' Substanzbegriff, der ja besagt, dass nur die Verbindung von Form und Materie zu einer substanziellen Einheit führt. Ein Atom, das seine eigentliche Existenz innerhalb eines Moleküls aufrechterhält, gefährdet die substantielle Einheit des Moleküls. Diese Eigenschaften legen offensichtlich nahe, dass die eigentliche Existenz des Atoms innerhalb einer molekularen Verbindung bloß als virtuelle Charakteristik angesehen werden sollte.

Im Zusammenhang mit dem Problem der strukturellen Verflochtenheit von Entitäten entwickelt Dooyeweerd (1996, III, S.627ff, S.694ff) einen theoretischen Ansatz, der die Kontinuität des internen Wesens von Entitäten in ihrer Verflechtung erklärt. Dooyeweerd spricht von ›Enkapsis‹, wenn das interne Wesen einer verflochtenen Entität bestehen bleibt. Eine einseitige enkaptische Fundierungsbeziehung liegt dann vor, wenn die Struktur einer Art von Entität fundamental für die Struktur einer anderen Art von Entität ist.

Hinsichtlich der unbegrenzten Teilbarkeit eines räumlichen Ganzen gibt es wichtige Grenzen in der unspezifischen Verwendung der räumlichen Relation des Ganzen zu seinen Teilen. Das Wesen der enkaptisch verflochtenen Formen zeigt weitere Grenzen auf. Die Verflechtung, die beispielsweise zwischen Natriumatomen und Chloridatomen im herkömmlichen Tafelsalz besteht, lässt sich nicht durch die Ganze-Teile-Perspektive erklären. Jede Teilung des Tafelsalzes muss – wenn wir mit echten Teilen von Salz arbeiten wollen – die gleiche chemische Struktur aufweisen, also NaCl. Die entscheidende Frage lautet, ob Natrium und Chlorid jeweils auf individuelle Weise eine Salzstruktur aufweisen. Sind Natrium und Chlorid echte Teile von Salz? Die Antwort lautet offensichtlich: Nein, weil weder Natrium noch Chlorid die Struktur von NaCl aufweisen. Dieses einfache Beispiel entwurzelt bereits die unqualifizierte Weise, in der – vornehmlich in der modernen Systemtheorie – wörtlich alles in der Realität als Ganzes und Teil bezeichnet wird (bzw. als System und Subsystem) (s. auch meine Kritik in Strauss 2002).

Ich habe erwähnt, dass man im Bereich der physikalisch qualifizierten Entitäten auf zwei verschiedene Genotypen trifft. Verschiedene Verbindungen derselben Atome zeigen eine Vielzahl von variablen Typen. Wenn ein Atom eine chemische Verbindung eingeht, dann stößt man auf eine enkaptische Strukturtotalität: Neben der internen strukturellen Arbeitssphäre einer Entität gibt es eine externe enkaptische Wirksphäre – eine Sphäre, in der die enkaptisch verflochtene Entität im Dienste der enkaptisch umfassten Totalität steht.

Ein Wassermolekül beispielsweise kann als strukturelles Ganzes auf der Basis des Genotyps existieren, der aus der Verbindung von Sauerstoff- und Wasserstoffatomen entsteht. Ohne Atome kann keine Rede von Molekülen sein – daher der Hinweis: einseitig begründet. Impliziert das, dass Atome vollständige Teile der chemischen Verbindung werden, die in den Molekülen existiert? Ganz und gar nicht, denn die Verbindung bezieht sich nur auf die gebundenen Elektronen und nicht auf die ganzen Atome. Nebenbei – wie bereits angemerkt –, der Atomkern ist nicht einfach eine spezifische Charakteristik der Atome, sondern genau der zentrale Teil eines Atoms, der dessen physikalisch-chemischen Genotyp determiniert (die Atomzahl ist die Anzahl der Protonen im Atomkern) und dem Atom den Platz im Periodensystem zuweist. Dass der Atomkern in einer chemischen Verbindung strukturell unverändert bleibt, garantiert die interne Wirksphäre des Atoms. Da sich die Elektronen nicht vom Atomkern ablösen können, funktionieren die Atome als Ganzes im Wassermolekül. Doch es gilt hier zu beachten, dass man nicht sagen kann, die Atome funktionieren in einer chemischen Verbindung. Die Verbindung umfasst nicht die Atomkerne. Nichtsdestotrotz sind die Atome (mit ihren Kernen, Elektronenschalen und gebundenen Elektronen) als ganze im Wassermolekül präsent, das diese enkaptisch umfasst. Der Hinweis: ›enkaptisch umfasst‹ zeigt, dass die Atome ihr internes Wesen erhalten und external für das Wassermolekül als Ganzes brauchbar sind. Die enkaptische Verflochtenheit der Atome innerhalb von Molekülen verwandelt sie nicht in intrinsische Teile von Molekülen, weil dieser Vorgang die interne Wirksphäre der Atome aufheben würde. Die externe enkaptische Funktion des Sauerstoffs und des Wasserstoffs im Wassermolekül verweist auf die Funktionsweise der Atome in Molekülen als Ganzes via chemische Verbindung. Das zeigt uns drei Tatsachen:

(i) Erstens muss man zwischen der internen Wirksphäre eines Atoms unterscheiden.
(ii) Zweitens lässt sich feststellen, dass die chemische Verbindung den Atomkern unverändert lässt, weil sie nur bis zu den äußeren Elektronenschalen reicht, womit der Atomkern auf keinen Fall Teil der chemischen Verbindung ist.[39]
(iii) Drittens umfasst das enkaptische Strukturganze des Wassermoleküls enkaptisch die Atomkerne und die Verbindung und weist jedem seinen strukturell typischen Platz zu.

---

39 Der Holismus ist daher falsch, weil er postuliert, dass die Atome ihre Identität innerhalb von Molekülen ›verlieren‹ (s. Van Melsen 1975, S.349).

Diese Theorie der enkaptischen Verflochtenheit ermöglicht, die Einseitigkeit des atomistischen und des holistischen Ansatzes der chemischen Verbindungen zu umgehen. Sie bringt aber auch offensichtlich widersprechende experimentelle Daten in Einklang miteinander, weil es sowohl für die andauernde tatsächliche Existenz von Atomen innerhalb von Molekülen (wie der Atomismus) als auch für den typischen Einheitscharakter der Moleküle (wie der Holismus) mittels einer neuen Totalität erklärt, die enkaptisch im strukturellen Wesen des Atoms fundiert ist.

Wenn wir kurz zur ursprünglichen und analogischen Bedeutung der räumlichen Ausdehnung zurückkehren, lassen sich die Auswirkungen einer falschen Raumkonzeption auf die Interpretation der Daten zeigen. Während der mathematische Raum – in einer rein abstrakten und funktionalen Perspektive – sowohl kontinuierlich als auch unbegrenzt teilbar ist, ist der physikalische Raum, der ja an die Quantenstruktur der Energie gebunden ist, weder kontinuierlich noch unbegrenzt teilbar. Millikan und Ehrenhaft führten eine mehrere Jahre andauernde Kontroverse. Millikan erhielt 1923 den Nobelpreis für Physik für seine Arbeit, in der er das Elektron als die fundamentale und unteilbare Einheit für die negative Ladung nachweist. Ehrenhaft behauptet, Ladungen beobachtet zu haben, die kleiner als diejenigen des Elektrons sind. Cushing (2000, S.10) merkt dazu an, dass es den Anschein hat, Ehrenhaft missinterpretiere die Faktenlage, weil er nachhaltig an die kontinuierliche Teilung von elektrischen Ladungen glaubt.

Drittes Kapitel
Das Mosaik der philosophischen Haltungen in der modernen Biologie

Einleitung

Wenn man sich der Reflexion der Geschichte der biologischen Wissenschaft stellt, dann liegt natürlich das entscheidende philosophische Problem in der Beziehung des biotischen Aspekts zum physiko-chemischen Aspekt der Wirklichkeit, in dem jener ja fundiert ist. So wie die Mathematik oftmals entweder auf das arithmetische oder das geometrische Extrem verkürzt wird, findet sich auch in der Geschichte des biologischen Denkens eine Spannung zwischen zwei Extremen – die Spannung zwischen mechanistischen und vitalistischen Ansätzen.

Existieren biotisch qualifizierte Entitäten wirklich? Oder ist es möglich, diese Entitäten ausschließlich und vollständig in den Begriffen der sie konstituierenden physiko-chemischen Komponenten zu beschreiben? Wenn man die zweite Frage bejaht, dann stellt sich die Frage, ob eine Unterscheidung zwischen ›Leben‹ und ›Tod‹ irgendeinen Sinn macht: Wenn alles durch die Wechselwirkung von leblosen Material konstituiert ist, dann verblasst der Unterschied zwischen lebendig-Sein und nicht-lebendig-Sein zu einem illusorischen peripheren Phänomen innerhalb der physikalischen Masse der Wirklichkeit.

Hans Jonas legt eine verblüffende Typifikation der monistischen Ausprägungen des Vitalismus und des Mechanizismus vor. Im Gegensatz zu den Dualisten lehnen Monisten ja ab, die Wirklichkeit philosophisch auf zwei fundamentale Prinzipien zu reduzieren; sie ziehen ein einziges, alles erklärendes und einschließendes Prinzip vor. Daher können wir im Falle eines monistisch gedachten Vitalismus und Mechanizismus auch von Pan-Vitalismus und Pan-Mechanizismus sprechen. Schon in der griechischen Philosophie findet sich der ›Hulèzoismus (hulè = Materie; zoè = Leben). Einer der Aphorismen des Thales besagt, dass alles lebt. Von daher lässt sich nur schwer vorstellen, dass ›Leben‹ nicht eine universelle Regel sein sollte. Jonas kommentiert das wie folgt.

»In einer solchen Weltsicht ist der Tod das Rätsel, das dem Menschen ins Gesicht starrt, der Widerspruch zu dem Verstandenen, sich selbst Erklärenden, Natürlichen, welches das allgemeine Leben ist.« (Jonas 1973, S.20)

Dieses Zitat ist einem Absatz entnommen, in dem Jonas über den Pan-Vitalismus und das Problem des Todes schreibt (s. Jonas 1973, S.19ff). Auf der anderen Seite findet sich der Pan-Mechanizismus, der das Leben als peripheres Phänomen in einer alles umfassenden homogenen physikalischen Welt ansieht. Quantitativ ist das Leben in der Unendlichkeit der kosmischen Materie vernachlässigbar, qualitativ stellt es eine Ausnahme zu den Regeln der materiellen Eigenschaften dar und wird in einer physikalisch gedachten natürlichen Wirklichkeit wissenschaftlich unerklärbar – ›Leben‹ ist für den Pan-Mechanizismus ein unüberwindbares Hindernis.

»Das Leben als Problem nehmen heißt hier, seine Fremdheit in der mechanischen Welt, die *die* Welt ist, bekennen; es erklären heißt – auf dieser Stufe der universalen Todesontologie – es verneinen, es zu einer Variante der Möglichkeiten des Leblosen machen.« (Jonas 1973, S.23)

Der erste Schritt aus diesem Dilemma besteht in der Differenzierung zwischen unterschiedlichen modalen Aspekten. Die grundlegenden modalen Charaktere des physischen und des biotischen Aspektes mutierten dann zu einer funktionalen Bedingung für konkrete Entitäten, die weiterhin in diesen (und anderen) Aspekten auf typische Weise funktionieren. Zur Debatte steht hier die Basisunterscheidung zwischen den Aspekten der Wirklichkeit und der Dimension von Entitäten – eine Unterscheidung, die kontinuierlich von den unterschiedlichen Richtungen in der Biologie missachtet wird, die immer wieder von den modalen Funktionen sprechen, als wären diese konkrete Entitäten (daher auch gewöhnlich der Bezug auf das Leben statt auf lebende Dinge).[1] Als Wirklichkeitsaspekt hat ›Leben‹ mit dem Wie der Entitäten zu tun, nicht mit deren konkretem Was.

Die Phänomene des Lebens sind immer mit lebenden Entitäten verknüpft, die – als Entitäten – niemals von ihrem biotischen Aspekte umfasst werden können. Dieser Sachverhalt hat der vitalistischen Tradition einige Probleme bereitet, die ja das Leben verabsolutiert und es als eine nicht materielle Kraft sieht. Dass es unmöglich ist, den biotischen Aspekt der lebenden Dinge losgelöst von der intermodalen Kohärenz zu denken, wird immer wieder durch die inhärenten Analogien in der Struktur des biotischen Aspekts bestätigt. Sogar der Ausdruck ›Lebenskraft‹, der von Vitalisten ja sehr oft verwendet wird (obwohl er bisweilen durch andere Ausdrücke, wie ›Gestaltungsfaktor‹ oder ›Zentralinstanz‹, ersetzt wird), indiziert niemals die Distinktheit des biotischen Aspekts – einfach deswegen, weil es unmissverständlich eine physikalische Analogie in der modalen Struktur des biotischen Aspekts ist. Der Begriff der Kraft enthüllt die ursprüngliche (nichtanalogische) modale Bedeutung des physikalischen Aspekts der Energie-Operation.

---

1 Das lateinische Wort für Ding, ›res‹, bietet die Möglichkeit dafür, modale Funktionen wie eine Entität zu behandeln: Dieser Fehler ist als ›Reifikation‹ bekannt.

Biotisch qualifizierte Entitäten

Biotisch qualifizierte oder charakterisierte Entitäten gehören in den Bereich der Pflanzen. Die Unterscheidung zwischen den physikalischen und biotischen Aspekten ist grundlegend für die seinsmäßig-strukturelle Unterscheidung (›entitary-structural distinction‹) zwischen dem Bereich der physikalischen Dinge und dem Bereich der biotisch qualifizierten Entitäten, i.e. dem pflanzlichen Bereich. Wegen der fehlenden Notwendigkeit der modalen Unterscheidung ist es für Anhänger verschiedener biologischer Ansichten nach wie vor üblich, Ausdrücke wie ›lebende Materie‹ und ›tote Materie‹ zu verwenden. Materielle Dinge sind aber ausschließlich physikalisch bestimmt und können nicht gleichzeitig eine intern biotisch qualifizierte Funktion aufweisen. Es ist nicht sinnvoll, Materie als ›tot‹[2] zu bezeichnen, denn – genau gesprochen – kann nur das als tot bezeichnet werden, was zuvor lebendig war.[3]

Zur Identität von lebendigen Dinge

Schon der Hinweis, dass bestimmte Dinge lebendig sind, impliziert deren aktives Funktionieren im biotischen Wirklichkeitsaspekt – i.e. die biotische Subjektfunktion. Darüber hinaus weist die Tatsache, dass lebendige Dinge in einem thermodynamischen Sinn als offene Systeme anzusehen sind, darauf hin, dass jedes lebendige Ding neben dem es qualifizierenden biotischen Aspekt auch einen physikalischen Aspekt aufweist. Das ist ja das Thema von Schrödingers bekanntem Buch *What is Life? The Physical Aspect of the Cell* von 1955.

Jede lebende Entität hat ebenso eine Subjektfunktion in den ersten drei Wirklichkeitsaspekten – im Zahlenaspekt, im Raumaspekt und im Bewegungsaspekt. Im Zusammenhang mit der Frage, ob sich lebendige Dinge von selbst bewegen können, findet sich eine andere wichtige Unterscheidung in biologischen Systematiken, nämlich die Unterscheidung zwischen Pflanzen und Tieren.[4] Die Kontinuität (Belastbarkeit) von pflanzlichem Leben kann in Kohärenz mit der kinematischen Funktion von lebendigen Dingen bestimmt werden. Neben den Proportionen oder räumlichen Formen der lebendigen Dinge wird deren räumliche Funktion in durchaus prominenter Weise mit Ausdrücken wie Bio-Milieu oder Umwelt belegt. Der Terminus ›Umwelt‹ erlangte seine Prominenz vornehmlich durch Ja-

---

2 Oparin, der der materialistischen Dialektik von Engels folgt, macht genau das ohne zu zögern.
3 Weizsäcker (1993, S.32) hebt das ausdrücklich hervor: »Die Steine sind unbelebt. Man sollte aber nicht sagen, sie seien tot. Tot sein kann eigentlich nur etwas, das gelebt hat.«
4 Diese Frage hinsichtlich deren Bewegungskapazitäten appelliert an die typische Funktion der Pflanzen oder Tiere innerhalb des kinematischen Aspekts.

cob von Uexküll (s. z.B. Uexküll & Kriszat 1970). Ein lebendiges Ding ist weiters eine Einheit in der Diversität seiner organischen Lebensprozesse – wenn diese vielfältigen Prozesse nicht zusammengehalten werden als eine Einheit, dann kommt es zur Disintegration der lebendigen Entität, d.h. zu deren Tod.

Weil lebendige Dinge – in thermodynamischen Begriffen gesprochen – ein Fließgleichgewicht aufrechterhalten, in dem die Ordnung von der Umwelt abgezogen wird (Schrödinger spricht hier von negativer Entropie), lässt sich auch davon sprechen, dass sich lebendige Dinge selbst in einem Zustand von hoher statistischer Unwahrscheinlichkeit halten. In einem typischen Wachstumsprozess erhöhen lebendige Entitäten kontinuierlich ihre interne Ordnung. Natürlich kann man das nicht als die distinkte Eigenschaft der lebendigen Dinge ansehen, weil ja zahlreiche nicht-lebendige Entitäten und Prozesse – wie Flammen und Gletscher – in thermodynamsichen Sinn auch offene Systeme sind. Nur wenn man die qualifizierende biotische Subjektfunktion der lebendigen Dinge in Betracht zieht, entdeckt man die distinkte Eigenschaft im Vergleich zu materiellen Dinge. Diese qualifizierende Funktion bestimmt die biotische Identität der lebendigen Dinge. Gemäß der mechanistischen Ansicht in der Biologie sind jedoch lebendige Dinge nur komplexe interaktive Systeme, in denen in Übereinstimmung mit dem Wesen von offenen Systemen kontinuierliche metabolische Prozesse – Anabolismus und Katabolismus – auftreten.

Seit Descartes kennt die moderne Philosophie und die Biologie das Maschinenmodell. Obwohl wir heute dieses Modell für eine glatte Reduktion – sogar des Menschen – auf die Natur ansehen, wurde der implizite technizistische Unterton aus den Augen verloren. Zuerst sollte das Wesen der Maschine genau geprüft werden, weil eine Maschine nur in der menschlichen Zivilisation entstehen kann. Weizsäcker stellt vollkommen richtig fest:

»Die Natur und dann damit den Menschen als Maschine zu denken, unterwirft die Natur und damit den Menschen einer spezifisch industriellen Denkweise der Planbarkeit. Nicht die Reduktion des Menschen auf die Natur ist hier der Fehler, sondern die Reduktion der Natur auf die Struktureigenschaften eines sehr speziellen Menschenwerks.« (Weizsäcker 1993, S.38)

Daher weist – von einem mechanistischen Standpunkt – ein lebendiges Ding eine physiko-chemische Identität auf, die durch deren Atome, Moleküle und Makromoleküle konstituiert wird. Aber welche dieser physiko-chemischen Komponenten soll konstitutiv für die postulierte physiko-chemische Identität lebendiger Dinge sein? Sind es die gegenwärtigen Atome, Moleküle und Makromoleküle, sind es diejenigen, die vor Jahren anwesend waren, oder sind es diejenigen, die in einigen Jahren präsent sein werden?[5] Werden lebendige Dinge physikalistisch auf

---

5 Jones et al. (1998, S.40) stellt fest, dass »all the atoms of our body, even of our bones, are exchanged at least once every seven years. All the atoms in our face are renewed

ihre materiellen Konstituenten reduziert, geht deren biotische Identität notwendiger Weise verloren, weil die vorgeschlagenen Elemente der Identität kontinuierlich wechseln.

Wenn man aber die biotische Funktion der lebendigen Dinge einmal in Betracht gezogen hat, lässt sich sogar postulieren, dass sich ein lebendiges Ding – biotisch betrachtet – in einem stabilen Zustand befindet (der ›Gesundheit‹ bezeichnet werden kann), während es sich gleichzeitig und ohne Widerspruch – physiko-chemisch betrachtet (hinsichtlich des fließenden Equilibriums seiner physiko-chemischen Konstituentien) – in einem unstabilen Zustand befindet. Wenn sich das physisch-chemische Substrat der lebendigen Dinge einem Zustand höherer statistischer Wahrscheinlichkeit nähert, erhöht sich die biotische Instabilität als ein Zeichen des finalen Prozesses des Sterbens. Von der Perspektive der organistischen Biologie weist Bertalanffy auf die ›cul-de-sacs‹ der mechanistischen Ansicht hin, die die biotische Funktion von Lebensprozessen eliminiert.

»These processes, it is true, are different in a living, sick or dead dog; but the laws of physics do not tell a difference, they are not interested in whether dogs are alive or dead. This remains the same even if we take into account the latest results of molecular biology. One DANN molecule, protein, enzyme or hormonal process is as good as another; each is determined by physical and chemical laws, none is better, healthier or more normal than the other.« (Bertalanffy 1973, S.146)

Der Ursprung von lebendigen Dingen – eine biologische Grenzfrage

Die seit der griechischen Antike bekannte Ansicht, dass lebendige Dinge spontan aus unbelebter Materie entstehen (*generation spontaneá*), wird heute von keinem Naturwissenschaftler akzeptiert, was sich unter anderem dem Œuvre von Pasteur verdankt. Nichtsdestoweniger muss die mechanistische (oder vielmehr die physikalistische) Ansicht zumindest eine Ausnahme machen: Die Entstehung der ersten lebendigen Entität ist unter Umständen völlig anders verlaufen, als das heute bekannt ist.

Die ältesten bekannten Fossilien stammen von einzelligen Algen. Sie wurden in Barberton in Südafrika gefunden. Mittels der Halbwertszeit von radioaktiven Substanzen konnte das Alter dieser Archaeosphairoïdes barbertonensis mit ungefähr 3 100 Millionen Jahren bestimmt werden (s. Schopf & Barghoorn 1967, S.508ff).

---

every six months, all our red blood cells every four months and 98% of the protein in the brain in less than a month. Our white blood cells are replaced every ten days and most of the pancreas cells and one-thirteenth of all our tissue proteins are renewed every 24 hours.«

Weil lebendige Dinge – physiko-chemikalisch betrachtet – auf der Basis von Proteinen (Enzymen) und auch von Nukleinsäure (DNA) funktionieren, muss der mechanistische Ansatz annehmen, dass ursprünglich eine enge Beziehung zwischen Proteinen und DNA bestand. Doch bereits 1971 merken Orgel & Sulston an: »This approach leads to new difficulties so severe that it has never been carried very far.« (Orgel & Sulston 1971, S.91) Sie fügen dem die wichtige Bemerkung an, dass Fortschritt nur unter der Bedingung stattgefunden haben kann, wenn bestimmte Eigenschaften sowohl den Proteinen als auch der DNA zugeschrieben werden – »which have not been demonstrated experimentally, and which usually seems implausible« (Orgel & Sulston 1971, S.91). Diese Bemerkungen verweisen auf die Ideen, die ursprünglich (und unabhängig voneinander) von Haldane (bereits 1928) und dem Russen Oparin (1953, Kap. 4-7; S.64-195) entwickelt werden. Die Annahmen des Oparin-Haldane Ansatzes erweisen sich unter Umständen als fragwürdig. Diese besagen ja, dass die ursprüngliche Erdatmosphäre hauptsächlich aus Hydrogen, Methan, Ammoniak und Wasserdampf bestand. Vornehmlich Oparin ist der Meinung, dass Kohlenstoff »made its first appearance on the Earth's surface not in the oxidized form of carbon dioxide but, on the contrary, in the reduced state, in the form of hydrocarbons« (Oparin 1953, S.101f). Silver weist darauf hin, dass es gegenwärtig keinen Beweis dafür gibt, »that the atmosphere was reducing (methane and hydrogen)«, und merkt an, »that the prevalent opinion at the moment is that the Earth's atmosphere, at the time that life emerged, was mainly carbon dioxide and nitrogen« (Silver 1998, S.344). Die Rolle, die Oparin dem Methan zuschreibt, ist ebenfalls nicht akzeptabel, weil es eines der Komponenten von natürlichem Gas ist, das durch den »effect of millions of years of pressure and heat acting on prehistoric *plant* material« (Silver 1998, S.344) entstanden ist.

Obwohl der Ansatz von Haldane und Oparin für eine bemerkenswert lange Zeit wirkmächtig ist – unterstützt durch die Experimente von Stanley Miller im Jahr 1953 –, bringt er uns aber keinen Schritt weiter beim Verständnis des Mysteriums von der Entstehung des Lebens. Diese Experimente kommentiert Silver wie folgt:

»The Haldane-Oparin hypothesis is out of fashion. Of the forty or so simple molecules that would be needed to form a primitive cell, the experiment produces two. It is worth bearing in mind that glycine contains only ten atoms and alanine thirteen. The simplest nucleotide contains thirty atoms. The probability that a given large molecule will be produced by chance from small molecules, by sparks, falls drastically as the molecular size increases. It has to be realized that even if heat, radiation, and lightning, on the young Earth, had produced all the amino acids and nucleotides needed for present forms of life, the gap between an aqueous solution of these emolecules and a living cell is stipendous. It's a question of organization: in the absence of a guiding intelligence, presentday scientists are not doing very well. For the moment, let's show the Miller experiment to the side door and see who is next in line in the waiting room.« (Silver 1998, S.345)

Im neo-darwinistischen Denken nimmt die Selektion eine prominente Stellung ein.[6] Eine ähnliche Geschichte wird zur Erklärung der Entstehung von Leben herangezogen. Durch die Selektion komme es zufällig zu organischen Verbindungen (Aminosäuren, Nukleinsäuren, Enzymen usw.), aus denen dann reproduktive Einheiten entstehen – virusartigen Formen, Protoorganismen oder möglicherweise echte lebendige Zellen. Bertalanffy – wie auch andere – zieht diese Konstruktion aus physikalischer Perspektive in Zweifel.

»In contrast to this it should be pointed out that selection, competition and ›survival of the fittest‹ already presuppose the existence of self-maintaining systems; they therefore cannot be the result of selection. At present we know no physical law which would prescribe that, in a ›soup‹ of organic compounds, open systems, self-maintaining in a state of highest improbability, are formed. And even if such systems are accepted as being ›given‹, there is no law in physics stating that their evolution, on the whole, would proceed in the direction of increasing organization, i.e. improbability. Selection of genotypes with maximum offspring helps little in this respect. It is hard to understand why, owing to differential reproduction, evolution should have gone beyond rabbits. Herring or even bacteria which are unrivalled in their reproduction rate.« (Bertalanffy 1973, S.160f)

Wer für wissenschaftliche Bescheidenheit Respekt empfindet, sollte über eine Bemerkung nachdenken, die Haldane in einer Diskussion mit Silver machte.

»I had a long conversation with J.B.S. Haldane, which started off with politics and ended with science. When I questioned him about evolution, one of his remarks sparked my interest, and sent me to the library that evening: ›Evolution is not the problem. Life is.‹ Then he said, ›Oparin and I once had an idea about that, but we'll never know the real answer.« (Silver 1998, S.353)

Das Virus als Übergangsform zwischen materiellem und lebendigem Ding

Viren bestehen aus Nukleinsäuren (entweder RNA oder DNA) und einem diese umgebenden Mantel von Proteinen und Lipiden. 1935 kann W.M. Stanley das Tabakmosaikvirus reinigen und kristallisieren. Viren können sich nur in lebendigen Zellen vervielfältigen (und in diesem Prozess wirken sie – wie Parasiten – deformativ). Über den tatsächlichen Ursprung von Viren ist nichts bekannt, womit die Bestimmungen rein spekulativ sind, dass Viren reduzierte Mikroorganismen, oder

---

6 Darwin formuliert bereits die Theorie, dass mehr Nachfolger geboren werden, als überleben können, und dass daher auf einen ständigen Lebenskampf zu schließen ist. Nur die am besten ausgestatteten Organismen werden diesen Kampf überstehen, und aus ihnen werden sich vielleicht neue Arten entwickeln.

von ihren Zellstrukturen losgelöste Gene oder Produkte des Zellmetabolismus sind. Daher ist auch die angenommene Zwischenstellung der Viren problematisch.

An der Hypothese der Zwischenstellung von Viren ist folgende aus ihr resultierende Frage bemerkenswert: Leben Viren oder sind sie bloß makromolekulare materielle Strukturen? Weil sich Viren in wirklich lebendigen Zellen vermehren können, wird die Zwischenstellung weiterhin angenommen. In Wahrheit allerdings befinden wir uns wieder in den Vorannahmen der wissenschaftlichen Unterscheidungen. Im Grunde setzen alle wissenschaftlichen Unterscheidungen das ganze menschliche Wesen mit all seinen vorwissenschaftlichen Erfahrungen der Wirklichkeit voraus. Die Verschiedenheit, die in dieser Erfahrung implizit ist, wird durch die modale Abstraktion explizit gemacht, so z.B. wenn man zwischen den physikalischen und den biotischen Aspekten der Wirklichkeit unterscheidet. Doch diese Unterscheidung bleibt eingebettet in die vorwissenschaftliche – oder besser: unwissenschaftliche – Erfahrung der Wirklichkeit, vor allem in die Erfahrungen mit materiellen und pflanzenähnlichen Dingen (mittels der seinsmäßig orientierten Abstraktion). Bevor Wissenschaftler (seien es Philosophen oder seien es Naturwissenschaftler) die Natur und die Eigenschaften von Pflanzen untersuchen, müssen sie aufgrund ihrer unwissenschaftlichen Erfahrung bereits den qualitativen Unterschied zwischen materiellen Dingen und Pflanzen kennen. Die Frage ›Was ist Botanik?‹ ist im Grunde eine philosophische Voraussetzungsfrage der Botanik als einer Einzelwissenschaft. Obwohl wir dazu tendieren anzunehmen, dass die Botaniker darüber Auskunft geben können, was eine Pflanze sei, ist das kein Privileg, das ausschließlich ihnen zukommt. Denn könnten sie nicht bereits aufgrund ihrer alltäglichen Erfahrung Pflanzen erkennen (indem sie auf die Unterschiede zwischen Dingen, Pflanzen und Tieren achten), dann hätten sie auch Dinge oder Tiere studieren können in dem Irrglauben, sie würden Pflanzen studieren. Es kann also keinen Zweifel geben, dass wissenschaftliches Denken auf dem unwissenschaftlichen Verständnis von Unterschiedenheit ruht. Ohne diese Fundierung kann Wissenschaft nicht funktionieren.

Die wichtige Implikation dieser Einsicht hinsichtlich unserer Diskussion besagt: Eine bestimmte Entität ist entweder ein unbelebtes materielles Ding oder sie ist (biotisch) lebendig. Daraus resultieren entscheidende Implikationen für die Frage, ob Viren lebendig (d.h. pflanzenähnlich) oder nicht lebendig (d.h. materiell) sind. Denn die Frage auf diese Weise zu stellen, legt bereits eine nicht ambivalente Antwort nahe, dass die angesprochene Zwischenstellung nicht infrage kommt.

Das Problem der Übergangsformen zwischen unbelebten und belebten Dingen verweist auf das weit größere Problem, das durch die Evolutionstheorie von Charles Darwin in die moderne Biologie Eingang findet: Es gilt heute als selbstverständlich, biologisch von einer Evolution im Sinne von allumfassender Entwicklung über alle Grenzen und Unterscheidungen hinweg zu sprechen, die sich nach wie vor im Tierreich finden lassen. Beachten wir nur die derzeit lebenden

Pflanzen und Tiere, gelangen wir zu einer Kategorisierung, die als Natursystem bekannt ist. Die zentrale philosophische Frage lautet, ob das Natursystem als Fundierung für irgendeine Evolutionstheorie langt oder ob nicht vielmehr die eine oder andere Evolutionstheorie als Fundierung für die Kategorisierung des Natursystems dienen sollte. Diese Fragestellung führt unmittelbar zu einem Konflikt innerhalb der traditionellen Philosophie, in dem die moderne Biologie größtenteils zugunsten des Nominalismus Stellung bezieht.

Stukturloser Nominalismus in der modernen Biologie

G.G. Simpson unterscheidet in einem seiner Bücher zwischen der Biologie und den physikalischen Wissenschaften, die er als größtenteils typologisch und idealistisch charakterisiert.

»The physical sciences are for the most part typological and idealistic. I mean by that, that they usually deal with objects and events as invariant types, not as individuals with differing characteristics.« (Simpson 1969, S.8)

Dieser Ansatz sei für das Studium von Phänomenen, die zur biotischen Ebene gehören – Simpson (1969, S.8) spricht von »biological level« –, völlig inadäquat. Was bei Simpsons Feststellung ins Auge springt, ist die Unterscheidung von zwei *Typen* von Phänomenen, nämlich die physikalischen und die biotischen Phänomene (obwohl Simpson diese fälschlicherweise als ›biologische‹ Phänomene bezeichnet). Um zu einer Identifikation von biotischen Phänomenen zu gelangen, wäre eine typologische (und sogar idealistische) Methode völlig nutzlos. Trotzdem wendet Simpson genau eine typologische Methode an – was ein auffälliger interner Widerspruch ist: Biologie funktioniert nicht-typologisch genau dann, wenn sie typologisch begründet ist.

Das grundlegende Prinzip der intra-biologischen Forschung wird von Simpson (1969, S.8f) wie folgt formuliert. »Organisms are not types and do not have types.« Der Hauptgrund für diese Aussage liegt im Postulat, dass Organismen Individuen sind und »no two are likely ever to be exactly alike« (Simpson 1969, S.9). Das verrät aber bereits Simpsons Ansicht über die Beziehung zwischen physikalischen Gesetzen und physikalischer Individualität. Weil physikalische Subjekte seiner Ansicht nach ausschließlich als Objekte und Ereignisse mit invarianten Typen studiert werden (s. Simpson 1969, S.8), kann die Methode der Biologie konsequenter Weise nicht typologisch sein, denn sie befasst sich ja mit Organismen in deren Individualität. Simpson geht von der klassischen mechanischen Physik aus. Hier werden die Subjekte durchgängig auf die Gesetzesseite der Wirklichkeit reduziert (in rationalistischer Art). Nichtsdestoweniger gibt es keinen Konflikt zwischen dem, was moderne Physiker wissen, und der Zuschreibung von

Individualität zu physikalischen Subjekten wie beispielsweise den Atomen. Wenn man behauptet, dass physikalisch beschriebene Entitäten individuell sind, obwohl sie mit universell gültigen Gesetzen übereinstimmen, stellt sich die Frage, warum das nicht auch mit biotisch und psychisch-sensitiv beschriebenen Entitäten (wie Pflanzen und Tiere) der Fall sein sollte.

Offensichtlich ohne es zu bemerken, widerspricht Simpson seiner eigenen Ansicht, dass Organismen nicht zu irgendeinem Typus zu zählen sind, wenn er die typischen Eigenschaften des Menschen reflektiert. Vorbehaltlos bezieht er sich hier auf ›die Mausheit‹ und ›die Menschheit‹ (s. Simpson 1969, S.88). Mausheit und Menschheit spielen auf die strukturellen Voraussetzungen an, die Entitäten erfüllen müssen, bevor sie als Mäuse und Menschen bekannt sind. Strukturelle Voraussetzungen sind nicht weniger wirklich, weil sie selbst keine konkrete individuelle Identität haben.[7] Seit Darwin neigen die Biologen allerdings dazu, jegliche Idee von Struktur und Universalität fallen zu lassen, weil sich ihrer Überzeugung nach die Geschichte des Ursprungs von Pflanzen- und Tierwelt in einem strukturlosen evolutionären Kontinuum abspielt. Ja sogar die Unterscheidung zwischen Pflanzen und Tieren wird als bloße Konvention betrachtet – lediglich arbiträre Namen (nomina) werden einer unbegrenzten Anzahl von individuell lebendigen Entitäten gegeben. Die durch diese Namen implizierte Universalität findet ihre Grundlage nicht in den Dingen außerhalb des menschlichen Verstandes; sie ist dessen reines Produkt. Die epistemologische Position des Nominalismus ruht auf kosmologischen Vorannahmen, die sich schon in der griechischen Philosophie finden, und wird seit Darwin in der modernen Biologie dominant.

Über und entgegen der nominalistischen Technik der von vielen biologischen Texten verwendeten Klassifikation findet manchmal die ältere und angeblich überholte idealistische Morphologie von Ray, Linnaeus und anderen Erwähnung. Trotzdem gibt es im 20. Jahrhundert wichtige Vertreter dieser Morphologie – wie E. Dacqué (1935, 1940, 1948), W. Troll (1949, 1951, 1973), K. Lothar Wolf (1951) und W. Leinfeller (1966). Gemäß Troll findet sich die Begründung der komparativen Morphologie in den Ideen (in einem platonischen Sinn), die als Ordnungsinstanz für die innere Artikulation der Intuition dienen – womit Typen als ›urbildliche Einheiten‹ zu Forschungsgegenständen werden (s. Ungerer 1966, S.232). Trolls Denken reicht teilweise bis auf Johann Wolfgang v. Goethe zurück, den berühmten deutschen Dichter und Naturphilosophen. In seinen biologischen Untersuchungen, die hauptsächlich von Morphologie handeln, betont Goethe den Charakter der ›Gestalt‹ – d.i. Form in einer fast platonischen Form –, obgleich er die Betonung auf die Faktenseite der Wirklichkeit verschiebt. Er sieht nicht die Gestalt im Gesetz, sondern vielmehr das Gesetz in der Gestalt verwurzelt.

---

7 Die Voraussetzungen für das Grün-Sein sind selbst nicht grün – grüne Dinge erfüllen einfach diese Voraussetzungen, indem sie grün sind.

In der idealistischen Morphologie wird ein ursprüngliches Blatt oder eine ursprüngliche Pflanze entworfen, in dem bzw. in der bestimmte grundlegende typologische Eigenschaften präsent sind. Zimmermann (1968) lässt sich in *Evolution und Naturphilosophie* auf einen Dialog mit einem idealistischen Naturphilosophen ein. Er weist auf Trolls Überzeugung hin, dass die Morphologie die Möglichkeit der Abstammung bestimmt.

»Es ist nicht die Deszendenz, welche in der Morphologie entscheidet, sondern umgekehrt: die Morphologie hat über die Möglichkeit der Deszendenz zu entscheiden.« (Zimmermann 1968, S.49)

Natürlich kann man der Meinung sein, dass die Probleme des Natursystems als Begründung für irgendeine mögliche Theorie der Deszendenz dienen sollten, ohne ein Vertreter der idealistischen Morphologie zu werden. Portmann notiert:

»Few biologists still consider that systematics is the foundation of evolutionary theory, that this is the certain, that which we know, while evolutionary theory is what we suspect.« (Portmann 1965, S.10)

Ohne den Ausgangspunkt der idealistischen Morphologie zu akzeptieren, sollte man in Bezug auf die Deszendenz von lebendigen Entitäten die entscheidende Bedeutung der existierenden strukturellen Diversität von unserer gegenwärtigen Wirklichkeitserfahrung anerkennen. Genau in diesem Sinn ist die Gegenwart der Schlüssel zum Verständnis der Vergangenheit. Der Geologe J.R. Van de Fliert geht sogar so weit festzustellen, dass sich die Türe zur Vergangenheit nur mit einem Schlüssel öffnen lässt, der auch in das Schloss der Gegenwart passt. Er erwähnt eine Anzahl von Fossilien aus dem Präkambrium (vor mehr als 600 Millionen Jahre):

»These fossils consisted of imprints of animals, which probably had not possessed any hard parts, and which in part could be determined because of close resemblance with the structure of living jelly-fish, worms, and other animals. Some of these fossils structures, however, are so far completely unknown in living animals or plants and as a result they are enigmatical, ›problematical‹. In the absence of any structural link with the present they could not be attributed to any known phylum.« (Van de Fliert 1969, S.26f)

Die existierende strukturelle Diversität in der Pflanzen- und Tierwelt beschränkt klarerweise die Konstruktion von Stammbäumen in der Evolutionstheorie. Wer das Natursystem in einem nominalistischen Sinn auf eine strukturlose Abstammungslinie reduziert, wählt allerdings im Prinzip ein chaotisches Gebräu, in dem jede Taxonomie von lebendigen Dingen entweder prinzipiell unmöglich oder zumindest völlig arbiträr ist. Aber die Pflanzen- und Tierwelt sind völlig sinnvoll trennbar – ausgenommen jene Fälle, für die die wissenschaftlich entwickelten Unterscheidungskriterien unzulänglich sind. (Man denke hier beispielsweise an die Protisten, die Algen, Pilze, Schleimpilze und Protozoen enthalten und die sich nicht mit Gewissheit als Pflanzen oder Tiere klassifizieren lassen. Aber dieses Problem relativiert nicht die Tatsache, dass jeder dieser Protisten entweder pflanzenartig oder tierartig ist.)

Strukturlose Kontinuität versus strukturelle Diskontinuität

Ein Herzstück der nominalistischen Evolutionstheorie liegt im Begriff der Variabilität. Denken wir beispielsweise an den Kommentar von Simpson, dass sich Physik mit invarianten Typen beschäftigt, während die Biologie veränderliche individuelle Organismen erforscht. Die Grundfrage liegt in der Beziehung zwischen Konstanz und Variabilität. Innerhalb evolutionstheoretischer Kreise tendiert man stärker zur vollständigen Variabilität denn zur strukturellen Konstanz. Die idealistische Morphologie mit ihrer Entscheidung zugunsten einer (platonisch inspirierten) Auffassung von Konstanz markiert das entgegengesetzte Extrem der Wahlmöglichkeiten. Doch das Problem liegt darin, dass die Idee der Variabilität nur dann Sinn macht, wenn sie durch Typikalität (›typicality‹) oder Konstanz begrenzt wird. Hier findet man eine weitere Analogie der unzertrennlichen Kohärenz zwischen dem kinematischen und dem physikalischen Wirklichkeitsaspekt. Biotische Konstanz und biotische Dynamik sind ontologisch betrachtet gleichwertig. Stellte man eine über die andere, würde man die Einzigartigkeit entweder des kinematischen oder des physikalischen Aspekts missachten (was ich im vorigen Kapitel ja ausführlich diskutiert habe).

Eisenstein (1975, S.278) weist völlig richtig darauf hin, dass der Begriff der Konstanz den der Variabilität auch in der Biologie umfasst, und zwar in dem Sinn, dass Variation nur innerhalb bestimmter Grenzen möglich ist. Van de Fliert (1969) fügt dem an, dass Quantitatives nur qualitativ bestimmt verstanden werden kann. Zum Verhältnis von quantitativer und qualitativer Bestimmung hält er fest: »More or less of this remains this and does not become that.« (Van de Fliert 1969, S.28) Das Hervorheben der Variabilität führt zur Schwierigkeiten, wenn man folgende Frage beantworten will: Wenn lebendige Entitäten während der letzten dreitausend Milliarden Jahren von einem universellen evolutionären Gesetz geleitet wurden, warum gibt es dann neben den hoch entwickelten Tieren solch primitive Entitäten wie Bakterien, Algen, Moose, Amöben, Würmer usw.? Warum sind die hoch entwickelten Tiere nicht auf diesem primitiven Niveau stehen geblieben? Eisenstein schreibt:

»Wenn die Organismen von Anbeginn, also seit 2-3 Milliarden Jahren unter dem allgemeinen Gesetz der Evolution gestanden sind, sich dauernd, im großen ganzen progressiv (bis zum Menschen hin) entwickelt haben, wie kommt es dann, daß noch heute neben hochentwickelten Tieren, z.B. den Säugern, auch so ›primitive‹ Organismen wie Bakterien, Algen, Moose, Amöben, Hohltiere, Würmer u.s.w. existieren? Warum sind sie auf ihrer ursprünglichen Stufe verblieben? Das gleichzeitige nebeneinander Bestehen der allerverschiedensten Formen des Lebens, von der einfachsten bis zur kompliziertesten (von der Amöbe bis zum Menschen) beweist jedenfalls, daß sie alle vom Standpunkt der Natur gleichberechtigt und existenzfähig sind, ohne einer weiteren Entwicklung zu bedürfen.« (Eisenstein 1975, S.245)

Fügen wir dem die Worte des berühmten Zoologen W.H. Thorpe an:

»[I]t seems to me that there is an outstanding problem raised by our discussion – namely the problem of fixity in evolution. What is it that holds so many groups of animals to an astonishingly constant form over millions of years? This seems to me to be the problem now – the problem of constancy; rather than of change. And here one must remember that the genetic systems which govern homologous structures are continually changing. Thus the control system is continually changing but the system controlled is constant, and constant over millions of years. This problem seems to me to stick out like a sore thumb in modern evolutionary theory.« (Thorpe 1972, S.77)[8]

Es wird versucht, die Voreingenommenheit für die nominalistischen und idealistischen (realistischen) Gedanken zu vermeiden. So wenig wie man ein modales physikalisches Gesetz mit einem typischen entitäts-strukturellen Gesetz (›typical entity structural law‹) verwechseln sollte, so wenig sollten die Strukturtypen von Pflanzen und Tieren mit den besonderen, konkreten Pflanzen oder Tieren verwechselt werden. Alle Pflanzen und Tiere gehören zum Bereich von strukturell entweder biotisch oder sensitiv-psychisch gerichteten Ordnungstypen (›directed ordered types‹). Als richtige Gesetzestypen gehören diese zu der Gesetzesseite der Schöpfungswirklichkeit, in der zugegebenermaßen eine relativ konstante Dynamik ihren Ausdruck findet. Diese relativ geordneten konstanten Ordnungstypen können nur im Laufe der Zeit in den Durchgangsstadien der individuellen Geschöpfe erkannt werden, die in Wechselbeziehung den ordnenden Typen (›ordering types‹) unterworfen sind. Die Anerkennung dieser Wechselbeziehung von Gesetzes- und Faktenseite der Wirklichkeit ist ein Stolperstein für ein strukturloses evolutionäres Kontinuum, das von der nominalistischen Spielart konstruiert wird.

Um ein besseres Bild der Natur hinsichtlich der Divergenz zwischen den verschiedenen Richtungen in der modernen Biologie zu geben, müssen wir die faktischen Begrenzungen in Betracht ziehen, die der ›Kontinuitätsreligion‹ durch die Paläontologie gesetzt werden.

---

8 Es handelt sich hierbei um einen Diskussionsbeitrag nach dem Beitrag von L. von Beralanffy (*Change or Law*) in: A. Koestler & J.R. Smythies (1972). *Beyond Reductionism*. London.

Kontinuität der Deszendenz?

Seit der ersten Publikation von Darwins berüchtigten Schriften wird viel Vertrauen in die substantielle Macht von fossilen Funden gesetzt – und es wächst die Gewissheit, dass missing links gefunden werden. Es wurde zur Überzeugung, dass die Paläontologie direkten Zugang zu den Schlüsselmomenten in der evolutionären Geschichte von Pflanzen, Tieren und Menschen liefert. Der Paläontologe D.B. Kitts weist allerdings darauf hin, dass die räumliche Verteilung und die zeitliche Sequenz von Organismen, mit denen die Paläontologie arbeitet, in den ordnungsgebende Prinzipien (›ordering principles‹) der Geologie begründet sind und daher nicht von einer biologischen Theorie umfasst werden können.

»Thus the paleontologist can provide knowledge that cannot be provided by biological principles alone. But he cannot provide us with evolution. We can leave the fossil record free of a theory of evolution. An evolutionist, however, cannot leave the fossil record free of the evolutionary hypothesis.« (Kitts 1974, S.466)

Es besteht die Gefahr, dass sich Biologen von Hypothesen über die Evolution durch Theorien überzeugen lassen, denen der evolutionäre Gedanke inhärent ist, wovor Kitts warnt: »For most biologists the strongest reason for accepting the evolutionary hypothesis is their acceptance of some theory that entails it.« (Kitts 1974, S.466) Die auffallenden Lücken und Diskontinuitäten in den fossilen Funden ist eines der zentralen Probleme der Paläontologie. G.G. Simpson stellt als weiteres Problem fest, dass »moreover, it is a fact that discontinuities are almost always and systematically present at the origin of really high categories.« (Simpson 1971, S.361) Einige Seiten später betont er:

»The point that for still higher categories discontinuity of appearance in the record is not only frequent but also systematic. Some break in continuity always occurs in categories from orders upwards.« (Simspon 1971, S.366)[9]

Die Suche nach missing links ließ die Evolutionstheorie immer einen hoffnungsvollen Blick auf die Paläontologie werfen – eine Erwartung, die nicht ganz ohne Belohnung geblieben ist, weil einige Übergangsformen zwischen verschiedenen Klassen von Wirbeltieren gefunden sein dürften. Vier Formen sind hier von Belang. Die Verbindung zwischen bestimmten Fischen (Crossopterygii) und Amphibien wird in den Ichthyostega gesehen (die erstmals 1931 in Grönland gefunden wurden), die zu den Tetrapoden (vierfüßige Wirbeltiere: Amphibien, Reptilien, Vögel und Säugetiere) gehören, aber einen echten Fischschwanz aufweisen (s.

---

[9] Die systematischen Basisunterscheidungen sind Bereich, Stamm, Klasse, Ordnung, Familie, Art und Spezies.

Kuhn-Schnyder 1967, S.350-352). Weil die Ichthyostega vierbeinig sind, werden sie zu den Amphibien gezählt (sie sind fischähnliche Amphibien). Gegenüber dem unteren Ende der Amphibien finden wir am oberen Ende der reptilienähnlichen Amphibien die Seymoria (erstamls 1904 gefunden). D.M.S. Watson merkt an:

»The whole effect of its structure is that of a mosaic of separate details, some completely amphibian, some completely reptilian, and very few, if any, showing a passage leading from one to the other.« (Watson, zitiert nach Kuhn-Schnyder 1967, S.357)

Eine weitere Form, deren Platzierung interessante Probleme verursachte, sind die Ictidosauria (1932 entdeckt), die die Eigenschaften von Reptilien und Säugetieren aufweisen. Einen Ictidosaurier kann man übrigens im Museum von Bloemfontein besichtigen (beschrieben von A.W. Crompton als Diarthrognathus broomi). Sein Schädel weist sowohl eine reduzierte Verbindung zwischen Articulare zum Quadratum als auch eine Verbindung zwischen Dental und Squamosum auf. Das Vorhandensein einer Dental-Squamosum Verbindung ist eine typische Eigenschaft von Säugetieren, weswegen man auch diese Übergangsform als reptielenartiges Säugetier einstuft. Diese Klassifikation wird von Hopson & Kitching revidiert, weil sie die Ictidosauria mit den Cynodontia (eine Gruppe entwickelter säugetierartiger Reptilien des Perm und des Trias) einer Gruppe zuordnen. In der Klasse der Reptilien findet sich daher die Ordnung der säugetierartigen Reptilien (Therapsida), die Subordnung Cynodontia, die Familie der Tritheledontidea (eine Gruppe hoch entwickelter, fleischfressender kleiner Cynodonten, die die Ictidosauria einschließen) und die Gattung Pachygenelus, die dieselbe wie Watsons Diarthrognathus broomi im späten Trias ist (rote Flussbett- und Höhlenstandsteinschicht in Südafrika) (s. Hopson & Kitching 1972, S.76). Das vorläufige Resultat ist daher, dass wir nach wie vor über Reptilien sprechen, wenngleich es nun säugetierartige Reptilien sind.

Äußerst unterschiedlich bewertet zu werden, ist das Schicksal des Archäopteryx (bereits 1861 entdeckt), der die Eigenschaften von Reptilien und Vögel aufweist. Obwohl G.G. Simpson und O.H. Schindewolf hinsichtlich der entdeckten Faktenlage größtenteils übereinstimmen, nähern sie sich der Fakteninformation von sehr verschiedenen Ausgangspunkten. Schindewolf vertritt die Meinung, dass die Verwandlung von der Klasse der Reptilien zu der Klasse der Säugetiere ihren Ausdruck im Auftreten des Archäotpteryx findet.[10] Dieses Tier war ein Vogel mit Flügel, der fliegen konnte – der erste Vertreter einer neuen Klasse, der Aves (Vögel). In dieser Hinsicht stellt Simpson fest:

»Schindewolf disposes of it by saying that it is ›a true bird‹ and so cannot close the discontinuity between reptiles and birds. But if we did not know that Archaeopteryx has

---

10 Schindewolf ist ein bedeutender deutscher Paläontologe, dessen Hauptwerk die 1950 erschienen *Grundfragen der Paläontologie* ist.

feathers, or if we found its last featherless ancestors, then of course we would have ›a true reptile‹. The break can be maintained in word even if it is closed by specimens.« (Simpson 1960, S.370, s. auch S.342)

M. Grene kennzeichnet Simpsons Ansatz mit folgenden Worten:

»Simpson says Archaeopteryx was a species like any other, originating by normal speciation from other reptilian species; only when we look back over the whole vista of evolution do we say, this particular species was the first of what turned out to be a new class.« (Greene 1974, S.130)

Angesichts genau dieser unvermeidlichen Gegenwart von Lücken in den paläontologischen Funden haben Stephen Gould und seine Anhänger in den letzten Dekaden damit begonnen, mit der Theorie der ›punctuated equilibria‹ einen Schritt zurück zu machen.[11] Alle diese als Übergangsformen apostrophierten Fossilien können also nicht als wirkliche Übergangsformen im Sinne eines vollständig kontinuierlichen Evolutionsprozesses gelten. »Evolution requires intermediate forms between species and paleontology does not provide them.« (Kitts 1974, S.467) Er weist auf Darwins Hoffnung hin, dass fossile Funde die Lücken schließen werden, und bemerkt: »But most of the gaps are still there a century later and some paleontologists were no longer willing to explain them away geologically.« (Kitts 1974, S.467) Das räumt der Erkenntnis von strukturellen Diskontinuitäten in den paläontologischen Funden Platz ein – die paläontologische Datenlage ist vollständig vereinbar mit den hypothetischen Vorannahmen der grundlegenden (relativ konstanten) Ordnungstypen innerhalb des Pflanzen- und Tierbereichs, die als wirkliche Gesetzestypen Variabilität überhaupt erst ermöglichen.

Die gegenwärtige Bewertung der angenommenen Übergangsformen wird durch die Existenz von ›lebenden Übergangsformen‹ noch verkompliziert. Ein Beispiel ist der bekannte Platypus aus Ostaustralien, Tasmanien, Neuguinea und den Slawati-Inseln. Die Eigenschaften von Säugetieren (Theria) sind entscheidend für die Platzierung dieser Tiere in der Subklasse Prothotheria und in der Ordnung der Monotremata, die nur aus einer Spezies von Platypus bestehen, nämlich dem Ornithorhynchus anaticus. Neben seinen Eigenschaften von Säugetieren (wie die Dental-Squamosum Verbindung, herausgeschälte rote Blutkörperchen, Vorhandensein eines Diaphragmas, nur eine Aorta, Haare, Milchdrüsen, drei Gehörknöchelchen) weist diese Art von Säugetieren auch Eigenschaften von Reptilien auf (wie Eier mit Dotter und Schale, keine Ohrmuskel usw.), aber auch Eigenschaften

---

11 Nebenbei muss ich anmerken, wie wichtig die Entwicklung von Schuppen der Reptilien zu den Federn der Vögel für die Evolutionstheorie ist. Zusätzlich wurde kein Fossil gefunden, das als Vorläufer der heute lebenden Vögel gelten kann, während der vierte Archaeoteryx 1956 entdeckt wurde, namentlich der Archaeopteryx lithographica.

von Flugtieren (ähnlich wie Vögel legen Platypen Eier, sie haben einen Schnabel und eine Kloake, in die Gedärme, Urin und die Genitalien einmünden). Wie es oft der Fall mit lebenden Fossilen ist, sind Platypen in einigen besonderen Eigenschaften hoch spezialisiert, während sie bemerkenswerter Weise keinen weiteren Entwicklungstrend entweder zu einem Vogel oder zu einem typischen Säugetier zeigen. Gemäß Eisenstein (1975, S.251) haben daher Platypen dasselbe Recht und Potential zu existieren wie Vögel und andere Säugetiere.

In dieser Hinsicht müssen wir darauf hinweisen, dass vielen Paläontologen durch die Tatsache geschlagen sind, dass die sogenannten Zwischenformen auf keinen Fall wirkliche Zwischenformen sind, weil vielfältige typische Eigenschaften nebeneinander präsent sind (s. Watsons Kommentar zu Seymoria weiter oben). Schindewolf bezeichnet diese als Mischformen, während G. de Beer zu Ehren von D.M.S. Watson die Mosaikfiguren dieser Formen in den Begriffen von Watsons Regel bezeichnet. Diese Regel hält fest, dass im Übergangsbereich zwischen zwei Ebenen der Entwicklung Mosaikfiguren auftreten, in denen jedes Organ scheinbar ein eigenes Entwicklungstempo aufweist und sich die charakteristischen Eigenschaften scharf voneinander getrennt entwickeln (s. Kuhn-Schnyder 1967, S.362). Allerdings setzt die Formulierung dieser Regel evolutionäre Übergänge voraus, obwohl doch die Erzählung von der Kontinuität nicht überzeugen kann, weil wirkliche Übergangsformen nicht in das Bild passen, das sie zeichnet.

In diesem Zusammenhang wird zwischen Entwicklungsstufen und wirklichen Ahnenreihen in der Phylogenese unterschieden. In einem ganz präzisen Wortsinn ist es unmöglich, eine Ahnenreihe schlüssig und genau zu belegen. Sogar wenn man in Betracht zieht, dass der Urvogel Archäopteryx hinsichtlich der Federn Ähnlichkeiten mit heutigen Vögeln und hinsichtlich anderer Merkmale Ähnlichkeiten mit heutigen Reptilien aufweist (er hat z.B. einen reptilienartigen Schwanz); wenn man weiters bedenkt, dass er zu einem Zeitpunkt aufgetreten ist, der eine Verbindung mit anderen vergleichbaren Reptilien erlaubt (Archäopteryx ist ca. 30 Millionen Jahre jünger als der vergleichbare Pseudosuchier) und der kurz vor dem Auftreten der Vögel liegt, hat man dennoch keinen schlüssigen Beweis für die Abstammung der heutigen Vögel vom Archäopteryx. Für Walter Zimmermann ist es meist möglich zu zeigen, dass bestimmte Fossile nicht Vorgänger späterer Formen sind. Das stimmt sogar für diejenigen Abstammungslinien, die solide fundiert zu sein scheinen (s. Zimmermann 1967, S.100). Daraus zieht er folgende allgemeine Schlussfolgerung.

»Kurz, die Ahnen- und Artenreihe der Phylogenetiker sind nicht nur gelegentlich, sondern stets das, was O. Abel ›Stufenreihen‹ genannt hat. Die fossilen Formen, die wir in der Vergangenheit auffinden, sowie die heutigen Organismen repräsentieren in den uns interessierenden Merkmalen die Entwicklungsstufe, die damals der betreffende Ahn erreicht hat.« (Zimmermann 1967, S.102)

Als Implikation ergibt sich, dass die Grundlagendisziplin der Evolutionstheorie in diesem Kontext die Merkmalsphylogenie ist, die eine Begründung der angenommenen Sippenphylogenie liefert (s. Zimmermann 1967, S.103). Der Beitrag von Darwins Werk, das sich um die Entstehung der Arten dreht, wird durch eine radikale Schlussfolgerung von A. Meyer attackiert. »There is no phylogeny of species, but a phylogeny of the typological characteristics of the species.« (Meyer 1964, S.60)

Bevor wir uns der grundlegenden philosophischen Frage über den wichtigsten Determinationsfaktor im biologischen Denken zuwenden, sollten wir einen kursorischen Blick auf die bemerkenswerten strukturellen Verflechtungen zwischen den physiko-chemisch konstitutiven Substanzen von lebendigen Entitäten und dem werfen, was ich jetzt als den lebendigen Organismus beschreiben werde (z.B. eine lebendige Zelle). Weil die Zelle die kleinste lebensfähige Entität ist, liefert sie einen guten Anfangspunkt für die folgenden Überlegungen. Der unkritische wissenschaftliche Gebrauch des Begriffs ›Leben‹ – als wäre es eine konkrete Washeit – negiert das modale Wesen des biotischen Wirklichkeitsaspektes. Schließlich ist auch das älteste Fossil, das am paläontologischen Horizont erscheint, keinesfalls ›Leben‹, weil Algen oder algenähnliche lebendige Dinge neben biotischen auch andere Aspekte aufweisen. Wenn die undeutliche Praxis, sich auf Leben wie auf eine Entität zu beziehen, bis zu den letzten Konsequenzen durchdacht wird, muss die Entität in all seinen Ausdrucksformen lebendig sein. Das ist die in sich konsistente Ansicht des Neo-Thomisten Hoenen. Das aristotelisch-thomistische Substanzkonzept fordert Hoenen diese Schlussfolgerung ab, weil die substanzielle Einheit eines lebendigen Dinges aufgehoben wäre, wenn unabhängige, nicht lebendige Bestandteile (mit einer passenden substanziellen Form) darin vorkämen. Gemäß Hoenens Ansicht ist die postulierte substanzielle lebendige Einheit eines lebendigen Dinges niemals eine Mischung von Leben und Nicht-Leben.

Physiko-chemische Konstituentien der lebendigen Zelle

Die organische Chemie und im speziellen die neuesten Entwicklungen der Biochemie haben in den letzten Dekaden schlüssig bestimmt, dass alle Arten von makro-molekularen Materialstrukturen in einer lebendigen Zelle vorhanden sind. Beginnen wir mit einer kurzen Zusammenfassung der hierfür relevanten Informationen.

Die chemischen Komponenten des Protoplasmas (Nukleus und Cytoplasma) sind von höchstem Interesse. Obwohl Nukleus und Cytoplasma aus extrem komplexen und labilen organischen Verbindungen bestehen, ist die geringe Anzahl der Elemente erstaunlich. Die Hauptbestandteile sind die vier sogenannten organischen Elemente: Wasserstoff (H), Sauerstoff (O), Stickstoff (N) und Kohlenstoff

(C). Neben diesen finden sich folgende unorganische Elemente: Phosphor, Magnesium, Kalzium, Kalium, Natrium, Schwefel, Jod, Eisen, Kobalt, Mangan und Zink. In Prozenten ausgedrückt lässt sich die Zusammensetzung wie folgt darstellen: Wasser (als solches und in anderen Verbindungen) 85-90%, Protein (Albumin, Histone, Protamine und Zellprotamine) 7-10%, Lipide (e.g. Fett) 1-2%, andere organische Substanzen (Kohlenhydrate) 1-1,5% und schließlich unorganische Substanzen 1-1,5%.

In den meisten Zellen finden sich kolloidale Strukturen, die eine Mischung aus Substanzen mit chemischen Charakteristiken sind, die zwischen wirklichen Lösungen und Suspensionen anzusiedeln sind. Diese Oberflächen weisen eine beachtliche elektrische Ladung auf, die sehr schnell Temperatur- und Ladungsveränderungen registrieren. Ein eher flüssiger Zustand wird als Sol-Stadium und ein eher fester Zustand wird als Gel-Stadium bezeichnet. Das Plasma der meisten Zellen ist mit einem dreidimensionalen Netzwerk von Taschen bedeckt, die mit einem Membranensystem verbunden sind. Meistens erscheinen diese Taschen in der Form von Zysten oder Schläuchen – daher der Name Alveolarsystem (Zyste = Alveole).[12]

1896 entdecken die Buchners alkoholische Fermente, die den Zellen als Katalysatoren dienen und die ursprünglich als Zymase bezeichnet werden. Nach und nach stellt sich heraus, dass es sich um eine Mischung aus Enzymen und Co-Enzymen handelt.[13] Das Protein verweist auf Makromoleküle, die aus 20 verschiedenen Aminosäuren bestehen. Wenn sich eine Aminogruppe (NH_2) einer Aminosäure mit einer Kohlenwasserstoffgruppe (COOH) einer anderen Aminosäure verbindet, entsteht eine Peptidverbindung (NH-CO-) unter Freisetzung von Wasser (H_2O). Viele Aminosäuren werden auf diese Weise zu Makromolekülen zusammengefasst (womit ein Polypeptid entsteht).

Enzyme weisen eine Proteinstruktur auf, die aus Aminosäuren aufgebaut ist und gelegentlich zu hunderttausend in einer bestimmten Zelle auftreten. Das fördert die chemischen Reaktionen in einer Zelle, obwohl jede Art von Enzymen nur eine begrenzte Anzahl von Reaktionen katalysiert. Enzyme reagieren empfindlich auf hohe Temperaturen – anders als unorganische Katalysatoren, die gewöhnlich unter warmen Bedingungen besser funktionieren. Der gesamte Metabolismus (Stoffwechsel) einer Zelle hängt von den Funktionen der Enzyme ab.

Im Zellkern wird das Nukleotid aus einer Verbindung von einer Zucker- und Stickstoffbase einerseits und Phosphorsäureresten andererseits gebildet. In der Zellkernsäure DNA (Desoxyribonukleinsäure) lassen sich folgende vier Nukleotide finden: Adenin (A), Guanin (G), Cytosin (C) und Thymin (T). Diese vereini-

---

12 Natürlich funktioniert die Membran als ein Organ der Zelle.
13 Co-Enzyme sind organische Verbindungen, die eine essentielle Rolle in den von den Enzymen katalysierten Reaktionen spielen; allerdings fehlt ihnen die Proteinstruktur von Enzymen.

gen sich spontan zu A-T-Verbindungen und G-C-Verbindungen. Aus dieser wechselseitigen Anziehung entstehen zwei Polinukleotid-Stränge mit vielfältigen Möglichkeiten. Die Sequenz ATGACGT wird durch die Sequenz TACTGCA vervollständigt. Der ›genetische Code‹ betrifft die Regel, die die Verbindung einer Polipetid-Folge mit einem Polinukleotid-Strang bestimmt. Diese Verbindung wird durch die RNA ermöglicht – einer Zellkernsäure, bei der im Unterschied zu DNA Thymin durch Uracil (U) ersetzt ist. Um die Matrix der DNA in ein Protein zu transformieren, erscheint die Kombination von drei Buchstaben für die Formung von Aminosäuren notwendig.[14] Das heißt, dass einige Aminosäuren mit mehr als drei Trippeln von Nuklotiden verbunden sind – i.e. verschiedene Trippeln sind gelegentlich mit nur einer Aminosäure verbunden. Die Trippeln UAA, UAG und UGA dürften ohne Funktion sein, weil mit ihnen keinerlei Aminosäuren verbunden sind.

Die zwei Nukleotidsäure-Stränge haben die Form einer Doppelhelix (gemäß dem Modell von Watson & Crick 1953) und können sich verdoppeln. Wenn während der Verdoppelung die beiden Stränge auseinander fallen und jedes Nukleotid sein Gegenstück aus den in der Umgebung vorhandenen Nukleotiden anzieht, entstehen zwei neue DNA-Stränge, die exakte Duplikate der ursprünglichen Helix sind. Durch chemische Einflüsse, Röntgen- oder kosmische Strahlung ist es möglich, dass das eine oder andere Nukleotid hinzutritt oder wegfällt, was die genetische Information des DNA-Moleküls verändert. Dieser ›Fehler‹ wird dann exakt kopiert, was eine Mutation verursacht. Solche Mutationen können Veränderungen von einzelnen Genen, von einzelnen Chromosomen oder von vielen Chromosomen bewirken, und sie haben in fast allen Fällen negative Folgen. Angesichts dieser negativen Folgen sieht sich der Neo-Darwinismus gezwungen, Darwins ursprünglichen Begriff der natürlichen Selektion weiterhin zu verwenden. Wenn sich klimatische oder andere natürliche Umstände bedeutend verändern, ist verständlich, dass die ansonsten benachteiligten mutierten Mitglieder einer Spezies unter diesen veränderten Umständen plötzlich Vorteile genießen. Auf diese Art selektiert die Natur diese lebendigen Dinge aus, die bessere Überlebenschancen im Kampf ums Dasein haben. Der Genetiker Th. Dobzhansky bringt diese Ansicht wie folgt auf den Punkt: »Mutation alone, uncontrolled by natural selection, could only result in degeneration, decay and extinction.« (Dobzhansky 1967, S.41)

---

14 Es gibt 20 Aminosäuren. Wenn einem Nukleotid eine Aminosäure zugeordnet wird, wären nur 4 Aminosäuren erklärbar. Wenn wir die Kombination von zwei der 4 DNA Nukleotiden betrachten, können nur 16 Aminosäuren erklärt werden: $4^2 = 16$. Die Kombination von A, G, C und T zu dritt führt allerdings zu 64 Kombinationen ($4^3 = 64$). Während im ersten und zweiten Fall die Produktion von 16 bzw. 4 Aminosäuren nicht erklärt werden kann, ist im Fall des Trippel von drei Aminosäuren eine Übercodierung von Aminosäuren festzuhalten (die Differenz von 20 auf 64).

Weitere nicht lebendige Bestandteile der Zelle umfassen die bereits erwähnten Gene, die auf den Chromosomen lokalisiert sind.[15] Während der reduktiven Zellteilung, der Meiose, findet eine Reduktion im Zellplasma statt, indem die Geschlechtszellen doppelt und die Chromosomen einfach geteilt werden.[16] Ähnliche Bestandteile sind die Hormone und der ›verbleibende Zellkern‹ sowie die Vakuolen, die den Zellsaft enthalten und durch eine Membran begrenzt sind. Die Zellen der Bakterien und der blaugrünen Algen weisen keine Vakuolen auf.

Hinsichtlich der einzigartigen Art, in der eine lebendige Zelle im physikalischen Wirklichkeitsaspekt funktioniert, hält Karl Trincher (1985, S.336)[17] folgende vier makroskopischen Eigenschaften hält.

(1) Die räumliche Makroskopie, die die Zelle als eine räumlich begrenzte Oberfläche definiert;
(2) die zeitliche Makroskopie, die die endliche Zeit bestimmt, in der der Energiekreislauf der Zelle auftritt;
(3) die isothermische Natur der Zelle, die für die Temperaturkonstanz der gesamten Zelle verantwortlich ist;
(4) die beständige positive Differenz zwischen der hohen Innentemperatur der Zelle und der niedrigeren Außentemperatur der Umgebung in der unmittelbaren Nähe der Zellenoberfläche.

Organellen – die verschiedenen Organe der Zelle

Die verschiedenen Organe der Zelle können als wirkliche Teile des Zellorganismus gelten. Obwohl das Verhältnis des Ganzen zu seinen Teilen eine typisch räumliche Beziehung ist, erhält es in allen lebendigen Entitäten eine typisch biotische Qualifikation. Die distinkten Formcharakteristiken der Zellen hängen vom Verhältnis des Zellkerns zu dem ihn umgebenden Zytoplasma ab und wurden in den 30er Jahren des 20. Jahrhunderts vom deutschen Biologen R. Woltereck untersucht und klassifiziert.[18]

Der Zellkern, der entweder rund oder oval ist, ist im Allgemeinen der Ort der DNA und dient trotz der wechselseitigen Abhängigkeit von Kern und Zytop-

---

15 Chromosomen sind Fäden, in denen sich färbbare Substanzen des Zellkerns während des Teilungsprozesses sichtbar zusammenziehen (Chroma = Farbe).
16 Bei der Meiose wird die Anzahl der Chromosomen von 46 (üblich bei Körperzellen) auf 23 (üblich bei Geschlechtszellen) reduziert.
17 Trincher arbeitet am Institut für medizinische Physiologie der Universität Wien.
18 Siehe hierzu seine *Grundzüge einer allgemeinen Biologie*, in der Woltereck zwischen hylozentrischen, morphozentrischen und (im Falle der Tiere) kinozentrischen Strukturen unterscheidet, in der die typische Zentralität einer Zelle ihren Ausdruck findet (s. Woltereck 1932, S.323-329).

lasma dazu, den Metabolismus der Zelle zu initiieren. Das Phänomen der dualen oder vielkernigen Zellen vermindert die zentrale Zellstruktur nicht im geringsten – in vielen Protozoen ist das ein flüchtiger Zustand, der mit der Fortpflanzung in Verbindung steht und derselben Funktion wie die Zellteilung bei den Metazoen dient. Diese Protozoen, die durch Zilien unterschieden werden, sind als Ziliaten (Wimperntierchen) bekannt und weisen einen doppelten Kern auf – einen (somatischen) Makrokern und einen (generativen) Mikrokern. Bakterien und blaugrüne Algen haben statt eines eigenen Zellkerns eher eine diffuse Kernsphäre.[19] Bei Bakterien finden sich keine unterschiedenen Kernmembranen zwischen dem Zyto- und Karyplasma. Die Centriole ist ein Zellorgan, das in tierischen Zellen und in Zellen von einigen niedrigen Pflanzen vorkommt. In einigen Zellen tendiert die Centriole dazu, im geometrischen Zentrum der Zelle positioniert zu werden. Im Allgemeinen wird sie allerdings durch den Zellkern und die Produkte des Zytoplasmas verschoben. Wenn eine Zelle nicht die Mitose durchführt, erscheinen Centriolen gewöhnlich paarweise. Bevor sie die Zellteilung initiieren, müssen sich Centriolen zuerst selbst teilen.

Die Ribosomen, die sich hauptsächlich im Zytoplasma befinden, sind der eigentliche Ort der Proteinsynthese. Die genetische Nachricht der Chromosomen wird in die RNA der Ribosomen transferiert, die schließlich für die Produktion von enzymatischen Proteinen verantwortlich ist. Die Lysosomen – dieser Begriff wurde erstmals 1955 verwendet – sind körnige subzelluläre Organe mit einer umgebenden Membran und enthalten bestimmte hydrolytische Enzyme. Wenn eine Zelle beschädigt ist, dann werden diese Enzyme ausgeschüttet; diese zerlegen die Proteine und die Nukleinsäuren, die die Nachbarzellen dann für die Reparatur solcher Schäden verwenden können. In jedem Fall des Sterbens (Autolyse) werden Zellen und Gewebe durch die lyosomischen Enyme zerlegt.

Bestimmte fibröse Mikroschläuche spielen oft eine wichtige Rolle in der Bildung von Zellen, während die Mikrofilamente Organellen sind, die mit der Beweglichkeit von Zellen zu tun haben. Die Mitochondrien sind die Kraftzentrale der Zelle. Energie in Nahrung (gefangen unter anderem durch die Zitronensäure und Krebszyklen) wird noch einmal durch die Mitochondrien gefangen und in adenosine Triphophate (ATP) verwandelt. Auf diese Weise wird Energie für die vielfältigen Zellfunktionen gebildet. Die Bazillen gleichen – was die Form betrifft – erstaunlich den Mitochondrien, was prompt zum Vorschlag geführt hat, dass sich die Mitochondrien möglicherweise ursprünglich unabhängige prototrophische Zellen waren (s. den Kommentar von Roodyn & Wilkie 1968, S.53-57). Doch dieser Vorschlag erfährt eine starke Relativierung durch die Tatsache, dass die Funktion der Mitochondrien von der zentralen und direktiven Funktion des Zellkerns abhängig ist.

---

19 Grüne Algen der Gattung Cloadophora haben vielkernige Zellen.

Nach 1965 hat die biochemische Forschung das universelle Vorhandensein von DNA in den Mitochondrien erwiesen (MDNA). Die Grundzusammensetzung der MDNA ist homogener als die im Zellkern, und sie scheint genetisch selbstsuffizient zu sein. Isolierte Mitochondrien können DNA und MDNA synthetisieren, das dann an Tochterzellen weitergegeben wird, ohne zerlegt zu werden. Trotz dieser offensichtlichen Unabhängigkeit besteht eine Evidenz für die substantielle Kontrolle des Zellkerns über die Generation und Kollektion der Bestandteile der Mitochondrien.

Dem Golgi-Apparat, der reich an Lipiden ist, kommt offenbar die sekretorische Funktion im Zellorganismus zu. Die Plastiden enthalten ein Pigment und/oder Nahrungsreserven und unterscheiden sich deutlich von einer Zelle zur anderen, obwohl sie bei Bakterien, blaugrünen Algen und Pilzen fehlen. Die von Fontana 1781 entdeckten Fontanellen weisen einen hohen Proteininhalt auf, insbesondere phosphorische Proteine. Andere Organellen schließen ›Fagozomen‹ und ›Peroxyzomen‹ ein.

Die Suche nach einem gemeinsamen Nenner

Die Erwägung der diversen Gedankenschulen in der modernen Biologie wird durch die immense Vielfalt der Disziplinen und durch das hohe Volumen an daraus resultierenden Informationen verkompliziert. Dennoch kann keine Gedankenschule bestimmten grundlegenden und strukturellen Anforderungen entgehen, die das wissenschaftliche Denken bestimmen und allererst ermöglichen. Ich habe bereits bei der Behandlung der Grundfragen der Wissenschaftsphilosophie dargelegt, dass wissenschaftliches Denken eine bestimmte Art des Denkens ist, nämlich enthülltes oder modal abstrahierendes Denken. Das Schlüsselelement des logischen Aspektes der alltäglichen Wirklichkeitserfahrung liegt in Identifikation und Unterscheidung (identifizierende Unterscheidung bzw. unterscheidende Identifikation). Ein wissenschaftlicher, subjektiv logischer Gedankenakt hängt seinem Wesen nach von Informationen über die Wirklichkeit ab, die identifiziert und unterschieden werden, und ist als solcher bestimmt und begrenzt durch logische Normen, die bei allen logischen Denkaktivitäten ausgezeichnet werden müssen. Die Vielfalt der Wirklichkeit wird durch den logischen Wirklichkeitsaspekt nicht umfasst – wissenschaftliches Denken ist immer ein Engagement mit der kosmischen Vielfalt, die translogisch ist. Neben den logischen Normen des wissenschaftlichen Denkens gibt es also kosmologische Normen, wie die Norm des ausgeschlossenen Widerspruchs, die die Honorierung dieser Vielfalt einfordern, wenn dieses Denken nicht dem Widerspruch erliegen soll.

Offenbar ist die Idee der Kontinuität innerhalb der dominanten biologischen Denkschulen der gesuchte Nenner. Viele Phylogenetiker, die konsistent nominalistisch argumentieren, stimmen in erster Linie darin überein, dass die klassifikatorischen Abgrenzungen völlig künstlich sind, weil die tatsächliche Ahnenreihe in einer strukturlosen Kontinuität besteht. Gemäß dieser Denkschule steht die Anerkennung von bestimmten ›Gefügeordnungen‹ nicht in Konflikt mit der nominalistischen Konvention. W. Zimmermann stellt dazu fest.

»In der phylogenetischen Entwicklung fallen aber das Entstehen der *Gefügeordnung* (an deren Existenz kein Phylogenetiker zweifelt) und das Entstehen der *Grenzen* von Organismengruppen keineswegs in eine Phase zusammen. Man kann also sehr wohl eine *Gefügeordnung* anerkennen, und trotzdem als ›Nominalist‹ von der Künstlichkeit der *Grenzen* überzeugt sein. In Ahnenreihen brauchen überhaupt keine Grenzen sichtbar zu werden. Die Prozesse, die zur Gefügeordnung (zum Verwandtschaftszusammenhang) und diejenigen, die zu Grenzen zwischen heutigen Organismen führen, können Jahrmillionen auseinanderliegen. Wer den Unterschied zwischen solchen zwei Phasen nicht sieht, hat noch nicht erkannt, was Phylogenie ist.« (Zimmermann 1967, S.98)

Obgleich Schindewolf nur Individuen als wirklich existierendes Gegebenes anerkennt – offensichtlich in Übereinstimmung mit dem nominalistischen Ausgangspunkt hinsichtlich der Annahme einer strukturlosen Kontinuität –, vertritt er nichtsdestotrotz die Meinung, dass die unterschiedenen Typen auf allen Ebenen nicht bloß Fiktionen sind, sondern eher allgemeine Konzepte mit einer Fundierung in der objektiven Datenlage. Er appelliert an die Tatsache, dass unter den lebendigen Dingen sukzessive Ebenen in Übereinstimmung mit dem Grad der Allgemeinheit und dem Grad der Ähnlichkeit existieren, in deren Begriffen es möglich ist, die Gruppierungen dieser Stufen (›layers‹) hinsichtlich ihrer präsenten Eigenschaftskombinationen komparativ zu koordinieren und unterzuordnen. Schindewolf appelliert auch an die übergangslosen Diskontinuitäten unter diesen Strukturen.[20] Bei dieser Gelegenheit identifiziert er seine Gedanken als idealistische Morphologie, obwohl seine Betonung der zeitlichen Sukzession im Auftreten der Organisationsformen auf eine prinzipielle Distanz zur idealistischen Morphologie hinweist, die ja metaphysische Ursprungsformen postuliert. Andererseits ist Schindewolf ein verstockter Gegner der Idee einer phylogenetischen Systematik.

Genau in dieser Hinsicht lohnt ein Vergleich mit Simpson. Dieser hält die Phylogenetik für die Basisdisziplin der Biologie, innerhalb der er die evolutionäre strukturlose Kontinuität platziert (mit der schließlich künstlichen Klassifikation). Für Schindewolf tritt die allgemeinere systematische Kategorie zuerst auf, und jede Differenzierung und Spezialisierung findet nur innerhalb dieser Kategorie statt. Er rekurriert dabei auf die Voraussetzung einer diskontinuierlichen Makro-Mutation, einer Vorstellung also, dass die Natur wirklich neue Typen hervorzubringen in der Lage ist. Diesen Ansatz arbeitet Schindewolf dann zur Theorie des Typostrophismus aus, die sich auf paläontologisch bestimmte Trends beruft.

---

20 siehe die Exposition von Ungerer (1966, S.233ff)

Schindewolf nennt die Entstehung von neuen strukturellen Typen[21] ›Typogenesis‹. In der typischen Entwicklung von verschiedenen Ebenen folgt nach der Typogenesis im allgemeinen eine Periode der ständigen Ausdifferenzierung und Verwandlung, was zur gerichteten (orthogenetischen) Entwicklung eines bestimmten Strukturtypus führt, den Schindewolf ›Typostasis‹ (das Gedeihen eines Typus) bezeichnet. Darauf folgt möglicherweise eine Periode der Degeneration und vielleicht sogar eine Auslöschung – die ›Typolysis‹ (s. Ungerer 1966, S.235f).

Konfligierende Ansichten trotz identischer Datenlage

Für M. Grene werfen sich Simpson und Schindewolf gegenseitig jeweils dieselben oder sehr ähnliche Fehler vor und verwenden dabei unnötige und mystifizierende Voraussetzungen. Ihrer Meinung nach akzeptiert jeder der beiden als Prämisse die Negation der Schlussfolgerungen des anderen – während sie sich hinsichtlich der Faktenlage kaum unterscheiden.

»Simpson, wedding paleontology to the statistical methods of population genetics, sees a gradual change in populations such that the sharp divisions of traditional morphology become false. Schindewolf, basing his theory on the logical priority of morphology, concludes that the gradualist, statistical picture of neo-Darwinism is false. To put it very schematically, Simpson argues: the neo-Darwinian theory is true; morphology implies that neo-Darwinism is not true; therefore morphology is wrong. Schindewolf argues: morphology must first be accepted as true; morphology implies that the neo-Darwinan theory is wrong; therefore the neo-Darwian theory is mistaken. Or to put the matter another way, they agree on the major premise: traditional morphology and neo-Darwinism are incompatible.« (Grene 1974, S.132)

D.B. Kitts bewertet Schindewolfs Theorie wie folgt: »It permits an explanation of the fossil record as adequate as any other.« (Kitts 1974, S.469)[22] Der Streit zwischen Simpson und Schindewolf führt klarerweise zu Trends in der Biologie, die entweder die Kontinuität oder die Diskontinuität betonen. Der Nobelpreisträger Konrad Lorenz weist das mechanistische Postulat der Kontinuität zurück.

»Vom Geschehen im Atom bis zu demjenigen in der Menschheitsgeschichte bewegt sich die anorganische und die organische Entwicklung in Sprüngen. Mögen auch gewisse Vorgänge quantitativer Summierung im Entwicklungsgeschehen bei grober Betrachtung

---

21 Für Schindewolf ist der Archäopteryx ein Beispiel für solch einen neuen strukturellen Typus, weil er den Archäopteryx für das erste Exemplar einer neuen Klasse von Wirbeltieren, nämlich der Vögel, hält.

22 Simpson erfährt von Kitts (1974, S.468) folgende Bewertung: »Simpson did not provide compelling support for synthetic theory against Schindewolfian or Lamarckian, or any number of other theories both evolutionary and non-evolutionary.«

kontinuierlich aussehen, im Grunde sind sie genau ebenso diskontinuierlich wie die großen Qualitätsumschläge der organischen Entwicklung, die Hegel als erster klar sah.« (Lorenz 1973, S.186)

In dieser Situation setzt man die Suche nach einem gemeinsamen Nenner wohl in folgender Richtung fort: Unter welchem Nenner wird Kontinuität und Diskontinuität diskutiert?

Neo-Darwinismus

Die dominante neo-darwinistische, synthetische Evolutionstheorie wählt im Prinzip einen physikalischen Basisnenner, obgleich in immer stärkerem Ausmaße Anstrengungen unternommen werden, um die qualitativen Differenzen innerhalb des kontinuierlichen Evolutionsprozesses zu erklären. J. Huxley warnt vor der ›nothing but trap‹, in der sich viele evolutionäre und naturwissenschaftliche Erklärungstechniken verfangen.

»If sexual impulse is at the base of love, then love is regarded as nothing but sex. If it can be shown that man originated from an animal, then in all essentials he is nothing but an animal. This, I repeat, is a dangerous fallacy. We have tended to misunderstand the nature of the difference between ourselves and animals. We have a way of thinking that if there is a continuity in time there must be a continuity in quality.« (Huxley 1968, S.137)

Simpson unterscheidet ebenfalls zwischen nicht-biotischen und biotischen Ebenen (der Organisation) und ist von der Absurdität überzeugt »to base [...] a concept of scientific explanation wholly on the non-biological levels of the hierarchy and then to attempt to apply it to the biological levels without modification« (Simpson 1969, S.8). Jede Behandlung dieses Problems hat nach Simpson die Extreme des Vitalismus und des ›Physikalismus‹ zu vermeiden. Gegen einen extremen physikalistischen Reduktionismus wendet Simpson ein: »I think it fair to say that in this respect, as truly biological investigation and an attempt to explain vital phenomena, unmodified reductionism has failed.« (Simpson 1969, S.26) Daher bleibt er auch davon überzeugt, dass die evolutionäre, organismische Biologie nicht darauf reduziert werden kann »to a philosophy of taking into account only of the physical, non-biological aspects of the universe« (Simpson 1969, S.7). Simpson weist den extremen Reduktionismus (Physikalismus) zurück und spricht von den physikalischen und biologischen Wirklichkeitsaspekten. Meint er damit eine prinzipiell irreduzible Unterscheidung zwischen physikalischem und biotischem Aspekt?

Offensichtlich nicht. Denn er hält fest, dass die Prinzipien der Evolutionsbiologie – die im übrigen der Physik nicht widersprechen – diejenigen Prinzipien transzendieren, die von den unlebendigen Atomen und Molekülen abgeleitet sind, und fügt dem noch an: »But without becoming anything other than naturalistic.«

(Simpson 1969, S.7) Letztlich ist es der Begriff der Organisation, der auf den Unterschied zwischen Lebendigem und Nichtlebendigem hinweist: »It is the complexity and the kind of structural and functional assembly in living organisms that differentiate them form non-living systems.« (Simpson 1969, S.7) Für Simpson entwächst der biotische Aspekt der organisatorischen Komplexität von natürlichen Systemen – was impliziert, dass der Begriff ›biotischer Aspekt‹ nicht prinzipiell irreduzibel verstanden wird. Obwohl in nicht extrem reduktionistischen bzw. unmodifiziert reduktionistischen Begriffen formuliert, findet sich bei Simpson eine Form des Physikalismus – ein Physikalismus, in dem scheinbar die verschiedenen Organisationsebenen erklärt werden.

Vitalismus

Der Vitalismus entscheidet sich prinzipiell für einen anderen Basisnenner, nämlich den biotischen – obgleich damit nicht das gemeint ist, was ich unter dem biotischen Wirklichkeitsaspekt bzw. der biotischen Modalität der Wirklichkeit meine. Der Vater des Neo-Vitalismus, Hans Driesch, spricht von einer immatriellen Lebenskraft – die ›Entelechie‹ oder ›Psychoide‹ –, die weit mehr ist als bloß ein biotischer Wirklichkeitsaspekt. Ohne vor der Stichhaltigkeit der mechanistischen Tatsachenanalyse zu kapitulieren und ohne das Kausalitätspostulat des humanistischen Wissenschaftsideals in Bezug auf die Natur zu verneinen, wendet Driesch das Konzept der Naturgesetze (in einem deterministischen Sinn) auf biotische Phänomene an. In Übereinstimmung mit Driesch verteidigt Rainer Schubert-Soldern die vitalistische Position mit einer breiten Auswahl von biochemischen Argumenten. Für ihn hängt die Existenz der Zelle als einer funktionalen und formalen Lebenseinheit von der Aktualisierung eines doppelten Potentials ab, und zwar »(a) the ›form‹ or order of the cell, and (b) the chemical laws governing molecules. [...] This principle of order may be called the ›active potentiality‹ of the material parts.« (Schubert-Soldern 1962, S.102) Diese Ansicht des Ordnungsprinzips geht natürlich auf Aristoteles zurück.

»Hence the Aristotelian concept of entelechy corresponds exactly with the principle of order, which we see at work making the cell into a whole. It is a principle of wholeness which forms a unity from parts which would otherwise go their separate ways. Thus a hologenous system is born.« (Schubert-Soldern 1962, S.113)

Während Aristoteles, Thomas von Aquin und Driesch die Individualität durch die materiellen Komponenten erklären, wählt Schubert-Soldern einen anderen Weg.

»Since the form brings about the individualization of something which previously had been poli-substantial or poli-individual, it must be the form, which expresses the individuality, which itself must be the individuality.« (Schubert-Solder 1959, S.285)

Gemäß seiner Ansicht bewirkt die Form eines Körpers »a real entity with a non-material character, concerning a substance which in its essence possesses its dynamic character« (Schubert-Soldern 1959, S.286). Simpson wählt den Begriff der Organisation zur Kennzeichnung von wesentlich unterschiedenen Eigenschaften von lebendigen Dingen. In neo-vitalistischen Kreisen wird die Organisation in der Begrifflichkeit der diesen eigenen Form- bzw. Ordnungsverständnisses aufgefasst. Der Botaniker E.W. Sinnot schreibt beispielsweise:

»Uexküll and others have emphasized this idea and regard organic form as essentially an independent aspect of an organism, parallel with its matter and energy. [...] Indeed, the concept of organization as something independent of the inner and outer environment implies that form must be a basic characteristic of all living things.« (Sinnott 1972, S.51)

Gegen einen mechanistischen Atomismus bringt Sinnott in neo-vitalistischer Manier die dynamisch-kreative und unteilbar kontinuierliche Form von lebendigen Dingen in Stellung. »Form [...] is changing and creative. [...] It is a category of being very different from matter.« (Sinnott 1963, S.199) Der neo-vitalistische Biologe J. Haas betont den Gehorsam aller lebendigen Dinge in der Elaboration eines Lebenslaufes zu einem inhärenten Gesetz oder Programm, von dem er vorzugsweise als Lebensprogramm spricht.

»The life plan contains as components the blueprints of each of its expressions; the genetic plan for their succession; the functional plan for carrying out its activities; the behavioral plan for all its ›acts‹.« (Haas 1974, S.336)

Die Lebenspläne haben für Haas (1974, S.338), ähnlich wie Normen und Gesetze, ein ideales Sein und entziehen sich daher einer physiko-chemischen Erklärung.

»Physical-chemical forces and laws are in themselves unable to bring forth the structures of meaning which we identify as the life plan, and even less can it produce a non-material bearer of life plans.« (Haas 1974, S.355)

Dem idealistisch-morphologischen österreichischen Botaniker Wilhelm Troll folgend – sein Standardwerk *Allgemeine Botanik* stammt aus 1973 – spricht Walter Heitler von ›Zentralinstanz‹, die in jedem Organismus existieren muss (s. Heitler 1976, S.6). Diesen Ausdruck verwendet Heitler im Kontext folgender Hypothese, die er gegen einen konsistent argumentierten Physikalismus verteidigt.

»The organism has its own laws, which partly displaces the laws of physics and chemistry with something more general.« (Heitler 1976, S.3)

Einen wichtigen Ausgangspunkt für seine Argumentation sieht Heitler in der Tatsache, dass weder Physik noch Chemie einen wirklichen Begriff von Gestalt oder

Ganzheit kennen oder anwenden. Die analytische Behandlung dieser Wissenschaften stört die Gestalt – die physikalische Analyse kann eben nur im systematischen Messen von Länge, Zeit, Gewicht und Temperatur (die sog. ›c.g.s.-Systeme‹) ihren Ausdruck finden.

»[Due to this] merely analytical methodology the laws are differential, i.e. it makes direct statements only about the behaviour of objects for immediately neighbouring points in time and space. By means of integration one is able to obtain statements concerning the entire relationship (e.g. the form of planetary orbits), but these must follow from the differential elements.« (Heitler 1976, S.16)

Die Gestalt einer Zelle (oder die Gestalt einer Katzenpfote) transzendiert alle deskriptiven Möglichkeiten des c.g.s.-Systems, das für diese Beschreibungen nicht reich genug ist. Wenn jemand ausschließlich differentielle Gesetze verwendete, dann würde sich die Zelle schließlich bis ins Unendliche teilen müssen, ohne dass ein Zellenkomplex entsteht. In diesen Begriffen ist auch die Beschreibung einer Katzenpfote völlig undenkbar (s. Heitler 1976, S.5f). Die Zentralinstanz, die die möglichen teleologischen Aktivitäten der lebendigen Dinge leitet, nennt Heitler die *biologische Instanz*, die auch die folgenden Unter-Instanzen spezifiziert: Organe, Zellen und Organellen (s. Heitler 1976, S.16).

Mit dem Vitalismus hängt auch die organismische Biologie von L. v. Bertalanffy zusammen, der diese in eine allgemeine Systemtheorie weiterentwickelt, in der die Begriffe des Ganzen und der Totalität zentral sind und die Organisation ebenfalls ein Schlüsselbegriff ist. Bertalanffy hält die organismische Welt für einen Schritt jenseits des mathematischen Ideals *more geometrico* und auch jenseits der mechanistischen Weltsicht.

»First came the developments of mathematics, and correspondingly philosophers after the pattern of mathematics – *more geometrico* according to Spinoza, Descartes and other contemporaries. This was followed by the rise of physics; classical physics found its world-view in mechanistic philosophy, the play of material units, the world as chaos. [...] Lately, biology and the sciences of man come to the fore. And here organization appears as the basic concept – an organismic world-view taking account of those aspects of reality neglected previously.« (Bertalanffy 1968, S.66)

M. Beckner (1971, S.60f) kommentiert dies wie folgt: »Even though in fact many biologists agree with the organismic position, they will say they disagree.«

Holismus

Der Vitalismus besteht hauptsächlich in dem Versuch, das Leben in den Rang einer immatriellen Substanz zu heben, die als ordnende Form die Konstellation der

Materie beeinflusst oder innerhalb einer materiellen Konstellation einen Lebensplan entwirft. In der holistischen Biologie von A. Meyer wird allerdings der Versuch gemacht, den biotischen Aspekt so zentral zu platzieren, dass im Prinzip die Physik auf die Biologie reduziert werden kann. J. Needham fasst die Position von Meyer mit den Worten zusammen:

»Thus Meyer, in his interesting discussion of the concept of wholeness, maintains that the fundamental conceptions of physics ought to be deducible from the fundamental conceptions of biology; the latter not being reducible to the former. Thus entropy would be, as it were, a special case of biological disorganization; the uncertainty principle would follow from the psycho-physical relation; and the principle of relativity would be derivable from the relation between organism and environment.« (Needham 1968, S.27, Anmerkung 34)

Der Schlüsselbegriff des Holismus, der bereits 1926 von J.C. Smuts eingeführt wird, ist ›Ganzheit‹ (griechisch ›holon‹). Meyers Definition von Ganzheit zieht eine scharfe Trennung zwischen den ›Teilen‹ und den ›Gliedern‹: »Ganzheit ist, was nie aus Teilen besteht, sondern stets in Gliedern besteht und nur gegliedert existiert.« (Meyer 1949, S.284) Ohne die grundlegenden Prinzipien der holistischen Biologie hier diskutieren zu können, werden wir uns nur auf Meyers Bewertung der Konstruktion von Abstammungsbäumen beziehen.

Ich habe oben darauf hingewiesen, dass die Phylogenese letztlich nicht die Phylogenese der Arten, sondern eigentlich die Phylogenese der typologischen Eigenschaften ist. Mit Hilfe von ausführlichen empirischen Informationen formuliert Meyer das bemerkenswerte ›basic typological law‹:

»There is no group of existing organisms belonging to any taxonomical category of the Natural System, whose members possess all group characters in their most primitive or in their most progressive phases only. Rather primitive, intermediate and progressive character phases are thus combined with each other in each real member of a group that an organismic holism suited for living in any real existing ecological *biotope* results from it. Forms which possess all their morphological characters in their primitive or in their progressive phases only are neither living *holisms* nor suited for existence in ecological *biotopes* and are, therefore, but purely ideal constructions. [...] Therefore, the existence of all so-called phylogenetic trees, which make use of such, always hypothetical stem-forms, have become dubious.« (Meyer 1964, S.59f)

Und er fügt dem an: »But all these phylogenetic trees begin with purely idealistic constructions.« (Meyer 1964, S.113) In einem früheren Werk kommentiert Meyer (1950, S.12) »that all of the phyologenetic tree construction to date is impossible since it depends on entirely utopian pre-suppositions«. Wie lässt sich Entwicklung ohne Abstammungbäume denken? Für Meyer nur als diskontinuierliche, quantenhafte Entwicklung (s. Meyer 1950, S.12). Es ist daher notwendig damit fortzufahren, einen poliphyletischen Ursprung von neuen Arten in Betracht zu ziehen.

»New types are as a matter of fact not potentially present in one or more kinds of the functioning type, but in its combined representatives still on hand. Out of this there suddenly breaks through a new type with primevally sudden force – paleontologists rightly speak of revolutions, and not initially in only one kind which must then develop at a snail's pace, but immediately in a wholeness of new kinds and forms.« (Meyer 1950, S.14)

Daher vertritt Meyer als Schlussfolgerung die Meinung, dass vom Ausgangspunkt der holistischen Idee, namentlich dass die A-Biosphäre als eine Simplifikation der Biosphäre zu betrachten ist, eine höher dialektische Synthese (s. Hegel) zwischen Mechanismus und Vitalismus möglich ist (s. Meyer 1964, S.162). Vor der Folie seiner Ansicht einer quantenhaften, diskontinuierlichen Entwicklung sieht Meyer die Phylogenese als die Geschichte des Lebens durch Emergenzevolution (›emergence evolution‹) (s. Meyer 1964, S.147).

Emergenzevolution

Die Emergenzevolution ist – allgemein gesprochen – der Versuch, die qualitativen Differenzen ernst zu nehmen, die auf die prinzipielle Irreduzibilität der vielfältigen evolutionären Stufen hinweisen, bei gleichzeitiger Beibehaltung der Überzeugung, dass die höheren evolutionären Stufen aus den niedrigeren entstanden sind. Die bedeutenden Emergenzevolutionisten gestehen offen ein, dass darin eine Antionomie liegt. Dieses Eingeständnis findet sich in R. Woltereckes *Ontologie des Lebendigen* (1940, S.300f), während M. Polanyi schreibt:

»We have reached the point at which we must confront the unspecifiability of higher levels in terms of particulars belonging to lower levels, with the fact that the higher levels have in fact come into existence spontaneously from elements of these lower levels. How can the emergent have arisen from particulars that cannot constitute it.« (Polanyi 1969, S.393)

Das Auftreten von neuen Stufen wird von Th. Dobzhansky (1967, S.44) als ›evolutionäre Transzendenz‹ bezeichnet.

»The flow of evolutionary events is, however, not always smooth and uniform; it also contains crises and turning points which, viewed in retrospect, may appear to be breaks of the continuity. The origin of life was one such crisis, radical enough to deserve the name of transcendence. The origin of man was another.« (Dobzhansky 1967, S.50)

Obwohl Dobzhansky selbst so weit geht anzuerkennen, dass die verschiedenen Stufen typischen Gesetzen unterworfen sind, die jeweils für diese gültig sind, bleibt er dennoch davon überzeugt, dass die Irreduzibilität dieser Gesetze prinzipiell unnötig ist.

»The phenomena of the inorganic, organic and human levels are subject to different laws peculiar to those levels. It is unnecessary to assume any intrinsic irreducibility of these laws, but unprofitable to describe the phenomena of an overlying level in terms of those of the underlying ones.« (Dobzhansky 1967, S.43)

Panpsychismus

Letztlich relativiert der Begriff der Kontinuität Dobzhanskys Anerkennung von verschiedenen Gesetzesarten. Die Akzeptanz des Kontinuitätspostulats impliziert jedoch notwendiger Weise nicht die Wahl eines physiko-chemikalischen Grundnenners. Eine bemerkenswerte Position innerhalb des deterministischen Wissenschaftsideals vertritt der deutsche Zoologe Bernard Rensch. Wenngleich Rensch das Kontinuitätsideal des Wissenschaftsideals akzeptiert, distanziert er sich explizit von der mechanistischen und der vitalistischen Ansicht – jene behandelt Kontinuität in Begriffen eines physiko-chemischen Nenners, diese in Begriffen eines biotischen Nenners. Rensch akzeptiert weiters auch die Gültigkeit der kausal analytischen Methode der Naturwissenschaften, weist aber jegliches monistische Theorienbild von der Wirklichkeit zurück, das die Wirklichkeit auf ein einziges Prinzip zu reduzieren versucht. Für ihn sind die Ereignisse in der Welt durch viele Grundgesetze gesteuert: »Despite all evidence in favour of the monistic principle, the primal ground of world events is pluralistic.« (Rensch 1971, S.33) Rensch bezieht sich dabei auf »the causal laws, universal constants, the law of conversation, the principles of symmetry, and the logical laws« (Rensch 1971, S.33).

Seine eigene Position bezeichnet Rensch als ›panpsychistisch‹ und ›identistisch‹ – alle Ereignisse sind durch etwas begründet, das weder psychisch noch materialistisch ist, aber das psychische und materielle Eigenschaften aufweist (s. Rensch 1971, S.33). Das impliziert, dass das evolutionäre Kontinuum in Begriffen eines psychischen Grundnenners zu denken ist. Wenn keine Diskontinuitäten in der evolutionären Ahnenreihen existieren, dann sollten niedrige Tiere, Pflanzen und sogar die unorganische Sphäre bestimmte, einander entsprechende ›psychische‹ Komponenten aufweisen – so die Konsequenz, die Rensch zieht: »According to our previous findings and discussions we are justified in assuming […] psychic (parallel) processes of some kind in all living beings.« (Rensch 1959, S.352) Die ›psychische‹ Kontinuität überbrückt auch den Übergang vom Nichtlebendigen zum Lebendigen.

»Here again it is difficult to assume a sudden origin of first psychic elements somewhere in this gradual ascent from nonliving to living systems. It would not be impossible to ascribe ›psychic‹ components to the realm of inorganic systems also, i.e. to credit nonliving matter with some basic and isolated kind of ›parallel‹ processes.« (Rensch 1959, S.352)

Für Rensch liegt der Vorteil des panpsychischen Ansatzes darin nicht anzunehmen, dass das Psychische – als etwas grundlegend Verschiedenes zur Materie – auf einer bestimmten Stufe nach dem Auftreten von lebendigen Kreaturen auf unserem Planeten erscheint. Als Substitut für die Annahme, dass psychische Phänomene plötzlich nach einer astronomischen und geologischen Vorgeschichte von Jahrmillionen auftaucht, hält es Rensch für wesentlich erwägenswerter, der Evolution des Psychischen die Evolution des Materiellen anzufügen, i.e. der Materie ein protopsychisches Wesen zuzuschreiben (s. Rensch 1969, S.134f).

Metabolismus als die erste Freiheitsstufe

Das moderne anthropozentrische oder humanistische Wissenschaftsideal taucht in der Zeit von Descartes bei der modernen menschlichen Suche nach autonomer Freiheit (das Persönlichkeits- oder Freiheitsideal) als ein Instrument der Kontrolle auf, mit dessen Hilfe die gesamte Realität in den Griff der Naturwissenschaft gelangen sollte. Dieses Wissenschaftsideal hat von Anfang an das Freiheitsideal bedroht, weil eine geschlossene, kausal determinierte Naturordnung eben keinen Platz für genuine menschliche Freiheit lässt. So wie Rensch psychische Eigenschaften auf den Bereich der materiellen Dinge zurück projiziert, so ist H. Jonas dazu ›gezwungen‹, im Interesse des Vorranges des Freiheitsideals die Freiheit auf der materiellen Ebene ›wieder zu entdecken‹.

»Und unsere Behauptung ist in der Tat, daß schon der *Stoffwechsel* die Grundschicht aller organischen Existenz, Freiheit erkennen läßt – ja, daß er selber die erste Form der Freiheit ist.« (Jonas 1973, S.13)

Wenige Seiten danach hält Jonas fest:

»Das so in der Möglichkeit schwebende Sein ist durch und durch ein Faktum der Polarität, und das Leben manifestiert diese Polarität ständig in diesen grundlegenden Antithesen, zwischen denen seine Existenz sich spannt: der Antithese von Sein und Nichtsein, von Selbst und Welt, von Form und Stoff, von Freiheit und Notwendigkeit. All diese Zweiheiten sind, wie sich leicht erkennen läßt, Formen der Beziehung: Leben ist wesentlich Bezogenheit auf etwas; und Beziehung als solche impliziert ›Transzendenz‹, ein U-ber-Sich-Hinausweisen seitens dessen, das die Beziehung unterhält. Wenn es uns gelingt, die Anwesenheit einer solchen Transzendenz und der sie artikulierenden Polaritäten schon am Grunde des Lebens selbst aufzuweisen, wie rudimentär und vor-geistig ihre Form dort auch sei, so haben wir die Behauptung wahrgemacht, daß der Geist in der organischen Existenz als solcher präfiguriert ist.« (Jonas 1973, S.15f)

Ein neuer mechanistischer Ansatz

Das klassisch mechanistische Wissenschaftsideal, demgemäß alle Naturphänomene in den Begriffen eines kinematischen (Bewegungs-) Nenners zu erfassen sind, findet in der modernen Biologie nach wie vor Unterstützung. Wie im zweiten Kapitel erläutert, ist dieses Wissenschaftsideal eine typische Eigenschaft der klassischen Physik.

Obwohl Eisenstein anerkennt, dass die sinnliche Erfahrung dem Menschen qualitativ unterschiedliche Dinge liefert (woraus er einige scharfe Argumente gegen die evolutionistische Kontinuität der Abstammung folgert), führt für ihn die inhärente wissenschaftliche Tendenz zur Vereinheitlichung den abstrakten Gedanken auf ein Niveau, das die qualitativen Ausdrücke von Dingen transzendiert – auf ein Niveau, auf dem alles, das qualitativ erscheint, so schnell wie möglich auf dynamische Prozesse von Geschwindigkeitsgraden reduziert wird, die sich nur noch quantitativ unterscheiden.

»In der höchsten wissenschaftlichen Abstraktion denken wir demnach die Dinge nicht als isolierte, voneinander wesensverschiedene Existenzen, sondern da sie auf einen gemeinsamen Nenner gebracht sind, im Zusammenhang der universellen Bewegung miteinander.« (Eisenstein 1975, S.256)[23]

Strukturelle Verschiedenheit fundiert strukturlose Fantasien

Nach diesem Überblick ist klar, dass die moderne biologische Literatur viele verschiedene Gedankenschulen beherbergt. Die erste Facette, die diese provisorische Einteilung hervorbringt, ist das Problem von Kontinuität und Diskontinuität – eine begriffliche Unterscheidung, die ursprünglich im räumlichen Wirklichkeitsaspekt zu finden ist (wie im vorigen Kapitel ausgeführt wurde). Diese räumliche Analogie findet eine nähere Spezifikation durch den wirklichen Nenner, unter dem die jeweilige biologische Position die identifizierbare und unterscheidbare Wirklichkeitsvielfalt bedenkt: im Fall von Eisenstein unter dem klassisch mechanischen Nenner der Bewegung; bei den Vertretern der allgemeinen synthetischen Evoluti-

---

23 Eisenstein stellt einen Zusammenhang zu Constantin Brunner (s. v.a. Brunners *Materialismus und Idealismus*, dessen zweite Auflage 1962 erschien) her, der mit einer quasi-hegelianischen, dialektischen Synthese endet, in der alle endlichen Widersprüche in der unendlichen Totalität des absoluten Seins aufgehoben sind. »Vom höheren allumfassenden Standpunkt der Bewegungslehre entstehen im Grunde alle Dinge auseinander und gehen ineinander über im unendlichen Ganzen. Letztlich, in philosophischer Sicht, sind alle Daseinstypen gleichwertige Manifestationen des Einen absoluten Seins.« (Eisenstein 1975, S.265) Siehe auch den von Eisenstein verfassten Nachruf für Brunner, der 1987 in der *Philosophia Naturalis* (S.346-349) erschienen ist.

onstheorie im Prinzip unter einem physikalischen Nenner, in dem höhere strukturelle Stufen offensichtlich (aber nicht grundsätzlich) Anerkennung finden; im Fall des Vitalismus, Holismus und Organizismus unter einem biotischen Nenner; im Fall des panpsychistischen Identifikationismus von Rensch unter einem sensitiv-psychischen Nenner; und in dem auf die Personalität orientierten Denken von Jonas unter dem Nenner der Freiheit. Der Emergenzevolutionismus will beides – er erkennt sowohl die Kontinuität der Deszendenz als auch eine (quantitative) Diskontinuität des Seienden an. Die Wahl eines Nenners impliziert (mit kosmologischer Notwendigkeit), dass alle anderen Facetten der Wirklichkeitsvielfalt auf den gewählten Nenner reduziert werden müssen, der als verabsolutierte Perspektive die Aspekte aller anderen Wirklichkeitsdimensionen umfasst.

Es ist besonders frappierend, dass alle erwähnten Ansätze weiterhin mit der Wirklichkeitsvielfalt konfrontiert sind, die identifiziert und unterschieden werden kann. Keine einzige Auffassung der Kontinuität negiert die Differenzen zwischen den Aspekten von Materie, Pflanze, Tier und Mensch oder die Differenzen zwischen Bewegung, dem Physikalischen, dem Biotischen, dem Sensitiv-Psychischen und dem Post-Psychischen – sie beschreiben diese differenten Facetten und Strukturen als nicht-wesentlich, weil sie sich offensichtlich auf je verschiedene Nenner reduzieren lassen. Doch die Grundfrage bleibt, ob diese vielfältigen Wahlmöglichkeiten des Nenners eine Begründung im objektiv Faktischen finden. Es lässt sich ja nicht leugnen, dass die inhärente Wirklichkeitsvielfalt den Ausgangspunkt für diese vielfältigen Wahlmöglichkeiten bietet. Aber die Überzeugung, dass sich die gesamte Wirklichkeitsvielfalt auf eine bestimmte Facette reduzieren ließe, die als Grundnenner die anderen Perspektiven einschließt, verweist auf fundamentale theoretische Vorannahmen. Diese theoretisch-philosophischen Vorannahmen gibt es, weil das theoretische und logische Denken über die Natur eine Idee der Vielfalt in der Wirklichkeit erfordert, während theoretische Vorannahmen selbst durch supra-theoretische Überzeugungen gelenkt und determiniert sind. Keine einzige Perspektive in der modernen Biologie kann von dem einen oder anderen zentralen Begründungsmotiv entbunden werden, das als supra-theoretische Dynamik ihren Lauf steuert.

Während die meisten modernen Biologen auf die eine oder andere Weise dem Nominalismus zustimmen, lässt sich bemerkenswerter Weise feststellen (wie wir bereits oben gesehen haben), dass die meisten Mathematiker unserer Tage den Nominalismus in ihrer Disziplin im Prinzip zurückweisen. Der Platonismus in der Mathematik wird von P. Benacerraf und H. Putnam wie folgt beschrieben:

»In general, the Platonists will be those who consider mathematics as the discovery of truths about structures which exist independently of the activity of thought of mathematicians.« (Benacerraf & Putnam 1964, S.15)

Paul Bernays (1976, S.65) vertritt die Meinung, dass der Platonismus in der Mathematik so verbreitet ist, »daß es keine Übertreibung ist, wenn man sagt, der Platonismus sei heute herrschend in der Mathematik«. Es ist eine eigentümliche Situation, dass die dominanten Richtungen in der modernen Mathematik und in der modernen Biologie in Bezug auf ihre theoretischen Ausgangspunkte unmittelbar entgegengesetzt sind.

Ich möchte dieses Kapitel mit der Diskussion der strukturellen Eigenschaften der Zelle beschließen – und zwar in den Begriffen der Theorie von enkaptisch strukturellen Ganzheiten, die ich bereits im zweiten Kapitel vorgestellt habe.

Strukturelle Dimensionen der Zelle als ein enkaptisch-strukturelles Ganzes

Es ist eine bemerkenswerte Tendenz der verschiedenen biologischen Ansätze, dass so gut wie alle von ihnen auf ihre Art und Weise von lebendiger und unlebendiger Materie sprechen. Obwohl diese Ausdrücke jeweils Verschiedenes meinen, spiegelt ihre Verwendung nichtsdestoweniger ungelöste Probleme jeder dieser Ansätze wider. Für den mechanistischen (und physikalistischen) Ansatz ist im Prinzip alles materiell und physikalisch bestimmt. Als Implikation ergibt sich naturgemäß, dass jeder Begriff problematisch ist, der an den biotischen Aspekt der Dinge appelliert. Auf der anderen Seite versucht der Vitalismus, das Wesen des ›Lebens‹ in immateriellen Lebensplänen, Gestalt-expressiven Faktoren oder Zentralinstanzen zu finden. Auch hier stellt es sich als problematisch heraus, von lebendiger Materie zu sprechen – was Haas mit der Betonung der Tatsache klar erkennt, dass physikalische Substanzen ihr »Sein und Funktionieren« auch »nach ihrer Assimilation« mit lebendigen Dingen aufrecht erhalten. Es ist von daher verständlich, wenn sich Haas dem Gebrauch von ›lebendiger Materie‹ widersetzt. Für ihn weiß die Biochemie und die Zellenphysiognomie nichts von »lebendiger Materie« mit »geheimnisvollen vitalen Eigenschaften« (Haas 1968, S.24). Er präferiert die Redewendung vom materiellen Substrat des Organismus (s. Haas 1968, S.20-40). Haas weist mit seinem Ansatz den – wie er meint – monistischen Vitalismus des Aristoteles zurück. Gleichzeitig zieht er folgende Schlussfolgerung aus seinen Ausführungen:

»Die Organismen bestehen also aus zwei seinsmäßig voneinander verschiedenen Wirklichkeiten, einer materiellen und einer nichtmateriellen Komponente, sie haben also ontologisch betrachtet eine dualistische Konstitution.« (Haas 1968, S.39)

Atome, Moleküle und Makro-Moleküle sind nicht lebendig; sie sind physikalisch qualifizierte materielle Strukturen. So wie Heisenbergs Unsicherheitsrelation die untere Grenze zur physikalischen Bestimmung markiert, formuliert N. Bohr die ›biologische Unsicherheitsrelation‹ in den 1930er Jahren (Heitler verwendet ihn

1976 als Ausgangspunkt seiner Überlegungen), die auf die obere Grenze der physikalischen Bestimmbarkeit hinweist. Diese obere Grenze weist darauf hin, dass eine biotisch qualifizierte Entität wie die Zelle das Funktionieren ihrer konstitutiven Substanzen zu einer Existenz der lebendigen Einheit als einem Ganzen hinführt. Das impliziert, dass die tatsächlichen materiellen Strukturen – neben dieser biotischen Brauchbarkeit – nur in den Blick rücken, wenn die Zelle stirbt: Die materiellen Substanzen haben einfach keine biotische Subjektfunktion.

Neben den vier (physikalischen) makroskopischen Eigenschaften, auf die Trincher (1985, S.336) hinweist, wird die typisch biotisch qualifizierende Funktion der Zelle im physikalischen Aspekt durch die typisch zentrierte Art (d.i. biotisch organisiert) ausgedrückt, in der die Zelle funktioniert. Driesch hat kein Verständnis für die typische Individualität von lebendigen Dingen, weil es – so seine Überzeugung – keinen Unterschied zwischen den materiellen Komponenten mit oder ohne Entelechie gibt. Ferner verabsäumt Driesch, den Einfluss der immateriellen Entelechie auf die materiellen Komponenten der lebendigen Dinge anders als durch den Appell an den physikalischen Aspekt zu beschreiben. Er übersieht die wissenschaftliche Notwendigkeit von modalen Eintrittspunkten (›modal points of entry‹) und zieht es sogar vor, die Entelechie als ein System von Negationen aufzufassen. Entelechie lässt sich demnach nicht positiv erfassen, denn sie ist unräumlich, un-mechanisch, un-teilbar (s. Sinnott 1963; Haas 1968) und un-energetisch (s. Driesch 1931, S.297).

Mittels der Theorie des enkaptisch-strukturellen Ganzen lässt sich diese Frage in einem anderen Kontext stellen. Erstens bietet diese strukturelle Theorie eine eigene Perspektive auf die diversen Ansichten der organischen Chemie und der Biochemie. Im Wesen der Dinge transzendieren die Seinsstrukturen und deren Verflechtungen jede besondere wissenschaftliche Perspektive. Wenn die organische Chemie von einer physiko-chemischen Perspektive aus das Wesen der Molekular- und Kristallstrukturen untersucht, heißt das noch lange nicht, dass sich das biotisch gerichtete Wesen einer Zelle auf diese reduzieren lässt. Neben den Exkretionsprodukten einer lebendigen Zelle werden viele Substanzen produziert, die regulatorische, induktive, organisierende oder katalytische Funktionen haben, ohne dass diese Substanzen äußerlich ausgeschieden werden. Der Versuch, die Struktur solcher Substanzen aufzudecken, wird heute gewöhnlich von Biochemikern unternommen. Aber diese Substanzen fallen in den Forschungsbereich der organischen Chemie, weil sie eine physikalisch direktive Funktion als makromolekulare Strukturen beibehalten. Bedenkt man beispielsweise die Untersuchung der chemischen Struktur von Enzymen – was als die distinkte Eigenschaft der Biochemie gilt –, dann muss man sagen, dass diese eigentlich in den Bereich der organischen Chemie fällt. Die Biochemiker würden dieser Ansicht wahrscheinlich heftig widersprechen, weil sie nicht deutlich zwischen der Struktur der erwähnten materiellen Elemente in der Zelle und deren biotisch gerichteten Funktionen unterscheiden.

Wie die physiko-chemische Substrukturen des lebendigen Zellorganimus sind diese materiellen Baublöcke, die sich in der Zelle finden lassen, nicht vollständig in sich erschöpft (›self-enclosed‹), weil sie vollständig offen, dynamisch und labil sind, weil sie für die subjektive biotische Funktion des lebendigen Organismus dienstbar gemacht sind. Und es sind diese biotisch erschlossenen und gerichteten physikalischen Funktionen der Substanzen in der Zelle, auf die die Biochemie ihren Untersuchungseifer richten sollte. Die typisch metabolische Funktion der Zelle kommt sicherlich an der Fundierung ihrer physiko-chemikalischen Konstitutionssubstanzen vor, aber kann nichtsdestotrotz nicht von ihrer Gerichtetheit auf den qualifizierenden biotischen Aspekt hin abgetrennt werden.

Weil die molekulare und kristalline Struktur selbst schon die Form des enkaptisch-strukturell Ganzen zeigt, behandeln wir in diesem Fall eine komplexe enkaptische Form. Die Seinsstruktur der Zelle stellt eine einseitige enkaptische Fundierungsbeziehung dar: Ohne physiko-chemische Konstitutionssubstanzen gäbe es keine lebendige Zelle. Noch einmal: die Rede von der Molekularbiologie oder von Bio-Molekülen ist ein Selbstwiderspruch, weil beide Ausdrücke suggerieren, dass die physikalisch qualifizierten Entitäten gleichzeitig eine interne, biotisch qualifizierte Funktion aufweisen. Die biochemische Konstellation fängt dementsprechend genau dort an, wo sich der Fokus von der molekularen oder kristallinen Struktur der organischen Substanzen zu den tatsächlich biotisch erschlossenen und gerichteten Funktionen dieser Substanzen verschiebt. In der biochemischen Konstellation wird der wesentliche Charakter der sog. organischen Substanzen weder aufgehoben noch ausgeschlossen, weil sie nur enkaptisch (i.e. durch die Retention von deren internen physiko-chemischen Struktur) für die typischen biotischen Funktionen der Zelle brauchbar gemacht werden.

Die Enthüllung der organischen Chemie, die die Biochemie als eine unabhängige Disziplin in der enzyklopädischen Kohärenz aller Wissenschaften platziert, gesteht gleichzeitig auf einzigartige Weise die philosophische Abhängigkeit dieser Wissenschaft ein, weil nur in einer geschlossenen wechselseitigen Interaktion mit der organischen Chemie die Biochemie ihre Aufgaben tatsächlich erfüllen kann. Auf die gleiche Art und Weise, in der die physiko-chemische Struktur der Konstitutionssubstanzen für ihre enkaptische (i.e. biotisch gerichtete) Funktionen grundlegend sind, sollte die organische Chemie für die Biochemie grundlegend sein, die ihre Aufmerksam auf die enthüllte enkaptische Funktionen der Substanzstrukturen richten sollte, die die organische Chemie aufdeckt. Diese Fundierungsbeziehung bestätigt die enge Verflochtenheit von Struktur und Funktion der Konstitutionssubstanzen von lebendigen Dingen.

Innerhalb des Kontextes der geordneten (zentrierten) Zellstruktur finden wir dennoch (von einer biotischen Perspektive aus) die verschiedenen Organe (Organellen), die wirkliche Teile eines lebendigen Ganzen sind. Weil die Zelle aus unlebendigen materiellen Komponenten aufgebaut ist, lässt sich nicht einfach feststellen, dass die Organellen Teile der Zelle sind. Um auf die biotische Subjektivität der Zelle hinzuweisen, gebraucht Dooyeweerd den Begriff ›Zellorganismus‹ (›cell organism‹). Mit anderen Worten: Die verschiedenen Organe der Zellen sind alle Teil des Zellorganismus. Die unterschiedlichen Organellen existieren nur auf der Basis der physiko-chemischen Konstitutionssubstanzen – darin liegt die Bedeutung der einseitigen, enkaptischen Fundierungsbeziehung.

Der Zellorganismus ist daher eine spezifisch biotisch qualifizierte Struktur, die nur auf der Basis von enkaptisch gebundenen physiko-chemischen Konstitutionssubstanzen existieren kann. Weil diese Substanzen selbst nicht biotisch qualifiziert sind, aber nichtsdestotrotz in der lebendigen Zelle funktionieren, sind wir zur Unterscheidung eines strukturellen Trios gezwungen, um die komplexe Struktur der lebendigen Zellen zu erklären.

(i) Erstens gibt es physiko-chemisch qualifizierte Konstitutionssubstanzen, die selbst bereits enkaptisch-strukturelle Ganzheiten darstellen.
(ii) Zweitens begegnet man dem lebendigen Zellorganismus als eine biotisch qualifizierte Substruktur, die nur auf der Basis der enkaptisch gebundenen substrukturellen Substanzen funktioniert.
(iii) Schließlich finden wir den Zellkörper als strukturellen Knoten, der enkaptisch die beiden genannten Substrukturen umfasst.

Obwohl der Zellorganismus in allen seinen Artikulationen lebt, kann er unmöglich ohne die enkaptisch enthaltenen Substanzen existieren. Er lässt sich auch ausschließlich in der enkaptisch-strukturellen Ganzheit des Zellkörpers erkennen. Weil der Zellkörper als enkaptisch-strukturelles Ganzes notwendigerweise auch die unlebendigen Substanzen enkaptisch umfasst, ist die Zelle nicht vollständig *lebendig*. In Pflanzenstrukturen ist der lebendige Organismus nur eine qualifizierende Substruktur des lebendigen Zellkörpers, der in einer einseitigen Fundierungsbeziehung mit seiner molekularen Substruktur existiert.

An diesem Punkt angelangt, müssen wir wieder klar zwischen der Theorie des enkaptisch-strukturellen Ganzen und dem traditionellen universalistischen Schema des Ganzen und seinen Teilen unterscheiden. Nur mit Hinblick auf den Zellorganismus lässt sich von einer wirklichen biotisch qualifizierten Ganze-Teile-Beziehung sprechen (der ganze Zellorganimus, der in seiner typischen strukturellen Zentriertheit unterschiedliche Sub-Organe hat). Physiko-chemische Konstitutionssubstanzen, die niemals biotisch qualifiziert werden können, sind daher nicht solche Teile des biotisch qualifizierten Zellorganismus. Es bleiben nur enkaptisch gebundene Bestandteile in den tatsächlichen Teilen. Die makromolekularen und quasi-kristalline Substrukturen bleiben physiko-chemisch qualifiziert und sind als solche eben nicht lebendig. Nichtsdestotrotz sind solche Substanzstrukturen im Zellkörper vorhanden, weil der Organismus ohne sie nicht leben kann.

Viertes Kapitel
Bemerkungen über die Mysterien des menschlichen Daseins

Einleitende Bemerkungen[1]

Im vorigen Kapitel habe ich einige Probleme im Zusammenhang mit evolutionstheoretischen Theorien über die Entstehung des Lebens behandelt und bin dabei insbesondere auf die postulierten evolutionären Übergänge zwischen dem Unbelebten und dem Lebendigen eingegangen. Dieser Übergang ist sicherlich für das Bild, das die Evolutionstheorie vom Menschen als Erweiterung des Tierreiches zeichnet, gleichermaßen schwierig wie wichtig. Um den Ursprung der ersten lebendigen Entität zu erklären, wird ein ›Sprung‹ postuliert, der genauso groß ist wie der von einzelligen Lebensformen hin zum Menschen.

»The origin of life and the origin of man are, understandably, among the most challenging and also most difficult problems of evolutionary history.« (Dobzhansky 1967, S.459)

In letzter Zeit wird die Verbindung zwischen der molekularen und der menschlichen Ebene einmal mehr durch die Entwicklungen jener Studien betont, die das Verhältnis vom Menschen zum Menschenaffen zum Gegenstand haben (s. Chiarelli 1985; Schwartz 1985).

Zur Kontinuitäts- bzw. Diskontinuitätsproblematik

Die gewaltigen Unterschiede zwischen den verschiedenen ›Ebenen‹ der evolutionären ›Pfade‹ scheint so beeindruckend zu sein, dass viele Evolutionisten dazu tendieren, statt für eine einfache gradualistische Perspektive zu plädieren einen besser artikulierten ›emergentistischen‹ Ansatz zu unterstützen. Th. Dobzhansy (1967, S.44) führt einen Begriff ein, den er von Paul Tillich entlehnt – den Begriff der ›evolutionären Transzendenz‹.

---

1 Im Folgenden lassen wir die sogenannten moralischen Fragestellungen beiseite – der Ansicht folgend, dass sich Menschen nicht prinzipiell von Tieren unterscheiden. Eine Bemerkung von Azar ist ausreichend, um die offensichtliche Inkonsistenz in dieser gegenwärtigen reduktionistischen neo-darwinistischen Position zu verdeutlichen: »In a word, if Ruse sees no fundamental difference between man and other animals, why should he condemn genocide? We certainly slaughter animals every day. If we enjoy filet mignon or fried chicken, why object killing people?« (Azar 1986, S.233)

»The origin of life and the origin of man were evolutionary crises, turning points, actualizations of novel forms of being. These radical innovations can be described as emergences, or transcendences, in the evolutionary process.« (Dobzhansky 1967, S.32; siehe auch S.50)

Vor der Folie dieses Erklärungsansatzes von etwas Neuem in der Wirklichkeitsvielfalt, mutet es (sowie schon erwähnt) etwas überraschend an, wenn Dobzhansky schreibt: »Stated most simply, the phenomena of the inorganic, organic, and human levels are subject to different laws peculiar to those levels.« (Dobzhansky 1967, S.43) Diese Feststellung überrascht, weil sie auch von einem Philosophen stammen könnte, der unsere Überzeugung bezüglich Irreduzibilität teilt. Man kann hier noch einen Schritt weiter gehen und Simpson zitieren:

»Man has certain basic diagnostic features which set him off most sharply from any other animal and which have involved other developments not only increasing this sharp distinction but also making it an absolute difference in kind and not only a relative difference of degree.« (Simpson 1971, S.271)

In diesen Worten spürt man die subtilen Untertöne des emergente Evolutionismus: Obwohl sich der Mensch aus anderen Tieren entwickelt hat, etabliert diese Entwicklung eine »absolute difference in kind«. Dieselbe Annahme steckt in Dobzhanskys Worten über die »different laws peculiar to those levels«. Das wird deutlich, wenn man denjenigen Satz liest, mit dem Dobzhansky seine Gedanken fortführt:

»It is unnecessary to assume any intrinsic irreducibility of these laws, but unprofitable to describe the phenomena of an overlying level in terms of those of the underlying ones.« (Dobzhansky 1967, S.43)

Diese Ausdrucksweise tat sich hervor, als im 19. Jahrhundert gewisse Biologen und Philosophen ihren Geist in der Debatte zwischen Mechanismus und Vitalismus nicht mehr zu Ruhe bringen konnten. Für Passmore (1966, S.269) geht diese Tradition der Emergenz wahrscheinlich auf G.H. Lewis' Arbeit *Problems in Life and Mind* von 1875 zurück. Wenngleich Lloyd Morgan kein Realist ist, setzt er den emergenten Evolutionismus mit seinen *Gifford Lectures* von 1923 *(Emergent Evolution)* und *Life, Mind and Spirit* von 1926 fort. In *Process and Reality* – erstmals 1920 publiziert – wählt A.N. Whitehead auch den Ansatz des emergenten Evolutionismus. Der deutsche Biologe Richard Woltereck setzt diesen emergentistischen Trend in *Ontologie des Lebendigen* (1940) fort, den auch der bekannte deutsche Philosoph der Naturwissenschaften, Bernard Bavinck (s. seine Arbeit von 1954) verwendet. Gegenwärtig hängen dieser Tradition der Systemtheoretiker

E. Laszlo (1971)[2] und der Philosoph und Chemiker M. Polanyi an. Mit den Worten des deutschen Biologen Walter Zimmermann lässt sich diese Idee wie folgt beschreiben:

»Without any doubt organisms today possesses a typical nature distinct from all other [non-living] things in the world. However, this typical nature emerged through evolution.« (Zimmermann 1962, S. 202f)

Einerseits scheinen also die verblüffenden Unterschiede zwischen den klar voneinander trennbaren Seinsarten für diese Denker so beeindruckend zu sein, dass sie diesen durch die Anerkennung von unterschiedlichen Ebenen/Gesetzen Rechnung tragen. Andererseits halten diese Denker an ihrer Überzeugung von kontinuierlichen Ahnenreihen fest. Mit anderen Worten: Sie wollen beides – ›genetische Kontinuität‹ und ›existentielle Diskontinuität‹. Dabei darf man nicht übersehen – ich habe darauf schon hingewiesen –, dass sich einige von ihnen dieser Spannung durchaus bewusst sind – wie beispielsweise Woltereck (1940, S.300ff) und Polanyi[3], der die Frage formuliert: »How can the emergent have arisen from elements that cannot constitute it?« (Polanyi 1969, S.393)

Obgleich ich bereits ausgeführt habe, dass das biologischen Denken des 20. Jahrhunderts von verschiedenen Tendenzen durchwaltet ist, die sowohl die Evolutionisten als auch die Nicht-Evolutionisten umfassen, sind die Neo-Darwinisten nicht dazu bereit anzuerkennen, dass es einen alternativen Ansatz gibt. In der Einleitung zur Frage der Fortschritte in der *Hominid Evolution*, in dem die Beiträge einer internationalen Konferenz zu diesem Thema gesammelt sind, stellt Tobias fest:

»This is perhaps a good moment to reaffirm that nothing in human biology makes sense except in the light of the evolutionary concept. To speak of the concept or hypothesis or theory of evolution is, in turn, often seized upon by anti-evolutionists as a sign of weakness in the evolutionary doctrine. Evolution, they are liable to declare, in only a theory. Thereby, of course, they are betraying their ignorance of the way is which science works – by creating of hypotheses, the testing of them and the refuting or confirming of them. This approach, which is the essence of the scientific method, is no sign of weakness; it is surely the very strength of science.« (Tobias 1985, S.iv)

Offensichtlich ist sich Tobias nicht der Tatsache bewusst, dass er der heute überholten neopositivistischen Wissenschaftstheorie anhängt und die Revolutionen

---

2 Dass Laszlo direkt von Lloyd Morgan, S. Alexander und A.N. Whitehead beeinflusst wurde, zeigt Pretorius (1986, S.29-37).
3 Man sollte hier doch darauf hinweisen, dass die Analysen von Polanyi 1967 und 1968 dieselbe ›emergentistische‹ Ambiguität zeigen. Mit Bezug auf Polanyi und Laszlo schenkt auch Hart dieser Problematik Beachtung. »If orders of kind are irreducible, can things or certain kinds still arise from things of other kinds?« (Hart 1984, S.121)

ignoriert, die auf diesem Gebiet seit den 1960er Jahren stattgefunden haben. Es ist vielleicht nicht weit hergeholt, die Anhänger der Evolutionstheorie mit ihrer fundamentalen Betonung von Veränderungen auf die weit reichenden Veränderungen in der Wissenschaftsphilosophie in den letzten Dekaden hinzuweisen, die sich in den Arbeiten von Popper (hier schon in den 1930er Jahren), Toulmin, Polanyi, Kuhn, Lakatos, Feyerabend, McMullin, Stegmüller und anderen widerspiegelt.

An dieser Stelle der Diskussion angelangt, muss man folgende Frage stellen: Wenn das menschliche Wesen als Erweiterung (und Höherentwicklung innerhalb) des Tierreiches angesehen wird, wie behandelt man dann die distinkten Eigenschaften des menschlichen Wesens? Oder handelt es sich dabei gar nicht um distinkte Eigenschaften? Zunächst sollten wir die vorhandene fossile Datenlage behandeln, die mit der postulierten evolutionären Deszendenz des Menschen in Zusammenhang gebracht wird. Danach wenden wir uns den prominentesten Kandidaten unter den einzigartigen menschlichen Eigenschaften zu.

Sind die fossilen Funde schlüssig?

Als Raymond Dart 1925 die Entdeckung eines Taung-Kinderschädels bekannt gab und als Australopithecus africanus bezeichnete, gewann ein neues Bild vom Ursprung des Menschen Gestalt. Für einige Zeit aber verkomplizierte die Falschmeldung von Piltdown die Sachlage. In einer Kiesgrube in Sussex (Downs of England) zwischen 1908 und 1913 gefunden, zeigt er – mit den Worten von Tobias (1985a, S.37) – »the astonishing combination of a large-brain cranium, or rather modern aspect, with an ape-like jawbone (now known to have belonged to an orangutan [...]) and lower canine tooth. As long as Piltdown was accepted as genuine and considered an ancient human precursor, it was impossible to accept that Australopithecus was ancestral to man.« Es lässt sich hier natürlich anmerken, dass die Geschichte über den Piltdown-Menschen nicht ein sehr gutes Licht auf die Vertrauenswürdigkeit der Evolutionstheoretiker wirft (s. Weiner 1955). Während der 1920er Jahre wurden starke Behauptungen über das Zusammengehören des Schädels mit dem Kiefer aufgestellt (wie durch den Anatomiker und Anthropologen Arthur Keith und von George G. MacCurdy von der Universität Yale). Diese Fälschung zeigt einfach, dass evolutionäre Autoritäten Fantasien darüber entwickeln, was sie zu finden wünschen, und dabei ignorieren, was sie nicht erkennen wollen – doch das sieht Tobias überhaupt nicht. Er stellt vielmehr fest: »When the hoax had been perpetrated more than 40 years earlier, its features had been *in conformity with* the then fixed ideas about human evolution.« (Tobias 1985a, S.38) Wenn aber in einer bestimmten Phase eine Fälschung zu den ›damals feststehenden Ideen‹ passt, wie sicher können wir dann in einer anderen, späteren Phase sein, dass wir nicht Opfer einer theoretischen Fälschung sind, die dann bekannte Fossile als passend interpretiert?

In den frühen 1950er Jahren verschwanden – so Tobias – beinahe alle Hindernisse für die Akzeptanz des Australopithecus, weil er ziemlich universell als ein Mitglied der Hominiden akzeptiert wird, »and as a genus, one of more whose species were on the direct lineage of modern man« (Tobias 1985a, S.38). In den 1950ern und 1960ern bedeutete das, dass die Evolutionslinie ihren Ausgang bei den Australopithecinen nimmt und über den Java- und Peking-Affenmenschen (klassifiziert als zum Homo erectus gehörend) zum Homo neanderthalensis und zum *Homo sapiens* führt (s. Le Gros Clark 1964, S.168). Während der 1960er und frühen 1970er Jahre entdeckte L.S.B. Leakey, der gemeinsam mit seinem Sohn Richard nahe am Rudolph-See in Ostafrika arbeitet, eine neue Spezies – den Homo habilis[4]. Die Ähnlichkeiten mit modernen[5] Menschen veranlassten Leakey (1970, S.172), den Homo erectus als Ahne des Menschen zurückzuweisen. Gleichzeitig argumentiert er, dass man die Australopithecinen nicht als Ahnen für den Homo habilis ansehen kann, weil sie größtenteils Zeitgenossen waren.[6]

Der vielleicht bemerkenswerteste Fund in dieser Kategorie ist ein Schädel, der im Nationalmuseum von Kenya unter der Nummer 1470 registriert ist. Schließlich hat man den Schädel als zu einem Homo habilis gehörend bestimmt (s. Henke & Rothe 1980, S.95).

»After this careful reconstruction, it is the most complete specimen of its type: its cranium and face are virtually intact, but the lower jaw (the mandible) is missing.« (Leakey & Levin 1978, S.52)

Gemäß der Beschreibung dieses Exemplars im bekannten Magazin *National Geographic* (Juni 1973) durch Richard Leakey, der dessen Alter auf 2,8 Millionen Jahre schätzt[7], »[it] leaves in ruins the notion that all early fossils can be arranged in an orderly sequence of evolutionary change. It appears that there were several

---

4 Diesen Namen schlagen 1964 Leakey, Tobias & Napier vor. Mit ›habilis‹ wollen sie zum Ausdruck bringen, dass diese Kreatur nicht nur besser ausgestattet und besser angepasst als die Australopithecinen in Bezug auf Werkzeuge war, sondern selbst fähig, Werkzeuge aus Steinen herzustellen.
5 Die vielen Unterschiede, die den Australopithecus und den Homo habilis vom Homo sapiens trennen, werden ausführlich von Henke & Rothe (1980, S.80ff) beschrieben. Um die Zurückweisung von Le Gros Clark bezüglich der Klassifizierung des Homo habilis getrennt von der Gattung Australopithecus zu begegnen, müssen Leakey, Napier & Tobias eine neue Definition der Gattung Mensch einführen, die die Kopfkapazität als definierende Eigenschaft des Menschen zurückweist (s. Leakey & Goodall 1970, S.161).
6 Hier sollte nicht unerwähnt bleiben, was T.C. Bromage (1985, S.243) erwähnt, nämlich dass »the teeth of Australopithecus resemble the great apes more closely than modern Homo«.
7 In einer später erschienen Arbeit schätzt Leakey & Levin (1978, S.53) den Schädel Nr. 1470 auf »close to two million years«.

different kinds of early man, some of whom developed larger brains than had been supposed« (Leakey 1973, S.819).[8] Wenn man nicht den Schädel Nr. 1470 in Betracht zieht, scheint es für eine nicht geringe Zahl von Paläontologen vernünftig zu sein, eine Linie von den Australopithecinen über den Homo habilis zum Homo sapiens zu ziehen.[9]

Als ich die von Tobias 1985 in Südafrika organisierte Konferenz über die menschliche Evolution betrachtete, war es für mich doch erstaunlich, dass keiner der Teilnehmer die Arbeiten von Leakey erwähnte oder sich auf den Schädel Nr. 1470 bezog. Lag das an Leakeys Interpretation, die eine Verbindungsmöglichkeit zwischen den Australopithecinen mit der menschlichen Linie unmöglich macht? Denn für Leakey & Levin (1978, S.50) handelt es sich ja um Zeitgenossen. Darüber hinaus verlegt er den angenommenen gemeinsamen Vorläufer 14 Millionen Jahre zurück (Kenaypithecus wickeri – nahe Fort Kernan in Ostafrika gefunden), der den Ausgangspunkt für zwei Entwicklungen zeigt: (i) die eine führt zum Homo sapiens, während (ii) die andere (die Australopithecinen eingeschlossen) aussterben (s. Leakey 1973, S.829).

Obwohl der Schädel Nr. 1470 aktuell als ein Typus des Homo habilis betrachtet wird (s. Henke & Roth 1980, S.95), bleibt doch unklar, was diese relative Verwandtschaft zwischen ihm und den modernen Menschen bedeutet. In einem WEB-Artikel, in dem der Status des Homo habilis diskutiert wird, wird festgehalten, dass »although 1470 is usually placed in the genus Homo, it is definitely not a modern human« (see Homo habilis finds 1997. WEB site: [http://www.talkorigins.org/faqs/homs/a_habilis.html] (04/28/1997). Dieser Artikel bezieht sich auf die These von Leakey (1973), dass der Oberkiefer und die

---

8 Bemerkenswerter Weise haben die aufgerichteten Formen wie der Java- und der Peking-›Affenmensch‹, die auf eine Million Jahre geschätzt werden, eine ähnliche Schädelkapazität wie der Schädel Nr. 1470. Dieser ist allerdings nicht nur viel älter als die erectus-Formen, sondern seine morphologischen Eigenschaften ähneln viel mehr dem Homo sapiens. Das Schädelvolumen des Schädels Nr. 1470 beträgt 800ccm, diejenigen der erectus-Formen varrieren zwischen 700ccm und 1100ccm. Die frühesten Formen des Homo habilis weisen 650ccm auf, während das der Australophitecinen bei 500ccm liegt. Es sollte auch angemerkt werden, dass dem Schädel Nr. 1470 der für den Homo erectus charakteristische Augenbrauenkamm fehlt – was eine größere Affinität zum Homo sapiens nahe legt. Der Schwarze Schädel (s. Faul 1986, S.10) wirft, so Leakey, »cold water on the notion that as recently as 3 million years ago there was only one species (of early man) which gave rise to the others«. Die Hirngröße dieses neuen, extrem primitiven Hominidenschädels ist nicht größer als die eines heutigen Affen und weniger als ein Drittel des menschlichen Hirns – tatsächlich die kleinste Hirngröße, die man jemals an einem Hominiden feststellen konnte.

9 McHenry (1985, S.222) behauptet, dass gemäß 19 Eigenschaften der Australopithecus afarensis dem Homo habilis näher als irgendeiner anderen Spezies des Australophitecus und dass »this species of Australopithecus is the immediate ancestor of Homo« (s. Abbildung 2 von Clark 1985, S.75).

Gesichtsregion »unlike those of any known form of hominid« sind. Es finden sich in diesem Artikel weiters die Feststellungen einerseits von Brace (1979), dass »ER 1470 retained a fully Australopithecus-sized face and dentition«, und andererseits von Cronin (1981), dass KNM-ER 1470 »like other early Homo specimens, shows many morphological characteristics in common with gracile australopithecines that are not shared with later specimens of the genus Homo«. Es wird dann damit fortgefahren, die aktuellere Bewertung von Walker & Shipman (1996) zu zitieren: »Ignoring cranial capacity, the overall shape of the specimen and that huge face grafted onto the braincase were undeniably australopithecine.« Obwohl der Autor dieses WEB-Artikels einräumt, dass that »[s]orting out the exact relationships of these fossils is very difficult«, so ist er doch davon überzeugt, dass die verschiedenen Funde des Homo habilis, die zur Diskussion stehen, ähnlich sind »with a mixture of Homo and Australopithecus features.« Und er behauptet: »[T]here is no ›significant gap‹ separating 1470 from the others.«

Sonderbarer Weise wird in dieser strittigen Frage von unerwarteten Seite folgende Sicht der Dinge eingebracht. Um diese Information in ihrem Wert zu erkennen, müssen wir uns daran erinnern, dass die künstlich geschaffene Kategorie der Proto-Hominiden die vermeintlich auf Bäumen lebenden Ahnen der Menschheit beschreiben soll – wie Zeitlin (1984, S.17) schreibt: »The proto-homonoids were predominantly tree dwellers.« Aus dieser Annahme scheint quasi ›natürlich‹ zu folgen:

»The single most important condition that accounts for the beginning of this process is the fact that they were forced to leave the trees and to make their way permanently on the ground.« (Zeitlin 1984, S.18)

Vor einigen Jahren kam der holländische Paläontologe Fred Spoor, der im speziellen an der Annahme interessiert ist, dass die menschlichen Ahnen von den Bäumen herabstiegen und dann eine aufrechte Haltung einnahmen, zu der ziemlich zurückhaltenden Überzeugung, dass wir schlicht nicht wissen, was damals vorgefallen ist.

Gemeinsam mit der Expertise eines Hals-, Nasen-, Ohrenspezialisten und auf der Basis der CT (Computer Chromotografie)-Technik von Wind & Zonneveld, startete De Brugh seine Untersuchungen über das Gleichgewichtsorgan, das ja ca. drei Zentimeter innerhalb des menschlichen Ohrs liegt. Es besteht aus halbkreisförmigen Kanälen, die mit von Membranen zusammengehaltenen Flüssigkeiten bestehen. Jede Bewegung des Kopfes wird durch die Nervenzellen registriert, die diese Informationen des Gleichgewichtsorgans an jene Muskel weiterleiten, die die aufrechte Haltung des Kopfes kontrollieren. Im Falle des Menschen sind die beiden vertikalen Kanäle groß – die aufrechte Haltung des menschlichen Körpers vorausgesetzt –, während der horizontale Kanal klein ist. Weil die Untersuchung auch an fossilen Funden möglich ist, zog sie einiges Interesse auf sich, weil man mittels dieser Methode zu Informationen gelangen kann, die den Paläontologen ansonsten verborgen bleiben.

Spoor und sein Freund statteten auch Südafrika einen Besuch ab, wo die CT-Methode an einem Exemplar eines Homo habilis angewandt wurde, der in Sterkfontein gefunden wurde. Das Resultat ist eindeutig: Das Labyrinth dieses Typs ist durch einen außergewöhnlich großen horizontalen Kanal charakterisiert, womit klar gestellt ist, dass dieser Typ von Homo habilis nie aufrecht ging. Die Untersuchungsergebnisse des Labyrinths deuten eher darauf hin, dass der Homo habilis nicht mehr oder weniger zweifüßig als der Australophitecus war; seine Struktur gleicht mehr derjenigen von Gibbons oder Menschenaffen, ist aber in keinem Fall menschlich (s. De Brugh 1995, S.21).

Um diese Probleme scheinbar zu überwinden, haben einige Gelehrte ihre Aufmerksamkeit detaillierter auf die (erwähnte) mögliche Etablierung einer Beziehung zwischen Menschen und deren angenommenen Verwandten auf der Basis von molekularen und chromosomalen Beweisen gerichtet. Doch auch hier gibt es ernsthafte Schwierigkeiten. Für Schwarz (1985, S.268) belegen die chromosomalen Phylogenien und einige molekulare und chromosomale Evidenzen die Beziehung zwischen Mensch und Orangutan – eine Perspektive, die für ihn auch mit der Morphologie zusammenpasst. Schwartz' Analysen zufolge kommt es also zu einer Differenzierung der Hominiden in Mensch/Orangutan und Schimpanse/Gorilla (s. Schwartz 1985, S.268). Im selben Band schließt allerdings Chiarelli aus einer Abbildung, in der die Anzahl und Typen der Chromosomenmutationen im Karyotyp der unterschiedlichen Affen mit dem Menschen vergleichend gezeigt werden, folgendes:

»The type and number of changes, up to now detected, demonstrate that the orangutan is the most conservative and the most unrelated to man, among apes, while the African apes (especially the chimpanzee) share a number of derived changes with the human karyotype.« (Chiarelli 1985, S.400)

Da sich diese beiden Wissenschaftler auf verschiedene Forschungen beziehen, sind ihre Schlussfolgerungen auch genau entgegengesetzt. Der erste sieht eine Verbindung zwischen Mensch und Orangutan, wobei er den Schimpansen als Kandidaten ausdrücklich zurückweist; und der zweite sieht eine Verbindung zwischen Mensch und Schimpanse.

Immun-biologische Beweise (Untersuchungen an Blutantigenen) und Proteinhomologien bieten einen anderen indirekten Weg, Menschen und Tiere miteinander in Beziehung zu setzen. Nichtsdestotrotz führen sowohl die direkte als auch die indirekte Methode der Analyse und des Vergleichs zu dem, was Henke & Rothe als ›Ähnlichkeiten-Phänogramm‹ bezeichnen.

»Since biochemical analyses do not provide the time factor necessary for any construction of a phylogenetic tree, all attempts until now, trying to establish phylogenetic trees on the basis of biochemical evidence, are not satisfactory in view of the numerous and not yet proven presupposition made in connection with the tempo of evolution in the molecular field.« (Henke & Rothe 1980, S.17)

Neuere Studien, in denen die menschliche DNA mit derjenigen von Anthropoiden verglichen wurde, zeigen eine Übereinstimmung, die bisweilen mehr als 99% beträgt (wie beim Schimpansen). Die Situation stellt sich also wie folgt dar: Wenn es wirklich große und wichtige Unterschiede zwischen Anthropoiden und Menschen gibt und wenn deren jeweiligen DNA-Strukturen nahezu identisch sind, dann sollte man doch den Schluss ziehen, dass diese gewaltigen Unterschiede nicht durch die DNA-Strukturen zu erklären sind.

Es gibt bekannte und einflussreiche Gelehrte, die die Arbeit mit dem genetischen Code in der Paläontologie und bei der Konstruktion von Abstammungslinien überhaupt ablehnen. Schindewolf (1969, S.69) stellt fest, dass sich die Einführung des genetischen Denkens in der Paläontologie nicht rechtfertigen lässt, weil schlicht alle notwendigen Vorannahmen fehlen. Er weist auch Simpsons Annahme einer ›quantum evolution‹ (explosive Entwicklung) zurück, weil es keine Gewissheit über die adaptiven Zonen oder die ›Alles-oder-nicht-Reaktionen‹ (ebd.) gibt. Der springende Punkt bei der Darstellung dieser Fakten und dieser divergierenden Meinungen liegt darin, dass es extreme Schwierigkeiten und Probleme bei der Erstellung eines kohärenten und rational rechtfertigbaren Bildes des menschlichen Ursprungs gibt, selbst wenn man die Annahmen des Neo-Darwinismus akzeptiert. Dass theoretische Vorannahmen Teil der paläontologischen Wissenschaft und der Konstruktion von phylogenetischen Bäumen sind (s. hierzu die Analyse des radikalen Gegensatzes zwischen Simpson und Schindewolf in Green 1974, S.130), wird von Schwartz im Abschlussparagrafen des bereits erwähnten Artikels explizit eingeräumt.

»Sophisticated technology does not provide more accurate phylogenies than conventional means. Phylogenetic interpretation is ultimately a reflection of the theoretical predisposition of the investigator.« (Schwartz 1985, S.268)

Der Biologe P. Overhage geht noch einen Schritt weiter und betont, dass eine derart wesentliche und eindringliche Frage wie die nach dem Ursprung des Menschen in die Sphäre unseres Lebens und unserer Weltsicht reicht. Daher sind die Antworten auf Fragen wie diese notwendigerweise durch nicht-wissenschaftliche Vorannahmen und Vorentscheidungen mit bestimmt. Besonders die Naturwissenschaftler führen viele mit der viel gerühmten ›Objektivität‹ und ›Vorurteilsfreiheit‹ in die Irre, wenn sie andere, alternative Konzeptionen der Evolution als vorwissenschaftlich geprägt anklagen. Aber diese Überzeugungen machen es für diese Wissenschaftler so schwierig einzusehen, dass meistens das Gegenteil der Fall ist. Die vielen divergierenden Interpretationen der Fossilienfunde und die vielen Differenzen in der Bewertung von phylogenetischen Kohärenzen – was sich am besten an den Ahnenreihen zeigt – lassen sich nicht ausschließlich in den Begriffen der gegenwärtigen Sachlage erklären – A. Meyer (1964, S.113; s. auch S.59f) wertet »all these phylogenetic trees« als »pure idealistic constructions« ab. Vielmehr appellieren die Theorien an grundlegende Überzeugungen und Annahmen, die die Theoriekonstruktion als zu Grunde liegende philosophische und lebensweltliche Einstellung und als die Tradition der jeweiligen Wissenschaftstradition beeinflussen (s. Overhage 1959, S.287).

Um diesen Standpunkt zu illustrieren, seien einige Differenzen in Bezug auf den Homo habilis angeführt. Clarke (1985, S.296) postuliert nachdrücklich, dass »all indications are that Homo habilis probably developed into Homo erectus some time before 1,5 million years«. Für Jelínek (1985, S.345) aber liegt der Unterschied zwischen Homo sapiens und Homo erectus nicht auf dem Artenebene, sondern auf der Subartenebene – was impliziert, dass der korrekte Namen Homo sapiens erectus lauten sollte.

»The separation between *Homo sapiens* and *Homo erectus* vanishes. The authors propose that all populations from the Far East, Africa and Europe, currently referred to as *Homo erectus*, should be considered *Homo sapiens*.« (Aguirre & Rosas 1985, S.328)

Eine der entscheidenden Fragen lautet: Ist es tatsächlich möglich, sich auf die anatomischen und morphologischen Studien zu verlassen, um die Unterschiede zwischen den Menschen und deren angenommenen Vorfahren zu erklären?[10] Es passiert häufig, dass man im Vorhandensein von Werkzeugen Zuflucht sucht, um die menschliche Natur der Fossilienfunde zu bestimmen. Aber wenn man die archäologischen Beweise als eine Hilfe für die Interpretation der Fossilienfunde ansieht, befindet man sich dann noch immer im Rahmen der Paläo-Biologie? Schindewolf (1969, S.67) warnt den Paläontologen davor, die technischen und kulturellen Leistungen des Menschen zu ignorieren, weil er sonst den biologischen Blickwinkel verlässt. Scheinbar ohne zu bemerken, dass sie die Grenzen der biologischen Forschung überschreiten, tendieren einige Gelehrte – wie der Archäologe Narr (1959, S.393) – dazu, trotz eines naturwissenschaftlichen Ansatzes die Linie zwischen Menschen und Tieren aufgrund von Anzeichen von kultureller Aktivität zu ziehen.

Um zu einem besseren Verständnis des menschlichen Ursprungs zu gelangen, empfiehlt der Schweizer Biologe Portmann, die ungerechtfertigte und unbe-

---

10 Wir sollten die verblüffende Zirkularität nicht unerwähnt lassen, die sich in den Argumenten einiger Evolutionisten finden, die die Existenz eines bestimmten Organs hinsichtlich dessen selektiven Werts ›beweisen‹. Gehlen (1971, S.124) weist darauf hin, dass die Nützlichkeit jeder existierenden menschlichen Fähigkeit als Beweis für ihren selektiven Wert gelten kann. Die Existenz dient als Beweis, anstatt zu zeigen (wie eigentlich ins Auge gefasst), dass eine spezifische Fähigkeit als Resultat ihres selektiven Wertes auftritt.

wiesene Annahme aufzugeben, dass die menschliche Spiritualität ein spätes Phänomen in der Entwicklung des menschlichen Körpers ist. Wenn diese Annahme allerdings zurückgewiesen wird und das menschliche Wesen in seiner Totalität bedacht wird, tritt die Distanz zwischen Mensch und Tier in seiner ganzen Größe hervor (s. Portmann 1965, S.57f). Dem sollte man anfügen, dass Portmanns eigene Untersuchungen über die ontogenetische Einzigartigkeit des Menschen durch die Überzeugung geleitet sind, »that which can be biologically be grasped is essentially co-determined by those aspects of humankind, which have to be investigated with methods different from those employed by the experimental biologist« (Portmann 1969, S.23f). Auch für den Anthropologen Gehlen (1971, S.13) dient eine Gesamtsicht auf den Menschen, die den leitenden philosophischen Gesichtspunkt seiner Forschung ausmacht. Diese Gesamtsicht lässt sich nicht aus der Perspektive irgendeiner Spezialwissenschaft ableiten. In einem seiner frühen Werke zeigt P. Overhage eine ähnliche Sensibilität:

»Die gesamte Ursprungsfrage kurzerhand auf die rein biologisch-körperliche (morphologisch-anatomische) Seite zu reduzieren, zeugt von einer erschreckend einseitigen Betrachtung und bedeutet eine regelrechte Versimpelung des gesamten abgründigen Problems.« (Overhage 1959a, S.5) »[...] Keine Theorie, die Anspruch auf wissenschaftliche Geltung macht, darf aber das Ungeheure eines solchen Geschehnisses, wie es im Ursprung des Menschen verborgen liegt, durch leere Worte verdecken.« (ebd., S.11)

Weisen Werkzeuge distinkte Eigenschaften auf?

Ursprünglich galt der Mensch als die einzige Kreatur, die Werkzeuge benutzen kann. Seit sich herausstellte, dass auch Tiere Werkzeuge verwenden können, betont Overhage (1973, S.359) die menschliche Fähigkeit Werkzeuge herzustellen. Wie schon erwähnt, wurde der Name Homo habilis eingeführt, um die doppelte Fähigkeit der Werzeugverwendung und Werkzeugherstellung zu bezeichnen (s. Gieseler 1974, S.486). Obwohl Y. Coppens den Versuch unternimmt, die ältesten Steinwerkzeuge von Omo den Australopithecinen zuzuschreiben, stellt sich für Jelínek (1985, S.343) die Situation als völlig unklar dar (s. auch Clarke 1985, S.287). Für Coppens (1985, S.343) akzeptieren Archäologen, dass die Steinwerkzeuge bis zu zwei Millionen Jahre alt sein können – oder sogar 2,6 Millionen Jahre (s. Narr 1974, S.107). Frühe Acheulean Artefakte, die möglicherweise ca. 1,6 Millionen Jahre alt sind, werden mit dem Homo habilis assoziiert (s. Clarke 1985, S.297).

Die Beobachtungen von Jane Goodall belegen, dass Schimpansen zwei Arten von Werkzeugen herstellen können.

(i) »They crushed wads of fresh leaves lightly between their teeth to increase their absorbent quality and then dipped such a wad in water to use it as a sponge«;

(ii) »they prepared slim sticks or the stalks of coarse grasses and used these objects to probe into termites' nests. The termits would sieze the intruding objects in their jaws and then be pulled out to be eaten by the chimpanzee.« (Reed 1985, S.90f)

Manchmal präparieren die Schimpansen die Termitenstäbe, bevor sie diese an den Hügeln zum Einsatz bringen – eine Fähigkeit, die bis zu ihrer Entdeckung als ausschließlich menschlich galt. Laut Reed (1985, S.91) bezeichnet gegenwärtig ›Werkzeug‹ schlicht und einfach ein Objekt, das mit einer bestimmten Absicht hergestellt und auf bestimmte Weise verwendet wird.

Aber diese Definition wirft neue Probleme auf. Wenn der Termitenstab ein Werkzeug ist, wieso lässt sich dann nicht auch vom Nest des Schimpansen behaupten, dass es ein Werkzeug ist? Beck macht den Vorschlag, Reeds Werkzeugdefinition in die Richtung hin aufzufassen, dass, um ein Werkzeug zu sein, »an object must be free of any fixed connection with the substrate, must be outside the user's body at the time of use, and the user must hold or carry the tool during or just prior to use.« (Beck 1985, S.92) Reed plädiert für einen neuen Ansatz. Er beginnt mit der physikalischen Ebene, auf der Energie und deren Verwendung die Schlüsselfaktoren sind. Daher dreht er die Bewertung der Werkzeuge um. Statt mit der Reflexion des Menschen und dessen Werk zu beginnen, sollte die evolutionäre Perspektive mit der Reflexion dessen beginnen, was Reed ›primäre Energiefallen‹ (›primary energy-traps‹) nennt – wie die Zellen oder der protoplasmische Teil irgendeines lebendigen Wesens (s. Reed 1985, S.93). Als ›sekundäre Energiefallen‹ sind zu nennen: (a) protoplasmatische Sekretionen, deren Einsatz als Energiefallen außerhalb der Zelle erfolgt (entweder im Körper oder außerhalb des Körpers verwendet); (b) Standorteigenschaften; und (c) die Verwendung anderer Organismen (Symbiose). Als die vierte Art der sekundären Energiefallen werden dann Werkzeuge definiert:

»A tool is a particular kind of secondary energy-trap, an object or a controlled chemical process (fire for example) in the production of which the environment is modified.« (Reed 1985, S.95)

Diese Definition ist ausgesprochen weit gefasst – was sich daran verdeutlichen lässt, dass sogar einzellige Tiere (aus der Protozoenfamilie der Difflugiidae) als ›werkzeugherstellend‹ gelten.

»Yes, one group of one-celled animals make tools, and so do thousands of other kinds of animals; all nests are tools, and so are the burrows produced by physical removal of substrate (alteration of the environment). [...] Tool-making is and has been of two kinds, instinctive and cultural. The latter, the learning anew of tool-making by each individual of each generation, represents the activities of only a few kinds of primates and perhaps elephants.« (Reed 1985, S.96f)

Reed führt die Unterscheidung zwischen ›instinktiv‹ und ›kulturell‹ ein, ohne viel Aufmerksamkeit darauf zu verschwenden, wie ›kulturell‹ definiert ist. Gibt es wirklich keine Kriterien, die tierische von der menschlichen Werkzeugherstellung zu unterscheiden?

Henk Hart vertritt die Überzeugung, dass man eine niedrige Ebene der Kategorie ›Gestaltungskontrolle‹ (›formative control‹) erkennen kann.

»The sensitivity of lower animals found in drive and instinct is opened up in higher animals to conscious and purposively directed behaviours which differ in principle from the mechanical and automated structures of behavior.« (Hart 1984, S.181)

Er belegt diese Ansicht mit dem Hinweis auf Nester, Ameisenhaufen und Biberdämme, »which require skill and control in the moulding and shaping of materials« (Hart 1984, S.179). Um die gestaltenden und formenden Fertigkeiten von Tieren weiter zu erhärten, zählt Hart Beispiele von »resourceful behavior/creative behavior« auf (s. Hart 1984, S.180). Doch Reed vertritt den entgegengesetzten Standpunkt.

»Otherwise all tool-making is instinctive, even the seemingly purposive and complex hive-building by some bees and wasps and dam-building by beavers.« (Reed 1985, S.97)

Hart unterscheidet m.E. nicht hinlänglich zwischen ›sensitiver‹ und ›rationaler‹ Intelligenz einerseits und den in der tierischen und menschlichen Werkzeugherstellung vorhandenen Unterschieden andererseits. Ich werde mich zuerst der ersten Unterscheidung zuwenden. Widmen wir daher unsere Aufmerksamkeit der Einzigartigkeit der menschlichen Werkzeugherstellung.

In der ersten Phase des Paläolithikums (d.i. die Altsteinzeit) sieht Königswald (1968, S.167) die Beweise für eine wirkliche Erfindung. Narr (1973, S.61f; 1974, S.105-107) spricht die Sache deutlicher aus, weil er zwischen drei Kriterien unterscheidet, die typisch menschliche Werkzeuge abgrenzen und qualifizieren:

a) Die nicht vorgegebene Form: Die Art des Werkzeuges ist zumindest in ihren entscheidenden Zügen nicht schon durch die Form des Rohstückes vorgebildet (wie etwa bei einem Stock, der nur von hinderlichen Verästelungen und Blättern befreit wird); vielmehr wird das Endprodukt gewissermaßen in der ›Hülle‹ des rohen Steins gesehen, d.h. von der sinnlich vorgefundenen wird auf die ›herauszuholende‹ Form abstrahiert.

b) Die nicht vorgegebene Funktion: Die Werkzeuge sind keine Organprojektionen, keine Steigerung, Verstärkung oder Verlängerung von Körperorganen (wie etwa der Schlagstein eine Verstärkung der Faust, der Stock zum Heranholen und Stochern eine Verlängerung des Armes oder des Fingers), sondern sie dienen zum Schneiden, d.h. für eine wichtige, in Körperorganen nicht vorgebildete Funktion neuer Art (deutlich unterschieden vom Kratzen mit den

Nägeln oder Reißen mit den Zähnen), sind also offenbar Ergebnisse echter Erfindung im Sinne der Schaffung eines neuen Prinzips von Technik und Manipulation auf der Grundlage wirklicher Wesens- und Beziehungseinsicht.
c) Die nicht vorgegebene Herstellungsweise: Die Werkzeuge werden nicht allein mit Hilfe der naturgegebenen Körperorgane (Hände, Gebiß), sondern wiederum mit Werkzeugen (Schlagsteinen) hergestellt, wenngleich diese selbst in der Regel nicht künstlich geformt gewesen sein dürften.

Man sollte nicht übersehen, dass diese Kriterien Objekte behandeln, die durch den formativen (kulturellen) Wirklichkeitsmodus qualifiziert sind, i.e. technische Werkzeuge, die von anderen kulturellen Objekten unterschieden werden müssen, die durch andere nicht-formative Funktionen qualifiziert sind – wie Musikinstrumente, die ästhetisch qualifiziert sind, oder Geld, das ökonomisch qualifiziert ist. Natürlich setzen diese Kriterien ausdrücklich die typische, einzigartige und frei variierende Kontrolle des Menschen voraus, die durch die formative Fantasie geleitet wird. Kant definiert die Fantasie als die Fähigkeit, sich ein Objekt ohne dessen sinnliche Gegenwart vorzustellen (*KrV*, B 151). Narr geht weiter und betont, dass die menschliche formative Fantasie zur Erfindung von etwas in der Lage sein muss, was nicht vor den Sinnen steht. Als zusätzliches Merkmal von Werkzeugen gilt für Narr, dass ein Werkzeug nur durch den Gebrauch anderer (geformter oder ungeformter) Werkzeuge hergestellt wird. Sogar die Herstellung eines einfachen Steinwerkzeuges erfordert ein ›Werkzeug zum Werkzeugherstellen‹.

»In this we see a trait transcending the known and expected behaviour of animals: It presupposes possibilities and achievements which we may view as essentially and specifically human in nature.« (Narr 1973, S.62)

Man kann das auch anders formulieren: Es ist für die meisten typisch menschlichen Werkzeuge charakteristisch, dass sie Mittel sind: Sie werden hergestellt, um etwas anderes herzustellen. Dieser Ansatz ist mit der systematischen Charakterisierung von Van Riessen (1948, S.509) ebenbürtig: Das menschliche Werkzeug ist historisch (kulturell) begründet und qualifiziert. Bei Schuurman (1972) wird diese Klassifikation fortgesetzt: »All technical objects are exceptional in the sense that both their foundational and qualifying function are cultural or technical in nature.« (Schuurman 1972, S.16)

Statt vom formativen oder kulturellen Wirklichkeitsaspekt zu sprechen, bevorzuge ich den Ausdruck des kulturell-historischen Aspekts. Die strukturellen Voraussetzungen dieses Modalaspekts erfordern eine verantwortliche Freiheit und erfinderische Einbildungskraft des Menschen, der die einzige Kreatur ist, die verantwortlich in einer Matrix von normativen Bedingungen handeln kann. Daher kann ich keinen Grund erkennen, um zu akzeptieren, dass der Mensch und das Tier subjektiv in diesem Wirklichkeitsaspekt funktionieren, wie das von Hart

(1984, S.179ff) postuliert wird. Tatsächlich ist sein Kriterium genauso weit und nicht-distinkt wie die Definition von Reed (1985, S.95), der Werkzeuge als sekundäre Energiefallen fasst. Diese Definition setzt Reed zwar dazu in die Lage, Form-Produkte bis zur Ebene der einzelligen Tiere als Werkzeuge zu interpretieren. Die einzige Unterscheidung ist für ihn die zwischen instinktiver und kultureller Werkzeugherstellung (s. Reed 1985, S.96f). Doch was er als kulturell einschätzt, umfasst sowohl die einzigartigen technischen Fähigkeiten des Menschen und Tierverhalten, das sich nicht als vollständig durch Instinkte determiniert erweist. Aber man sollte diese nicht instinktive Dimension des tierischen Verhaltens, die auch unter dem Namen der sensitiven Intelligenz bekannt ist, auf keinen Fall mit dem technisch-formativen Modus verwechseln, der alle wirklich kulturellen Aktivitäten des Menschen umfasst.

Henk Hart (1984, S.180) bezeichnet die Tiere ausdrücklich als ›empfindungsfähige Kreaturen‹ (›sentient creatures‹), aber erklärt nicht die instinktiven Gestaltungen der Tiere als formativ. Um als formative Gestaltung zu gelten, fordert er resourcenhaftes oder kreatives Verhalten (ebd.). Dennoch zeigen seine Beispiele nicht, dass Tiere dazu fähig sind, bei der Verrichtung von Aufgaben eine verantwortungsvolle, normativ qualifizierte technische Erfindungsfähigkeit zu demonstrieren. Weiter unten stellt er dann auch fest, dass Werkzeuge technische Objekte sind, die »shaped and designed according to a human plan« (Hart 1984, S.239) sind.

Bei der Reflexion der tierischen und der menschlichen Fähigkeit der Werkzeugherstellung gelangt man immer stärker zu dem Eindruck, dass die Beziehung zwischen anatomischen und morphologischen Eigenschaften einerseits und bestimmten Verhaltensmustern andererseits nicht als strikte eins-zu-eins-Beziehung anzusehen ist. Narr (1974, S.109) hält es für eine der wichtigsten Ergebnisse der gegenwärtigen Ethologie, dass Nähe innerhalb des zoologischen Systems nicht Ähnlichkeit im Verhalten garantiert. Aber auch das Gegenteil ist wahr: Bei den Primaten, die systematisch weit voneinander entfernt sind, tritt vergleichbares Verhalten auf.

Wenn wir nun diese Einsichten den Unsicherheiten über die fossilen Beweise hinsichtlich des Ursprungs des Menschen anfügen, dann scheint es nicht unvernünftig zu sein, die ›docta ignoratia‹ zu unterstützen, die von Haas, Overhage und Portmann[11] vorgeschlagen wird. Dazu die Worte von Overhage:

»Das Problem des Ursprungs und des stammesgeschichtlichen Werdens der Menschheit wäre auch dann noch nicht gelöst, ließen sich die körperlichen, durch Skelettreste repräsentierten Stadien, die während des langen Evolutionsprozesses durchlaufen wurden, mehr oder minder genau nachweisen. So wertvoll auch diese Kenntnis wäre, sie böte nur einen Teilaspekt der Hominisation, weil dabei nicht die *gesamte* Lebensform erfaßt wer-

---

11 Für Portmann (1977, S.461) ist auch die Überzeugung nicht länger haltbar, dass der Mensch in direkter Linie von den Anthropoiden abstammt.

den kann. Da nach den Fossilfunden die Grenzen zwischen körperlichen Formmerkmalen von Mensch und Tier zu zerfließen beginnen, der Geist sich also nicht eindeutig an und in der bloßen Gestalt auszudrücken scheint, haben wir keine Gewißheit mehr darüber, ob somatische Merkmale, z.B. der aufrechte Gang, die befreite Hand und die Schädelkapazität – Merkmale, die sich an fossilen Resten exakt feststellen lassen –, in einer festen Korrelation zu geistigen Verhaltensweisen stehen und damit Aussagen über die Lebensform und die Art der Weltbetrachtung der fossilen Primaten erlauben.« (Overhage 1973, S.374-375)

Tiere und das logische Denken

Der berühmte deutsche Zoologe Bernard Rensch (1971, S.9, S.197, S.242, S.245) argumentiert umfassend und auf reichhaltiges empirisches Material verweisend, dass man die Existenz von ›a-verbalen Konzepten‹ annehmen sollte (zum Beispiel bei den anthropoiden Affen). Rensch qualifiziert diesen Modus des Tierbezugs unmittelbar und stellt fest, dass der Schluss auf psychische Prozesse irgendeiner Art bei Tieren in der Form des ›Als-wenn‹ zu formulieren ist.

»It is more correct to say that chimpanzees act *as if* they were abstracting and generalizing, *as if* they had formed a-verbal concepts (i.e., concepts not connected with words), and *as if* they were proceeding with intention and foresight.« (Rensch 1971, S.242; vgl. dazu die kontrastierende Ansicht von Köhler 1973, S.199)

Diese Grundüberzeugung sollte man nicht aus den Augen verlieren, wenn man bei Rensch von Wertkonzepten, einem mehr oder weniger klar unterschiedenen Selbstkonzept (Rensch 1971, S.243) und von einfachen ästhetischen Gefühlen (ebd. S.245) liest, die sich bei anthropoiden Affen feststellen lassen. Aber auch einige Experimente mit Katzen belegen, dass diese zwischen dem wählen können, was Rensch (1971, S.245) »two patterns corresponding to an abstract concept of ›unlike and like‹« nennt. Diese Leistungen hängen nicht so sehr von der Entwicklung des Cortexes ab. Denn obwohl dieser bei den Fischen nur sehr gering ausgeprägt ist, können auch Fische »learn to grasp the significance of up to five pairs of patterns, and they can retain a pair of patterns for some months and recognize them even when these are considerably altered« (Rensch 1971, S.246).
    Natürlich zeigt das Verhalten von empfindungsfähigen Kreaturen eine Vielzahl von Ähnlichkeiten mit dem menschlichen Verhalten. Aber der logische Punkt ist, dass jede Ähnlichkeit Differenzen impliziert und voraussetzt. Gibt es keine Differenzen, dann stoßen wir nicht auf Ähnlichkeit, sondern auf Identität. Was sind nun die Differenzen – so es solche gibt – im Kontext der Verhaltensähnlichkeiten? Ist folgende Aussage von Hart ausreichend? »We are not just sensitive to goals and aware of consequences [since] we foresee them and planed them ahead.« (Hart 1984, S.181) Wenn es möglich ist zu zeigen, dass Tiere ähnliche

Entitäten lokalisieren und demgemäß handeln können, ist dann ein Schluss auf deren a-verbalen Konzepte gerechtfertigt? Was meint der Begriff ›Konzept‹ eigentlich? Diese Frage gewinnt zusätzlich an Gewicht, wenn Renschs Gebrauch von ›a-verbal‹ ausdrücklich nicht von logischen Operationen abgeleitet wird (s. Rensch 1973, S.118). Aus diesem Grund liegt für ihn die Trennung zwischen Mensch und Tier (Anthropoiden) im logischen Denken (s. Rensch 1968, S.147). Wenngleich Tiere ›kausale Konzepte‹ (bezüglich der Beziehung in verschiedenen Situationen) entwickeln, transzendiert der Mensch diese Fähigkeit durch seine einzigartige Gabe, wirklich logische Beziehungen zu formulieren, die in Begriffen wie ›als ein Ergebnis von‹, ›weil‹, ›im Falle von‹ etc. ausgedrückt werden.

Für Cassirer (1929, S.339) fällt die Bestimmung eines Begriffes als ›Einheit in der Vielheit‹ unter das klassische Vermächtnis von Logik und Philosophie. Was logisch erfasst wird, kann nicht vollständig vorschreiben, auf welche Art die Vielfalt von Eigenschaften in der Einheit des Begriffs vereinigt wird (s. Cassirer 1928, S.134), weil es sich auch um ein Resultat des kreativen Elements der menschlichen Vernunft handelt – die Aufmerksamkeit als dem eigentlichen schöpferischen Vermögen der Begriffsbildung (s. Cassirer 1910, S.31). Die logische Begriffsbildung zielt auf die Erkenntnis der Vielfalt von allgemeinen Eigenschaften ab. Als solche ist sie den allgemeinen (modalen) logischen Normen unterworfen, wie dem Identitätsprinzip und der Widerspruchsfreiheit. Wenngleich die Konstruktion jedes Begriffs von der logischen Subjektivität abhängt – nur der Mensch ist dazu fähig, mit normativer Freiheit auf die normativen Bedingungen der Logizität zu antworten –, ist kein Konzept ausschließlich ein Produkt unseres subjektiven logischen Funktionierens. Lesen wir hier eine Bemerkung von Leakey:

»[The] ability to see commonalities between objects of the same type – classes such as trees, fruit, predators, birds, etc. – is a crucial step in creating conceptual order in what otherwise might be an overwhelming perceptual chaos.« (Leakey & Levin 1978, S.204)

Damit beschreibt Leakey in typisch kantischer Art und Weise die formale Kreativität der Begriffsbildung. Die Kapazität der Anthropoiden, wahrgenommene Objekte zu erkennen und miteinander zu assoziieren, liefert allerdings keinen schlüssigen Beweis dafür, dass diese Tiere subjektiv im analytischen Wirklichkeitsaspekt funktionieren.[12] Die Wahrnehmung einer Vielfalt von Objekten, die sinnliche

---

12 Leakey bezieht sich auf den Gebrauch von Zeichen durch Schimpansen und Gorillas. Mit Hilfe von unterschiedlichen Zeichenschildern werden diese Tiere für fähig gehalten, die kognitiv ökonomischen Begriffe (wichtig für die Sprache) zu generalisieren. »For instance, Lucy calls a watermelon a drink fruit; Washoe refers to ducks as water birds, and she invented the name rock berry for a brazil nut when she first encountered one.« (Leakey & Levin 1978, S.202) Aber Thorpe bemerkt: »As far as we know for certain, no animal language, however much information it may convey, involves the learnt realization of completely general abstractions.« (Thorpe 1978, S.73)

Begrenzung von bestimmten Wahrnehmungsobjekten oder Ereignissen (fähig, später einen Kontrolleinfluss durch Verhalten auszuüben, wie das Vermeiden von Feuer), zurückführbar auf die Kontinuität, die durch die assoziative Fähigkeit von Tieren bereitgestellt ist – all dies ist nach wie vor im Bereich der empfindsam qualifizierten Entitäten umfasst. Genau weil die menschliche Fähigkeit des Urteilens in jedem Akt der Identifikation und der Unterscheidung als Fundament dient, funktionieren diese subjektiv im analytischen Wirklichkeitsaspekt.[13]

Ein korrekter logischer Begriff enthält die Vielfalt der identifizierten Eigenschaften derart, dass die logisch qualifizierten Urteile von ihm erschlossen werden können. Was logisch gewusst wird, ist – mittels der subjektiven logischen Konzeptualisierung – logisch objektifiziert.[14] Die Objektifizierung ist immer eine subjektive Tätigkeit und geht mit logischen Prinzipien konform oder widerspricht diesen. Nur diese Ansicht erklärt, warum wir es für unlogisch (i.e. logisch unkorrekt) halten, wenn Urteile Begriffselemente ausdrücken, die nicht analytisch in der Einheit eines Begriffs impliziert sind. Dazu folgendes Beispiel: Appelliert der Begriff ›Sessel‹ nur an seine eröffneten logischen Eigenschaften, oder müssen wir annehmen, dass alle nicht-logischen Eigenschaften durch die Eröffnung der logischen Objektfunktionen impliziert sind? Wenn die nicht-logischen Eigenschaften nicht impliziert sind, dann bricht eine nicht zu überwindende Kluft zwischen der logischen Subjekt-Objekt-Relation und den nicht-logischen Aspekten des Sessels auf (in Verbindung mit der Analysestruktur, s. Strauss 1984). Der Schluss daraus lautet: Wenn man die logischen Objektfunktionen manifest macht, werden die nicht-logischen (modalen) Eigenschaften (spezifiziert gemäß der typisch seinsmäßigen Einzigartigkeit des Sessels) ebenfalls logisch objektifiziert. Daher ermöglicht uns die in der Einheit des Begriffs ›Sessel‹ vereinigte Vielfalt Prädikationen wie: Dieser Sessel ist schön (ästhetische Eigenschaft); dieser Sessel ist teuer (ökonomisch); dieser Sessel ist groß (räumlich); dieser Sessel ist schwer (physikalisch) usw. Wären diese (modalen) Eigenschaften nicht analytisch im korrekten Begriff des Sessel impliziert, wären diese Aussagen in einem logischen Sinn kontradiktorisch. Mit anderen Worten: Wenn der korrekte Begriff ›Sessel‹ nicht von Anfang an diese Eigenschaften auf analytische Weise impliziert, können sie nicht im Nachhinein vom Sessel ausgesagt werden, außer eben auf unlogische Weise: Von ›P ist nicht Q‹ lässt sich nicht auf ›P ist Q‹ schließen.

Wenn aber zugestanden wird, dass Tiere nicht argumentieren und auf logische oder unlogische Art schlussfolgern können, ist es dann nicht trotzdem gerechtfertigt zu behaupten, dass sie bis zur Ebene der (a-verbalen) Begriffsbildung funktionieren? Diese Frage läuft auf die folgenden hinaus: Gibt es unlogische

---

13 O. Koehler postuliert explizit das Gegenteil: »In the absence of verbal language, we call such an operation with representations, concepts and judgements, founded on intuitions without bearing any names, unnamed thinking.« (Koehler 1973, S.119)

14 Diese Objektifizierung ist nichts anderes als das Erschließen der logischen Objektfunktion der Entitäten.

Begriffe? Sind Tiere fähig, unlogische Begriffe zu bilden? Denken wir nur an das berühmte Beispiel von Betrand Russell, dem quadratischen Kreis.[15] Die sprachliche Fähigkeit seinsmäßige Analogien zu bestimmen, die von modalen Analogien unterschieden sind (so wie die modale Differenz zwischen dem mathematischen Raum, der kontinuierlich und unendlich teilbar ist, und dem physikalischen Raum, der nicht kontinuierlich und, da er an die Quantenstruktur der Energie gebunden ist, auch nicht unendlich teilbar ist), ist unter der Bezeichnung der Metapher bekannt (z.B. ›Fuß des Berges‹). In unserem Fall haben wir nur über das Wesen des Boxringes nachzudenken. Wenn die Zeichenmodalität der Realität nicht von der logischen Modalität unterschieden ist, könnte diese Metapher als Bestätigung dafür gelten, dass es einen quadratischen Kreis gibt.

Obwohl Hart eine klare Vorstellung vom Wesen der modalen Analogien hat, unterscheidet er nicht zwischen modalen Analogien (Anti- und Retrozipationen) und Entitätsanalogien (reflektiert in der Benutzung von Metaphern). Harts Ausgangshypothese lautet, dass eine Analogie eine interfunktionale Relation ist (s. Hart 1984, S.87; S.153). Echte Beispiele für interfunktionale Analogien werden von Hart erwähnt – wie die Größenanalogie (ebd. S.158) und die modale Differenz zwischen sozialer Distanz und räumlicher Distanz (ebd. S.171, S.205). Allerdings setzt er sie konsequent mit Metaphern gleich (ebd. S.152, S.156, S.158, S.160). Eine Metapher kann durch eine andere ersetzt werden, die sich von dieser völlig unterscheidet. Das ist im Falle der modalen Analogie nicht möglich, denn hier erweist sich jede Ersetzung als synonym mit der originalen modalen Analogie. Dieses Konzept ist unlogisch, weil weder Identifikation noch Unterscheidung mit den relevanten logischen Prinzipen konform gehen, wie dem Identitätsprinzip und dem Prinzip der Widerspruchsfreiheit: (im euklidischen Raum) ein Kreis ist ein Kreis (korrekte Identifikation), und: ein Kreis ist nicht ein ›Nicht-Kreis‹ (so wie ein Quadrat – korrekte Unterscheidung).

Rensch (1968, S.148) erwähnt den Versuch, in dem experimentelle Wissenschaftler in Münster ein halbes Jahr lang versuchten, Schimpansen das Nachzeichnen eines Quadrats oder eines Dreiecks beizubringen. Meine Frage lautet: Wenn diese Tiere nicht einmal fähig sind, diese Figuren zu zeichnen, wie können wir dann davon überzeugt sein, dass sie einen Begriff davon haben? Es gilt daran zu erinnern, dass ein Begriff etwas anderes als ein sensorisches Bild ist, das mit etwas anderem assoziiert werden kann (s. Overhage 1972, S.252 ff.) – wie das der Fall bei der sog. ›Namensgebung‹ ist, die Leakey erwähnt. Wenn man zeigen will, dass Schimpansen diese Begriffe bilden, liegt der entscheidende Punkt darin zu zeigen, dass sie unlogisch denken können, indem sie beispielsweise den selbstwidersprüchlichen Begriff eines dreieckigen Kreises oder eines quadratischen Dreiecks bilden können. Doch genau das konnte durch keinen der Autoren gezeigt werden. Mit anderen Worten, Tiere funktionieren schlichtweg nicht subjektiv im

---

15 Eigentlich geht es auf Kant (1783, § 52b, S.341) zurück.

analytischen Wirklichkeitsaspekt. Konsequenterweise sollte es nicht überraschend sein, dass Tiere nicht denken können – sei es nun logisch oder unlogisch.
Heißt das dann aber, dass man Tieren keine Form des intelligenten Verhaltens zugestehen kann? Um zu belegen, dass die Tierwelt bloß graduelle Unterschiede in dieser Hinsicht zeigt, bezieht sich Buytendijk auf die ethologische Forschung: »Every species has its own practical intelligence, limited by disposition and experience.« (Buytendijk 1970, S.98) Dieser Schluss setzt die Basisunterscheidung zwischen menschlicher und tierischer Intelligenz voraus. Wenn in einer gegebenen Situation Menschen und Tiere ein ähnliches Ziel verfolgen, werden sie einen ähnlichen emotionalen Antrieb fühlen. Doch was den Tieren fehlt, ist die Handlung auf der Basis von Urteilen.

»Therefore, one defines animal intelligence as the concrete experiential and sensomotoric structuring of practical behaviour, whereas human intelligence displays itself as a rational-logical, categorically judging conceptualization of the task-setting nature of the concrete situation and the discovery of a solution which does not follow from the immediate sensory effect of the situation.« (Buytendijk 1970, S.97)

Overhage (1965, S.307) weist die anthropomorphe Redeweise in den Arbeiten von Rensch, Koehler und Lorenz zurück und betont, dass die tierische Formenperzeption nicht in eine authentischen Begriffsbildung mündet, weil sie in der sensorisch-perzeptiven Sphäre befangen bleibt (s. auch Overhage 1972, S.251-276).

Der Mensch als ›Homo symbolicus‹?

Manchmal wird die Einzigartigkeit des Menschen in der Moralität gesucht, in der Fähigkeit zum Suizid, im Bewusstsein des Todes (Dobzhansy) oder in seinem sprachlichen Potential (Cassirer, von Bertalanffy). Cassirer (1944) führt die bekannte Unterscheidung zwischen ›Signal‹ und ›Symbol‹ ein. Signale gehören zur physikalischen Welt; Symbole sind Teil der menschlichen Bedeutungswelt, Teil der menschlichen Kulturwelt. »[Symbolism], if you will, is the divine spark distinguishing the most perfectly adapted animal from the poorest specimen of the human race.« (Bertalanffy 1968, S.20) Bertalanffy (1968, S.15; 1968a, S.134) identifiziert Symbole anhand dreier Kriterien: (i) Symbole sind repräsentativ, i.e. Symbole stehen auf die eine oder andere Weise für die von ihnen symbolisierten Dinge; (ii) Symbole sind durch die Tradition vermittelt und weitergegeben, i.e. durch Lernprozesse des Individuums im Gegensatz zu angeborenen Instinkten; (iii) Symbole sind frei geschaffen.

Helmut Plessner strebt die Überwindung des selbstwidersprüchlichen Begriffs der ›Entelechie‹ an, der von seinem Lehrer Driesch geprägt wurde, indem er als Alternativbegriff die ›Positionalität‹ entwickelt. Während physikalische Entitäten durch die Umgebung begrenzt sind, zählt bei den organischen Entitäten die Begrenzung zu den Entitäten selbst (z.B. die Membran), und auf diese Weise zeigt sich Positionalität (s. Plessner 1975, S.291). Mit diesem Begriff eröffnet sich die Möglichkeit, die Menschen als zur letzten Ebene der lebendigen Wesen gehörend anzusehen. Tiere werden als nahe zum Zentrum bestimmt, aber der Mensch als exzentrisch und damit relativ »weltoffen« (s. Plessner 1975, S.292). Das erste anthropologische Grundgesetzt, das Plessner in dem 1928 erstmals erschienen Buch *Die Stufen des Organischen und des Menschen* formuliert, besagt, dass die »vermittelte Unmittelbarkeit« für alle exzentrischen Positionen gültig ist (ebd., S.297).

Die Sprache positioniert sich selbst zwischen dem Greifen der Hand und dem Blick des Auges – das Auge als das Organ, das etwas unmittelbar präsent macht. Folglich werden die Hand und das Auge in verschiedenen Hinsichten entbehrlich (s. Altner & Hofer 1972, S.203). Die tierische Kommunikation kennt laut Plessner (1975a, S.380; S.379) keine Vermittlung durch Objekte. Dieses Phänomen ist sicherlich besonders bemerkenswert, weil im Bereich der menschlichen Sensitivität der Sehsinn und der Tastsinn den Geruchssinn dominieren (Haeffner 1982, S.16). Genau wegen der vermittelnden Unmittelbarkeit der Sprache sind sich Menschen der Vergangenheit und der Zukunft bewusst. Dieses Bewusstsein umfasst auch die Begrenztheit der Lebensspanne, woraus sich das einzigartige Todesbewusstsein des Menschen und seine Fähigkeit zum Suizid erklären lassen. Die Kommunikation der Tiere bezieht sich nicht auf die ferne Vergangenheit oder Zukunft – sie ist auf das unmittelbare Bedürfnis beschränkt. Daher sind die von Tieren benutzten Zeichen – Cassirer würde sie Signale nennen – strikt eintönig (›univocal‹). So ist beim Bienentanz (i) das Tempo, (ii) die Richtung und (iii) die Tangente konstant mit (i) der Distanz, (ii) dem Ort und (iii) der zu fliegenden Richtung assoziiert (Overhage 1972, S.220ff). Sprachliche Zeichen setzen die Wahl voraus und verlangen daher nach Interpretation (s. Nida 1979, S.203; De Klerk 1978, S.6). Weiters ist auffällig, dass die menschliche Sprechfähigkeit auch auf spezifischen anatomischen Bedingungen beruht, die bei den Anthropoiden nicht gegeben sind.

Die anatomischen Bedingungen des menschlichen Sprechens

Seit Descartes' Zeiten ist man davon überzeugt, dass die Sprachfähigkeit des Menschen durch dessen Hirn bedingt ist. Daher haben Anatomen darauf bestanden, dass Anthropoiden auch eine ›Maschinerie‹ zur Artikulation von Sprache haben. Die Ordnung der Primaten – zu denen gemäß der vorherrschenden Klassifikation der Mensch zu zählen ist – ist allerdings, eben mit Ausnahme des Menschen, zur Vokalisation nicht in der Lage. Die Fähigkeit menschliche Sprachlaute zu reproduzieren – wie es bei Vögeln gefunden werden kann – ist den Säugetieren völlig fremd. Das Stimmpotential des Gorillas und des Orangutan ist außergewöhnlich arm. Der Schimpanse ist besser dran, und der Gibbon kann Laute produzieren, die fast eine Oktave umfassen. All diesen Anthropoiden fehlen allerdings die spielerischen Töne, die ein menschliches Baby von sich gibt. Die menschlichen Möglichkeiten der Lautproduktion, die beispiellos ist, übersteigt diejenige der Anthropoiden um ein Vielfaches und zeigt außerdem eine außergewöhnliche hohe Modifikabilität.

Post mortem Studien des oberen Atmungstrakts von Säugetieren und cineradiographische Studien belegen, dass die Position des Kehlkopfes entscheidend dafür ist, wie ein Individuum atmet, schluckt und vokalisiert (s. Laitman 1985, S.281). Es gibt also bestimmte anatomische Besonderheiten, die mit dem Beitrag der Hirnfunktionen zur menschlichen Sprachproduktion Hand in Hand gehen – im Speziellen der stufenweise Abfall des Kehlkopfes nach der post-natalen Periode (s. Portmann 1973, S.423). Das Versagen der Anthropoiden, menschliche Sprachlaute zu imitieren, liegt an der völlig verschiedenen Struktur der Kehlköpfe. Diese liegen bei den Anthropoiden extrem hoch im Hals.

»This high position permits the epiglottis to pass up behind the soft palate to lock the larynx into the nasopharynx, providing a direct air channel from the nose through the nasopharynx, larynx and trachea to the lungs. [...] In essence, two separate pathways are created: a respiratory tract from the nose to the lungs, and a digestive tract from the oral cavity to the esophagus. While this basic mammalian pattern – found with variations from dolphins to apes – enables an individual to breathe and swallow simultaneously, it severely limits the array of sounds an animal can produce. [...] While some animals can approximate some human speech sounds, they are anatomically incapable of producing the range of sounds necessary for complete, articulate speech.« (Laitman 1985, S.282; siehe auch Goerttler 1972, S.249)

Um das menschliche Neugeborene mit einem Milchtrakt auszustatten, der von Atmungstrakt getrennt ist, ist die Lage des Kehlkopfs zu diesem Zeitpunkt dieselbe wie bei anderen Säugetieren. In der Zeit zwischen dem ersten und dem zweiten Lebensjahr fängt der hoch gelegene Kehlkopf an, nach unten zu wandern. Diese Abwärtsbewegung schafft die Kehlkopfhöhle, die für die reiche Stimmdisposition des Menschen notwendig ist. Laitman (1985, S.282) erklärt, dass sowohl der genaue Zeitpunkt dieser Kehlkopfverlagerung als auch die sie auslösenden physiologischen Mechanismen nach wie vor nur sehr schlecht verstanden werden.

»Nur beim Menschen ist zwischen der Nasenhöhle und dem Kehlkopf ein neuer Zwischenabschnitt innerhalb des Rachens entstanden, in dem sich der Luft- und der Nahrungsweg frei im Raum überkreuzen. Der Kehlkopf liegt weiter unterhalb des Nasen- und Rachenraumes, und der Weg in die Lunge muß beim Schluckakt durch einen komplizierten Sicherungsmechanismus verschlossen werden. Das ist ein Nachteil gegenüber den

Tieren, die sich nicht ›verschlucken‹ können. Erst durch diesen Kompromiß konnte das bewegliche und beliebig verformbare Zwischenstück der Rachenhöhle entstehen, in welchem die vom Kehlkopf erzeugten Töne mit Hilfe der gesamten Muskulatur der Mundhöhle zu Sprachlauten artikuliert werden können.« (Goerttler 1972, S.249f)

Goerttler (1972, S.250) erwähnt sogar die Tatsache, dass drei Monate nach der Empfängnis ein für den Mensch kennzeichnendes Strukturelement entsteht, das Stimmbandgewebe (Stimmbandblastem).

Laitman informiert den Leser interessanterweise darüber, dass die Ähnlichkeiten des Basisschädels bei den Australopithecinen und den vorhandenen Affen auf eine ähnliche Erscheinung des oberen Atmungstrakts hinweisen. Daher dürfte der Rachenteil für die Tonmodifikation bei diesen frühen Hominiden so wie bei den nicht-menschlichen Primaten überaus beschränkt sein.

»As a result, these early hominids probably had a very restricted vocal repertoire as compared with modern adult humans. For example, the high larynx would have made it impossible for them to produce some of the universal vowel sounds found in human speech patterns.« (Laitman 1985, S.284)

Laitman vermutet, dass die ersten Beispiele für voll entwickelte basiskranial Biegung, die demjenigen des modernen Menschen ähnelt, nicht vor dem Auftreten des Homo sapiens (vor ca. 300.000 bis 400.000 Jahren) zu finden sind. »It may have been at this time that hominids with upper respiratory tracts similar to ours first appeared.« (Laitman 1985, S.286)

Haben Menschen ›Sprechorgane‹?

Die Frage nach den menschlichen Sprechorganen verweist auf eine erstaunliche Eigenschaft der menschlichen Sprachproduktion. Wenn man als Sprechorgan einen körperlichen Teil definiert, dessen Dasein ausschließlich der Produktion von Sprachlauten dient, dann sind wir überrascht, denn als mögliche Kandidaten lassen sich aufzählen: die Lunge, der Kehlkopf, die Mundhöhle, der Gaumen, die Zähne, die Lippen und die Nasenhöhle. Doch bezüglich all dieser Kandidaten lässt sich festhalten: »Ausnahmslos werden diese Organe ihre eigene Funktionen haben und würden sie auch weiterhin ausüben, wenn keine Sprache ausgebildet wäre.« (Overhage 1972, S.243).

Diese hoch entwickelte und subtile Kooperation – speziell von drei derart verschiedenen Organen wie dem Mund, dem Kehlkopf und dem Gehirn – bei der Sprachproduktion macht es besonders schwierig (wenn nicht hoffnungslos), eine evolutionstheoretische Erklärung für dieses erstaunliche Phänomen zu formulieren. Es stellt sich nämlich die Frage, wie viele wundersame Veränderungen aufgetreten sein müssen, die die für die Artikulation notwendigen Möglichkeiten für die menschliche Sprachbildung darstellen.

»Ein solcher undurchschaubarer Wandlungsprozess an so vielen verschiedenartigen, miteinander in engster Korrelation stehenden Organen und Organkomplexen mußte harmonisch als ganzheitliche Änderung ablaufen, wenn es zu der unerreichten Vollkommenheit der menschlichen Sprache kommen sollte.« (Overhage 1972, S.250)

Zur Differenz von menschlicher und tierischer Welterfahrung

Im Laufe dieser Diskussion habe ich bereits mehrmals auf die Rolle der Instinkte im Tierleben hingewiesen. Adolf Portmann ist davon überzeugt, dass Tiere von ihren Instinkten wirklich determiniert und auf eine bestimmte Umgebung beschränkt sind (s. Portmann 1969, S.86): Die Art, in der Tiere die Welt erfahren, ist durch ihre natürlichen Anlagen völlig bestimmt. Tiere sind nur damit beschäftigt, was eine unmittelbare physikalische, biotische und sensitive Bedeutung für sie hat. Daher erfahren sie die Wirklichkeit als Plätze, die fürs Gehen oder Fliegen passend sind (physikalischer Zugang), als Sexualpartner und andere Tiere, die zu derselben oder nicht derselben Spezies gehören, in der Dimension des Genießbaren und Ungenießbaren (biotisches Interesse) und als Dinge oder Ereignisse, die Angst verursachen oder die angenehm sind (sensitives Interesse) (s. Landmann 1969, S.162ff).

Die instinktive Determination der Tiere funktioniert auf bemerkenswerte Art. Gemäß vererbter Koordination (die Bewegungsdimensionen betreffend) und angeborener Auslösemechanismen (den Bereich der Rezeptivität betreffend) können bestimmte Tiere bei gegebenen Umständen instinktiv auf vorbestimmte Art agieren. Die instinktiven Verhaltensmuster sind nicht gelernt, sondern vererbt. Eibl-Eibesfeldt diskutiert als Beispiel folgendes Verhalten des Eichhörnchens: Für gewöhnlich vergraben diese Tiere die gesammelten Eicheln und Nüsse im Boden. Dabei zeigen sie typische Aktionen wie Herumrennen, Niederlegen der Nuss und deren Vergrabung. Selbst wenn man ein Eichhörnchen alleine in einem Stall großzieht, ohne ihm jemals eine Nuss zu geben, dann wird das erwachsene Tier – gibt man ihm schließlich eine Nuss – die typische Vergrabungszeremonie durchzuführen (s. Eibl-Eibesfeldt 1972, S.5). Das belegt, dass eine ›programmierte‹ Abfolge von Verhaltensweisen durch die Darbietung eines auslösenden Reizes aktiviert wird.

»Take, for instance, a tick lurking in the bushes for a passing mammal in whose skin it settles and drinks itself full of blood. The signal is the odour of the butyric acid, flowing from the dermal glands of all mammals. Following this stimulus, it plunges down; if it fell on a warm body – as mentioned off by this sensitive thermal sense – it has reached its prey, a warm-blooded animal, and only needs to find, aided by tactile sense, a hair-free place to pierce in. Thus the rich environment of the tick shrinks to metamorphize into a scanty configuration out of which only three signals, beaconlike, are gleaming which, however, suffice to lead the animal surely to its goal.« (Bertalanffy 1973, S.241)

Ein anderes bekanntes Beispiel stammt von Uexküll und betrifft die Eiche als Lebensraum. Unterschiedliche Tierarten ›sezieren‹ ihre eigene Umwelten aus dem Baum heraus – konstant eingeschlossen innerhalb der oben erwähnten Parameter, die ihre physikalischen, biotischen und sensitiven Bedürfnisse betreffen (s. Uexküll 1970, S.100). Uexküll diskutiert die Lebenswelten des Schakals, des Eichhörnchens, der Eule, der Ameise und des Käfers. Obwohl auch Menschen zu diesen Dimensionen Zugang haben, kann man dennoch nicht sagen, dass die menschliche Erfahrung auf diese Perspektiven beschränkt ist. Die menschliche Funktionalität umfasst und transzendiert die physikalischen, biotischen und sensitiven Aspekte eines Baumes. Für einen Botaniker mag der Baum ein analytisches Objekt seiner Forschung sein; ein Spaziergänger wird den Baum als schönen Gegenstand erfahren; ein Krimineller kann ihn dazu benutzen, um sich zu verstecken; für den Tischler stellt er sich als Möbelholz dar etc. Es lässt sich also feststellen, dass der Mensch einem Baum in einer Vielzahl von Erfahrungsmöglichkeiten begegnen kann, die den Tieren unzugänglich sind. So wie die Welt der unterschiedlichen Tiere verschieden ist, so ist auch die Welt der Tiere und die Welt des Menschen verschieden.

Menschliche Funktionen sind weder völlig von Instinkten determiniert, noch sind sie auf die Umwelt beschränkt – schlicht und einfach weil die ganze körperliche Existenz des Menschen auf normativ qualifizierte Gesichtspunkte gerichtet ist und von diesen geleitet wird. Die gewaltige Flexibilität des menschlichen Funktionierens wird innerhalb dieser normativen Wirklichkeitsaspekte ausgeübt, die der menschlichen Gesellschaft eine Entwicklung bis zu einer weit reichenden Differenzierung und Spezialisierung ermöglichen – was sich in mannigfaltigen Rollen ausdrückt, die jede Person in solch einer Gesellschaft annehmen kann. Sogar Simpson betont diese Einsicht: »Such specialization, which is non-genetic, requires individual flexibility and could not occur in a mainly instinctive animal.« (Simpson 1969, S.90) Und Hart stellt mit prägnanter Klarheit fest:

»A worker ant is just that – and all its functions are geared to being a worker ant. A human being, on the other hand, has multiple roles to play and is not exhausted in any of them.« (Hart 1984, S.146)

Allerdings ist die geistig-menschliche Spezialisierung und Flexibilität nur auf einer relativ unspezialisierten bio-phyhsikalischen Basis möglich. Während Uexküll seine Umweltlehre auf die Ebene des Menschen ausdehnt, warnt Portmann vor dieser Erweiterung. Ein Vergleich zwischen den unterschiedlichen Ambienten, die an einem Baum erfahren werden können, und den unterschiedlichen Bereichen des menschlichen Funktionierens zeigt, dass es wichtige Differenzen gibt. Die gesellschaftliche Struktur des menschlichen Lebens ermöglicht gemeinschaftliches Verständnis von allen ausdifferenzierten gesellschaftlichen Sphären – was den Ambienten unterschiedlicher Tiere fehlt (s. das Vorwort von Uexküll 1970, S.XIV).

Die unspezializierten Eigenschaften des menschlichen Körpers

Von einer morphologischen Perspektive aus betrachtet fehlen dem Menschen die hoch spezialisierten Organe, die für eine perfekte Anpassung an einen bestimmten Standort notwendig sind. Gehlen (1971, S.86ff) bezieht sich auf die ›archaischen‹ (im Sinne von ›primitiven/unspezialisierten‹) Eigenschaften, die die menschlichen Organe zeigen. Die Zähne des Menschen sind im Vergleich mit anderen hoch entwickelten Tieren unspezifisch (primitiv): Sie eignen sich ausschließlich weder für das Zerkauen von Pflanzen noch von Fleisch. Gehlen verwendet ›primitiv‹ nicht im Sinn von ›niedrig‹, sondern im Sinn von ›unspezialisiert‹.

»Diese Primitivität besteht erstens in der beim Menschengebiß vorhandenen ursprünglichen Lückenlosigkeit, d.h. im Fehlen einer Lücke (Diastema) zwischen Eckzähnen und Prämolaren. Eine solche ist dann notwendig, wenn die Eckzähne sich, wie bei den Anthropoiden, zu gewaltigen Reißzähnen spezialisieren. Eben diese gewaltige Eckzahnentwicklung fehlt allen gegenwärtigen und fossilen Menschen, auch dem Sinanthropus und dem Homo heidelbergensis.« (Gehlen 1971, S.92)

Ähnlich stellt die menschliche Hand (ebd. S.98) und der menschliche Fuß (ebd. S.100) einen primitiven Zustand im Vergleich mit den Anthropoiden (wie dem Orangutan, dem Gorilla und dem Schimpansen) dar. Altner & Hofer (1972, S.199-200) weisen darauf hin, dass die Zähne der Anthropoiden ebenfalls relativ unspezialisiert sind, obgleich sie nicht die von Gehlen diskutierten Phänomene in Abrede stellen.

Gemäß dem dominierenden neo-darwinistischen Evolutionsansatz gibt es nur den unidirektionalen evolutionären Wandel – vom weniger Spezialisierten zum immer mehr Spezialisierten. Der belgische Geologe Dollo formuliert diesen Gedanken in dem Gesetz der irreversiblen Spezialisierung. Aber wenn man dieses Gesetz universell auf den evolutionären Wandel anwendet – wie das Simpson und andere neo-darwinistische Denker nach wie vor machen –, dann stellt sich die Frage, wie sich die Anthropoiden als die Vorfahren des heutigen Menschen ›retten‹ lassen, denn diese sind spezialisiert. Allerdings macht es Dollos Ansatz offensichtlich unmöglich, die unspezialisierten menschlichen Eigenschaften von den spezialisierten Eigenschaften der Anthropoiden abzuleiten. Um diesen merkwürdigen Bedingungen gerecht zu werden, gilt es eine Übergangsform zu finden (bzw. hypothetisch zu konstruieren), die so radikal Verschiedenes wie die archaischen menschlichen Eigenschaften und die spezialisierten tierischen Eigenschaften zu vereinigen in der Lage ist. Diesem monströsen und merkwürdigen Wesen würde Gehlen (1971, S.87f) einen fantastischen und separaten Platz im gesamten Tierreich zuweisen. Trotz dieser Schwierigkeiten werden jedoch Wege gesucht, ihnen zu entfliehen.

(i) Adloff & Klaatsch konstruieren eine hypothetische ›Primitivform‹, die einerseits hinreichend unspezialisiert ist, um als Basis und Anfangspunkt des modernen Menschen zu dienen, und die andererseits auch den Weg der Spezialisierung von Anthropoiden verständlich machen kann. Offensichtlich umgeht diese Konstruktion die Fragestellung, weil sie tatsächlich eine Ursprungsform postuliert, die derart human ist, dass die Abstammungsordnung umgekehrt wird: der Mensch ist der Vorfahre der Anthropoiden (s. Gehlen 1971, S.95).

(ii) Eine andere Möglichkeit liegt darin, Dollos Gesetz der irreversiblen Spezialisierung zu ignorieren, indem man die Neotenie in Betracht zieht – das Phänomen, dass die Eigenschaften der Larve im erwachsenen Tier fortbestehen. Die Neotenie lässt sich bei verschiedenen Tierarten finden: bei Würmer, Insekten und Amphibien. Der holländische Anatom Louis Bolk erklärt mittels dieses Phänomens bestimmte menschliche Eigenschaften. Die bemerkenswerten Ähnlichkeiten zwischen Mensch und Schimpanse in Bezug auf die unspezialisierte und archaische Natur der menschlichen Organe inspiriert Bolk zu einer Erklärung des Menschen im Begriff der ›Fötalisation (Stabilisierung von pränatalen Eigenschaften) und in der Idee, dass die menschliche Entwicklung eine bestimmte Retardierung durchmachte. Mit anderen Worten: Beim Menschen fixierten sich die infantilen Charakteristiken des Affen, weil die erwachsene Affenform nicht länger erreicht wurde und gleichzeitig fötale Kennzeichen aufrechterhalten wurden. Als Konsequenz ist hier – laut Landmann (1969, S.148) – der Mensch zwar nicht der Ahne der Affen, aber nichts anderes als ein Babyaffe.

Konrad Lorenz fügt der Theorie von Bolk die lebenslange Neugier des Menschen an, die der Neugier des jugendlichen Schimpansen korrespondiert. »Das konstitutive Merkmal des Menschen, das Erhaltenbleiben der aktiven, schöpferischen Auseinandersetzung mit der Umwelt, ist eine Neotenie-Erscheinung.« (Lorenz 1973, S.183f) Nietzsche hat einmal angemerkt: In jedem Erwachsenen steckt ein Kind. Lorenz dreht diese Feststellung um: In jedem Kind steckt eine erwachsenen Person, die darauf brennt, die Welt zu erforschen. Das neugierige Kind, das beim erwachsenen Schimpansen völlig verschwindet, bleibt beim menschlichen Erwachsenen unversteckt, ja es bestimmt ihn vollständig (s. Lorenz 1973, S.184; S.242).

Dem fügt Lorenz noch eine andere Perspektive hinzu, die aus dem Studium der domestizierten Tiere folgt – die Selbstdomestikation. Domestizierte Tiere unterscheiden sich in einigen Erbeigenschaften von den wild lebenden Formen. Die se Eigenschaften entstehen während der Domestikation. So zeigen alle domestizierten Tiere zum Beispiel verkürzte Extremitäten und eine verkürzte basiskraniale Struktur, sie werden schnell fett und es tritt eine enorme Steigerung im Bereich der Variation von allen in dieser Spezies vorhandenen Möglichkeiten auf. Schon E. Fischer verweist darauf, dass sich die Pigmentteilung im blauen oder grauen menschlichen Auge auch bei domestizierten Tieren, nicht aber bei wild lebenden Formen finden lässt. Zu den Veränderungen, die der Selbstdomestikation des Menschen zuzuschreiben sind, zählt Lorenz sowohl die Retardation als auch die Fötalisation. Für Lorenz liegt der entscheidende Schritt der Selbstdomestikation des Menschen im Bewohnen von Höhlen. Allerdings steht diese Erklärung nicht im Einklang damit, was wir wissen. Eine Vielzahl der typischsten Eigenschaften der Domestikation fehlt im Falle der Menschen vollständig. Hier sei nur die frühe sexuelle Reife und die konstante oder abnehmende Hirnentwicklung der domestizierten Tiere erwähnt – beides Phänomen, die beim Menschen genau umgekehrt sind (s. Gehlen 1971, S.121; und Overhage 1967, S.3f).

Ein Appell an die Phänomene der Domestikation beruft sich auf Faktoren, die im Bereich der nicht-menschlichen lebendigen Organismen nicht wirksam sind (s. Overhage 1967, S.4). Die Domestikation von Tieren setzt die kulturelle Aufsicht des Menschen als Menschen voraus. Schon vor siebzig Jahren hat Eickstedt auf die absurden Implikationen des Arguments der Selbstdomestikation hingewiesen, die darin liegt, »daß die Kultur älter als der Mensch sein muß, denn sie beeinflußte ihn noch in seinem körperlichen Werdegang. Nicht der Mensch schuf die Kultur, sondern die Kultur den Menschen!« (Eickstedt 1934, S.121) Die Ansicht der Selbstdomestikation dreht also die kulturelle Subjekt-Objekt-Relation um, indem sie den Menschen – das kulturelle Subjekt – zu einem Objekt der kulturellen Kontrolle und Prägung macht.

Wenn die tierischen Instinkte aufgrund der Gewöhnung an die Pflege durch den Menschen nachlassen, entwickeln Tiere keine kompensierenden Fähigkeiten. Landmann (1969, S.148) geht zwar ein wenig zu weit, wenn er betont, dass die eigentlichen menschlichen Fähigkeiten keine Instinkte benötigen. Denn wir müssen anerkennen, dass auch Menschen Instinkte haben, wie schwach auch immer sie entwickelt sein und wie armselig sie den Menschen auch ausrüsten mögen. Allerdings ist wohl Landmanns These vollkommen zuzustimmen, dass niemals eine ›wilde‹ menschliche Form existierte, die durch Instinkte dominiert wurde.

Doch selbst wenn wir Dollos Gesetz zurückweisen und mit Lorenz' Theorie der Retardation, der Fötalisation und der Neotenie argumentieren, bleiben einige Fragen unbeantwortet. Eine davon lautet: In welchem Sinn stattet die Entwicklung des Denkens und der Sprache den Menschen mit einem selektiven Vorteil im Vergleich zu den Anthropoiden aus? Die Frage sollte auch wie folgt gestellt werden: In einem Kampf wogegen stellt sich eine verlängerte hilflose Jugendzeit des Menschen einen selektiven Vorteil und nicht einen ernsthaften und lebensgefährlichen Nachteil dar (s. Gehlen 1971, S.125)?

Traditionellerweise wird angenommen, dass die Menschen eine Eigenschaft aufweisen, die Tieren fehlt: die Intelligenz (Klugheit). Dieses Vermächtnis ist nach wie vor in der gegenwärtig allgemein anerkannten (evolutionistischen) Klassifikation des Menschen als Homo sapiens präsent. Doch unser Vergleich des Menschen mit hoch entwickelten Anthropoiden macht deutlich, dass dem Menschen vielmehr etwas fehlt: die Spezialisierung. Müssen wir daraus schließen, dass der ›strukturelle Entwurf‹ des Menschen Mängel aufweist?

Ist der Mensch ein Mängelwesen?

Der Begriff des ›Mängelwesens‹ geht auf Gehlen (1971, S.20, S.30, S.80, S.354) zurück. Wenn wir die natürlichen Anlagen des Menschen mit den unzähligen Möglichkeiten der Tiere vergleichen, schaut es tatsächlich so aus, als wäre der Mensch von der Natur stiefmütterlich behandelt. Der Mensch ist viel langsamer als wilde Tier; er hat kein Fell, das ihn vor der Witterung schützt; seine Sinne sind im Vergleich mit der Schärfe und der Aufmerksamkeit von tierischen Sinnen gestutzt; er hat von Natur aus keine gefährlichen Waffen; er weist nicht die Muskelkraft, Klauen oder Kiefer irgendeines Raubtier auf. Einige Tiere können sehr hohe Schallwellen wahrnehmen, einige sehen Ultraviolettstrahlen als Licht, und manche Fische können elektrische Felder wahrnehmen. Vögel können sich mittels eines bemerkenswerten Navigationssystems anhand der Pole orientieren. All diese Erfahrungsweisen sind dem Menschen vorenthalten (s. Portmann 1970, S.200ff).

Misst man den Menschen mit dem Maßstab der tierischen Fähigkeiten, dann scheint es unumgänglich zu sein ihn als Tier einzustufen, das versagt. Aber wenn wir die Perspektive umdrehen und die einzigartigen menschlichen Eigenschaften anerkennen, die den Menschen so klar von den Tieren unterscheiden, dann entsteht ein ganz anderes Bild. Das erklärt Portmann anhand des folgenden Beispiels:

»Der engen Begrenztheit der Interessen beim Tier steht gegenüber unsere große Freiheit und Beliebigkeit der Zuwendung. Das Tier vermag sich nur in beschränktem Maße von seinen triebhaften Bindungen zu lösen, während ich selber mich in jedem Augenblick irgendeiner noch so geringfügig erscheinenden Sache zuwenden und ihr unter Umständen meine ganze Aufmerksamkeit, meine ganze innere Teilnahme widmen kann.« (Portmann 1974, S.102)

Warum heben einige Wissenschaftler das unspezialisierte Wesen des Menschen so sehr hervor und nennen ihn ein Mängelwesen? Die Begriffe ›unspezialisiertes Wesen‹ und ›Mängelwesen‹ spielen nur dann eine Rolle, wenn wir als Vergleichsbasis für den Menschen das Tier wählen. Wenn wir diese implizite Wahl aus den Augen verlieren, dann ist der Einwand von Hans Freyer vollständig gültig: Anfangs wird postuliert, dass der Mensch ein Tier ist, und dann – im Nachhinein – stellt sich heraus, dass der Mensch – in diesen tierischen Kapazitäten begriffen – als etwas hoch Insuffizientes erscheint, das an sich eine Unmöglichkeit ist. Die aufrechte Haltung, die freie Hand mit dem opponierten Daumen (der der bildenden kulturellen Fantasie dient) und der geistig geprägte Gesichtsausdruck des Menschen drücken das aus, was man mit Konrad Lorenz (1971, S.231f) die ›Spezialisation auf Nichtspezialisiertsein‹ nennen kann.

Gehlen neigt dazu, die distinkten menschlichen Funktionen als eine Kompensation der fehlenden Instinktsicherung anzusehen. Allerdings ist das genaue Gegenteil der Fall. Die physikalischen, biotischen und sensitiven Dimensionen der menschlichen Existenz sind vollständig ausgerüstet für ein normativ geprägtes kulturelles Leben. Diese kulturelle Disposition, die man auch die *erste Natur* des Menschen nennen kann (und nicht – wie Portmann – die zweite Natur des Menschen), wird in den Fähigkeiten zu denken, Begriffe zu bilden und intelligent zu argumentieren deutlich. Man kann sie auch in der Fähigkeit erkennen, Werkzeuge nach einem freien Entwurf herzustellen, der eine freie formative Vorstellungskraft voraussetzt, und in der sprachlichen Kompetenz, sinnvolle Sprachlaute zu erkennen, zu artikulieren und richtig zu interpretieren usw. Die analytische Fähigkeit der Identifikation (i.e. das Herausheben bestimmter Eigenschaften) und der Unterscheidung (i.e. die Vernachlässigung anderer Eigenschaften) ist grundlegend für die technischen Fähigkeiten des Menschen: etwas nach einem Plan herzustellen. Obwohl Hart (1984, S.179ff) an einer Stelle argumentiert, dass die formativen/technischen Aspekte dem analytischen Aspekt vorgelagert sind, findet sich an anderer Stelle die Priorität der Begriffsbildung.

»Much reality contains concepts as constitutive elements of its nature. Almost all typically human products, nearly all of what we refer to as culture, cannot exist except through conceptualization. Without our having concepts of these realities we cannot produce them.« (Hart 1984, S.411, Anmerkung 28)

Das ist ein gutes Argument, das für eine Platzierung des logischen Aspekts vor dem formativ-technischen Aspekt in Bezug auf die kosmischen Modalitäten spricht. Obgleich ich hier nicht detailliert darauf eingehen möchte, sei doch die Tatsache erwähnt, dass dasselbe für den Zeichenmodus der Wirklichkeit gilt, den Hart (1984, S.180ff) den symbolischen Aspekt nennt. Alle typisch semantischen Phänomene wie Synonymität, Antinomie, Redundanz, Metaphern etc. setzten den analytischen Aspekt nicht nur voraus, sondern sind nur dann sinnvoll, wenn diese zwei Aspekte distinkt und irreduzibel sind (s. Strauss 1981, S.5-32).

Das Funktionieren des Menschen in diesen verschiedenen normativen Wirklichkeitssphären, das manchmal in einem sozialen Sinn hoch differenziert ist, lässt sich in bloß funktionalen Begriffen nicht vollständig erklären. Hart stellt völlig richtig fest, dass die integrale Identität einer menschlichen Person die menschliche Funktionalität übersteigt. Und er fährt fort:

»Human responsibility and accountability point to another dimension of human existence besides the functional dimension, namely spiritual. The spiritual in humanity cannot be fully understood as functionality, although it can be understood *only* if we understand it *in terms* of functionality.« (Hart 1984, S.270)

Materielle Dinge, Pflanzen und Tiere sind von den jeweiligen Aspekten geprägt und qualifiziert, nämlich dem physikalischen, dem biotischen und dem sensitiven Aspekt. Die menschliche Einzigartigkeit lässt sich genau von der Tatsache aus betrachten, dass keine der funktionalen menschlichen Aktivitäten jemals die gesamte menschliche Funktionalität umfassen kann. Mit einer guten Formulierung von Hart ausgedrückt: »In the life of a person, there is not a single qualifying function« that structurally unites and integrates all of human experience.« (Hart 1984, S.276). Das erklärt auch, warum menschliche Funktionalität offen ist, um mit Sicherheit das zu akzeptieren, was sich jenseits der Grenzen der Subjektivität befindet (s. Hart 1984, S.277).

Ich würde – wie Dooyeweerd in *A New Critique* (1997-III:87-89) – bevorzugen, die Möglichkeit eines menschlichen Reiches zu bestreiten, und zwar im Gegensatz zu Hart (1984, S.268ff), der konsequent von einem Menschenreich spricht. Das hängt natürlich von der Definition von ›Menschenreich‹ ab. Harts Definition besagt, dass ein Bereich die Existenzkategorien gemäß dem Ordnungsprinzip ist (s. Hart 1984, S.268). Diese Definition führt etwas Ambivalentes zwischen Harts unterschiedliche Bereiche ein, weil die drei Bereiche des Materiellen, des Vegetativen und der tierischen Existenz durch eine einzige modale Funktion einzigartig qualifiziert sind, während das Menschenreich überhaupt nicht durch eine einzige Funktion qualifiziert ist.

Bevor wir uns den vielen divergierenden Perspektiven über die menschliche Freiheit zuwenden, müssen wir die Einzigartigkeit des menschlichen Funktionierens im biotischen Wirklichkeitsaspekt diskutieren. Das dafür relevante Material findet sich bei Portmann (1969).

Die ontogenetische[16] Einzigartigkeit des Menschen

Um die ontogenetische Entwicklung des Menschen mit derjenigen der Tiere zu vergleichen, unterscheidet Portmann zwei distinkte Entwicklungstypen: *Nesthocker* und *Nestflüchter*. Nesthocker lassen sich wie folgt charakterisieren:

»Tiere mit einem geringer spezialisierten Körperbau und geringer Entwicklung des Gehirns sind meist auch ausgezeichnet durch einer kurzen Schwangerschaftsperiode (ca. 20

---

16 Haeckels Theorie der Rekapitulation – die Ontogenese ist eine kurze Wiederholung der Phylogenese – gilt als wissenschaftlich nicht begründet und begründbar (s. Overhage 1959c).

bis 30 Tage), durch hohe Nachkommenzahl in jedem Wurf (die Zahl der geworfenen Jungtiere pro Wurf ist relativ hoch und variiert von 5 bis 22) und durch den hilflosen Zustand des Jungtieres im Geburtsmomente. Diese Jugendstadien sind meist unbehaart, ihre Sinnesorgane sind noch verschlossen, und die Temperatur ihres Körpers ist noch von äußerer Wärme völlig abhängig (Insektenfresser, viele Nager, Kleinraubtiere, besonders die Marder).« (Portmann 1969, S.28)[17]

Nestflüchter sind von Geburt an in der Lage, sich wie ihre erwachsenen Eltern zu bewegen. Die Augen und die Gehörgänge der Nestflüchter sind bei der Geburt bereits offen, und ihre Körperhaltung und körperlichen Proportionen gleichen exakt denen der ausgewachsenen Mitglieder ihrer Spezies. Die höher entwickelten Nestflüchter haben eine lange Schwangerschaftsperiode (mehr als 50 Tage und manchmal länger als 20 Monate), aber – bei den meisten Arten – ist die Zahl der Nachkommen auf ein bis zwei (selten 4) beschränkt. Als Beispiele für diese Kategorie kann man Huftiere, Seelöwen, Wale, Pferde und Affen anführen. Portmann verweist darauf, dass sich konstante Zusammenhänge zwischen dem Grade der Organisation und der Entwicklungsweise einer Säugergruppe nachweisen lassen. Die Säugetiere, die ein hoch entwickeltes Gehirn haben, erfahren eine lange Wachstumsperiode innerhalb des Mutterleibs und treten als Nestflüchter in die Welt – wie das Schwein, das Pferd, das Schaf, der Seelöwe und der Wal (s. Portmann 1969, Kapitel 2).

Um diese Klassifikation zu erhärten, verwendet Portmann verschiedene und voneinander unabhängige Kriterien.[18] So ist beispielsweise das Wachstum des Gehirns ein wichtiges Element in der Entwicklung eines Individuums. Portmann (1969, S.50) vergleicht die Steigerungsraten bei den Säugetieren (mit dem Faktor 5 als Trennlinie) und zeigt, dass Nesthocker und Nestflüchter einzigartig differenziert sind – die zweitgenannte Gruppe zeigt einen Faktor von über 5, und die erstgenannte Gruppe zeigt einen Faktor von weniger als 5.

Folgende Frage liegt auf der Hand: Ist der Mensch ein Nesthocker oder ein Nestflüchter? Der Mensch wird hilflos und unfähig geboren, für sich selbst zu sorgen und sich wie ein Erwachsener zu bewegen. Wie bei den Nesthockern ist es also notwendig, für das Neugeborene zu sorgen. Doch ist das bereits ausreichend,

---

17 Über Katzen und Hunde sagt Portmann (1969, S.31) folgendes: »Katzen und Hunde nehmen eine Mittelstellung ein, die auch dem Grade ihrer Spezialisierung und Organisationshöhe entspricht: Wohl sind ihre Jungen Nesthocker, doch sind sie im Geburtsmomente bereits viel weiter entwickelt als die von Ratten oder Igeln.«

18 Als ein Ergebnis der Konzentration ausschließlich auf den Kopf (zum Teil dadurch verursacht, dass bei fossilen Funden der Schädel leichter zugänglich ist) führt Bolk die bereits erwähnte Fötalisierung ein, die die Persistenz der pränatalen Eigenschaften in der menschlichen Form postuliert. Nach Portmann (1969, S.46) widersprechen die Tatsachen dieser Theorie, sobald man die Körperproportionen der Tiere in Betracht zieht.

den Menschen tatsächlich als Nesthocker zu klassifizieren? Die Antwort auf die Frage lautet: nein. Denn der Mensch wird mit einer für Nestflüchter typischen Eigenschaft geboren – mit offenen Augen und offenen Gehörkanälen. Aber damit können wir den Menschen nicht als Nestflüchter klassifizieren. Denn in scharfem Gegensatz zu den Nestflüchtern, deren Proportionen bei der Geburt denjenigen der erwachsenen Vertreter der Spezies gleichen, sind die Proportionen des menschlichen Neugeborenen im Vergleich zum Erwachsenen disproportional. Das wirft den Menschen wieder zurück in die bereits abgelehnte Kategorie des Nesthockers! Daraus folgt – als einzig mögliche Konsequenz aus der Klassifikation der Säugetiere in Nesthocker und Nestflüchter –, dass der Mensch keiner dieser beiden Kategorien angehört!

Weiters übertrifft die Masse des menschlichen Gehirns dasjenige von Anthropoiden um mindestens das doppelte (ungefähr 370 Gramm, verglichen mit 150 Gramm beim Orangutan oder dem Schimpansengehirn). Im Vergleich mit den Anthropoiden wird der Mensch zu früh geboren – und zwar fast ein Jahr zu früh: Erst im Alter von einem Jahr erreicht das Menschenkind einen Entwicklungsstand, der demjenigen des typischen Säugetiers bei der Geburt entspricht. Das bedeutet: Für ein genuin menschenähnliches Säugetier braucht es ein Extrajahr. Portmann spricht von der menschliche Geburtszustand als eine Art »physiologischer«, d.h. normalisierter Frühgeburt: »Die wirkliche Dauer der menschlichen Schwangerschaft sehr viel kürzer ist, als sie für eine typische Säugerentwicklung bei unserer Organisationsstufe sein müßte.« (Portmann 1969, S.58; s. auch Portmann 1990, 49 ff.) Portmann gesteht ein, dass die physiologische Frühgeburt des Menschen nur mittels einer breiteren Perspektive zu verstehen ist. Er spricht von einer ›extrauterinen Frühzeit‹ in der biotischen Entwicklung des Menschen (s. Portmann 1969, S.89).

In der zweiten Hälfte des ersten Lebensjahres treten die typisch menschlichen Eigenschaften beim sich entwickelnden Baby auf – die aufrechte Haltung, analytische Einsicht, Sprachgebrauch, freie Wahl etc. Alle diese Aktivitäten entwickeln sich innerhalb des kulturellen Milieus der menschlichen Gesellschaft. Die Tatsache, dass diese Phänomene innerhalb des ersten Jahres nach der Geburt auftreten – in jener Zeit, in der höhere Säugetiere nach wie vor im Leib des Muttertieres sind –, zeigt, dass das ›extrauterine‹ Jahr des Menschen dazu bestimmt ist, auf typisch menschliche Weise die Kultur aufzunehmen. Die Wachstumsretardation zwischen dem zweiten und dem neunten Jahr deckt die Gerichtetheit auf die komplizierten Lern- und Aneignungsprozesse auf, die es einer Person ermöglichen, sich das gewaltige kulturelle Vermächtnis der Gesellschaft anzueignen, in der sie aufwächst. Entsprechend der relativ langen Jugendperiode erfährt der Mensch eine relativ lange Reifeperiode, die dem Kulturtransfer dient. So wird durch Erziehungsprozesse und Institutionen das Erbe an die nachfolgenden Generationen weitergereicht.

Im Großen und Ganzen verleihen all diese Perspektiven der Schlussfolgerung an Gewicht, dass zwar sowohl Mensch als auch Tier innerhalb eines biotischen Wirklichkeitsaspekts funktionieren, dass aber das menschliche biotische Funktionieren absolut einzigartig ist, was sich ganz klar im außergewöhnlichen Wachstumsmuster des Menschen zeigt. Portmann deklariert emphatisch:

»Je klarer uns die menschliche Daseinsform vor Augen steht, um so folgenschwerer tritt die Gewißheit hervor, daß die Frage nach dem Ursprung des Menschen wie die ebenso schwere nach der Entstehung der großen Gestaltenkreise des Lebendigen mit den Mitteln der Forschung heute nicht beantwortet werden kann.« (Portmann 1969, S.163)

Autonome Freiheit versus natürliche Kausalität

Wie Dooyeweerd (1997-I, S.207ff; S.216ff) ausführlich und schlüssig zeigt, empfängt die moderne Philosophie ihre Richtungsimpulse vom dialektischen Gegensatz zwischen dem Ideal der allumfassenden kausalen (naturwissenschaftlichen) Erklärung einerseits und dem Ideal des Menschen als autonomer und freier Person andererseits – i.e. das Motiv von *Freiheit* und *Natur*.

Mit der Geburt der modernen Philosophie während und nach der Renaissance tritt das neue Ideal der autonomen Person hervor, obwohl das Ziel der Philosophie damals in erster Linie darin lag, die Natur rational mittels der jungen Naturwissenschaften zu beherrschen. Descartes' Maxime, dass die Ideen klar und distinkt sind – wobei die Klarheit fundamentaler als die Distinktheit ist (s. Descartes 1965, S.XLVI) –, orientiert sich an der Mathematik als Modell für das Denken. Sogar die Gewissheit, dass Gott existiert, ist nur durch klares und distinktes Denken zu erreichen. Descartes verwendet die Idee Gottes, um sein angefeindetes mathematisches Denken mit der Eigenschaft der Gewissheit zu versehen – womit er die Unfehlbarkeit der neuen mathematischen Methode prägt. Nach der Diskussion der Mathematisierung der Natur durch Galilei und des modernen physikalistischen Rationalismus beschreibt Edmund Husserl (1954, S.119) diese neue Phase der modernen Philosophie als die Geburtsstunde des rationalistischen Wissenschaftsideals. Allerdings gerät das Freiheitsmotiv, das mit nahezu innerer Notwendigkeit das dominante Motiv des Wissenschaftsideals geboren hat, in Widerspruch mit sich selbst. Wenn das Ganze der Wirklichkeit mittels der Rekonstruktion durch kreative Gedanken in Begriffen der exakten und unerbittlichen Naturgesetze von Ursache und Wirkung (also in Begriffen eines universellen Determinismus) umrahmt werden kann, dann muss auch die Freiheit der autonomen Person durch unveränderliche Naturgesetze determiniert sein. Das Wissenschaftsideal entpuppt sich als wahrer Frankenstein, die inhärente Dialektik zwischen dem Freiheitspol und dem Naturpol in der modernen Philosophie demonstrierend.

Die subtile, aber grundlegende kantische Unterscheidung zwischen ›Erscheinung‹ und ›Ding an sich‹ dient der Rettung eines getrennten (und übersinnlichen) Bereichs für den Menschen als autonomes ethisches Wesen, also des Selbstzwecks. Die Kategorie ›Ursache und Wirkung‹ (zusammen mit allen anderen Kategorien) lässt sich ausschließlich auf sinnliche Erscheinungen anwenden und nicht auf Dinge an sich, worunter auch der freie Wille fällt. Kant erkennt deutlich das Grundproblem, dass eine unbegrenzte Anwendung der Kausalitätskategorie (aufgefasst im deterministischen und mechanistischen Sinn der klassischen Physik) notwendigerweise zur Aufhebung jeglicher Freiheit führt:

»Nun wollen wir annehmen, die durch unsere Kritik notwendig gemachte Unterscheidung der Dinge, als Gegenstände der Erfahrung, von eben denselben, als Dingen an sich selbst, wäre gar nicht gemacht, so müßte der Grundsatz der Kausalität und mithin der Naturmechanism in Bestimmung derselben durchaus von allen Dingen überhaupt als wirkenden Ursachen gelten. Von eben demselben Wesen also, z.B. der menschlichen Seele, würde ich nicht sagen können, ihr Wille sei frei, und er sei doch zugleich der Naturnotwendigkeit unterworfen, d.i. nicht frei, ohne in einen offenbaren Widerspruch zu geraten; weil ich die Seele in beiden Sätzen in eben derselben Bedeutung, nämlich als Ding überhaupt (als Sache an sich selbst) genommen habe, und, ohne vorhergehende Kritik, auch nicht anders nehmen konnte. Wenn aber die Kritik nicht geirrt hat, da sie das Objekt in zweierlei Bedeutung nehmen lehrt, nämlich als Erscheinung, oder als Ding an sich selbst; wenn die Deduktion ihrer Verstandesbegriff richtig ist, mithin auch der Grundsatz der Kausalität nur auf Dinge im ersten Sinne genommen, nämlich so fern sie Gegenstände der Erfahrung sind, geht, eben dieselbe aber nach der zweiten Bedeutung ihm nicht unterworfen sind: so wird eben derselbe Wille in der Erscheinung (den sichtbaren Handlungen) als dem Naturgesetze notwendig gemäß und so fern nicht frei, und doch anderseits, als einem Dinge an sich selbst angehörig, jenem nicht unterworfen, mithin als frei gedacht, ohne daß hiebei ein Widerspruch vorgeht.« (*KrV*, B XXVII-XXVIII)

Die Rettung der (autonomen) Freiheit zwingt Kant die Trennung zwischen Erscheinung und Ding an sich auf. Das wird in der gesamten transzendentalen Dialektik offenkundig. Bei der Diskussion der dritten kosmologischen Idee erklärt er einmal mehr, dass man den Erscheinungen keineswegs eine absolute Existenz zuschreiben darf:

»Und hier zeigt die zwar gemeine, aber betrügliche Voraussetzung, der absoluten Realität der Erscheinungen, sogleich ihren nachteiligen Einfluß, die Vernunft zu verwirren. Denn, sind Erscheinungen Dinge an sich selbst, so ist Freiheit nicht zu retten.« (*KrV*, B 565)

In der abschließenden Bemerkung dieses Paragraphen enthüllt Kant das Grundmotiv der gesamten *Kritik der reinen Vernunft*:

»Hier habe ich nur die Anmerkung machen wollen: daß, da der durchgängige Zusammenhang aller Erscheinungen, in einem Kontext der Natur, ein unnachlaßliches Gesetz ist, dieses alle Freiheit umstürzen müßte, wenn man der Realität der Erscheinungen hartnäckig anhängen wollte. Daher auch diejenigen, welche hierin der gemeinen Meinung folgen, niemals dahin haben gelangen können, Natur und Freiheit mit einander zu vereinigen.« (*KrV*, B 565)

Eine teleologische Brücke

Diese inhärente Dialektik, die in dem grundlegenden Motiv von Natur und Freiheit eingeschlossen ist, bringt Kant bereits in der *Kritik der reinen Vernunft* zu einer negativen Bestimmung der menschlichen Freiheit – Freiheit wird als Freisein von Naturnotwendigkeit gesehen (s. *KrV*, B 651-652). In der *Kritik der Urteilskraft* entwirft Kant jenen einflussreichen Gedanken über die Art und Weise, wie sich Natur und Freiheit gegenseitig dialektisch voraussetzen. Obwohl das menschliche Denken a priori die Kategorie der Kausalität als ein unerbittliches Naturgesetz auf die Natur anwendet, nähert sich Kant der organischen Natur teleologisch. Die Natur ist so vorgestellt, als wäre die Vielfalt der sie durchwaltenden Gesetze in einem vereinigenden Grund der Vernunft vereinigt (s. Kant 1968 = KdU, B VIII). Der Begriff der natürlichen Teleologie dient im kantischen System als Vermittlungsbegriff zwischen Naturbegriff und Freiheitsbegriff. Die Zweckmäßigkeit der Natur ist ein regulatives Prinzip der reflektierenden Urteilskraft (s. KdU, B LVI), sie ist niemals konstitutiv. Fasste man die Prinzipien der reflektierenden Urteilskraft als konstitutiv auf, so würde der Begriff des Naturzwecks eben nicht mehr bloß für die reflektierende Urteilskraft reserviert sein, sondern zur bestimmenden Urteilskraft gehören. Damit würde sie aber gleichzeitig ihren Status als Begriff der Urteilskraft verlieren und zu einem Verstandesbegriff mutieren, womit ein neuer Kausalitätsbegriff in die Naturwissenschaft eingeführt wäre (s. KdU, B 269f).[19] Genau das will Kant ja vermeiden, wenn er die Zweckmäßigkeit als ein Prinzip der reflektierenden Urteilskraft bestimmt, das ausschließlich regulativen Charakter hat.

Das teleologische Prinzip funktioniert nur als subjektive Maxime beim Urteil über die Natur. Es lässt sich daher nicht auf die Dinge an sich anwenden. Konsequenterweise sucht Kant die Versöhnung zwischen der kausal bestimmenden und der teleologisch reflektierenden Sicht der Natur in der Einheit eines übersinnlichen Prinzips, das für die Totalität der Natur als System gültig sein soll (s. KdU, B 304). Aber diese ›Lösung‹ vereinigt die opponierenden Pole der Natur und der Freiheit nicht wirklich, sondern bestärkt vielmehr den grundlegenden Dualismus zwischen natürlicher Notwendigkeit und übersinnlicher Freiheit, jede mit der ihr eigenen Gesetzgebung (s. KdU, B LIII-LIV).

Auch Friedrich Schelling strebt eine Synthese von Natur und Freiheit an. Fehlt der Widerspruch zwischen Notwendigkeit und Freiheit, dann schrumpft

---

19 Wovor Kant hier warnt, ist genau das, was die neo-vitalistische Biologie von Hans Driesch macht. Das belegt der Begriff der ›Ganzheitskausalität‹ (s. Driesch 1920, S.416ff; S.542ff).

nicht nur jede Philosophie, sondern jeder höherer Wille des Geistes zur Unbedeutsamkeit (s. Schelling 1968, S.282). Daher nimmt Schelling an, dass in der Natur selbst ein Freiheitsprinzip verborgen ist und dass die Geschichte auf einem verborgenen Notwendigkeitsprinzip beruht. Offensichtlich ist auch dieser Vorschlag nicht wirklich eine Synthese oder eine Versöhnung, weil es zu nicht viel mehr führt als zu einer Verdoppelung der ursprünglichen Dialektik: Notwendigkeit dringt in den Freiheitsbereich und Freiheit dringt in den Notwendigkeitsbereich ein.

Eine negative Beschreibung der Entelechie: Der Einfluss von H. Driesch

Ohne die klassisch mechanistische Analyse der Materie zurückzuweisen, erweitert Driesch mit seiner neo-vitalistischen Biologie die Anwendung des deterministischen Konzepts auf biotische Phänomene. Der traditionelle mechanistische Ansatz ist seiner Meinung durch die materielle Grundlage der Dinge begrenzt. Driesch interpretiert ja die regenerativen Phänomene, die sich bei lebendigen Dingen beobachten lassen, gemäß den Begriffen seiner Theorie als ›equi-potential harmonous systems‹ und als ›Ganzheitskausalität‹. Der wichtige Beitrag von Driesch zum Freiheitsproblem liegt in seinem Begriff der ›Entelechie‹, die nicht auf positive Weise beschrieben werden kann. Für Driesch (1920, S.513; S.459ff) ist sie ein ›Verneinungssystem‹: Die Entelechie ist nicht mechanisch, sie ist nicht Energie, keine Kraft, keine Konstante (Driesch 1920, S.460) und sie ist nicht räumlich (ebd., S.513). Der Unterschied zwischen der atomistisch gedachten ›Einzelkausalität‹ und der holistisch gedachten ›Ganzheitskausalität‹ wird auch durch die Opposition von Ganzheit und Zufall gerahmt. Driesch stellt die genuine Freiheit der Determination gegenüber und erklärt, dass die Freiheitsfrage als metaphysische Glaubensfrage behandelt werden sollte, die sich durch die philosophische Wissenschaft nicht beantworten lässt (s. Driesch 1931, S.93-122). Obgleich Kants und Driesch' Ansichten über die Philosophie differieren, stimmen sie darin überein, dass Freiheit kein Gegenstand des wissenschaftlichen Beweises, sondern zum (praktischen) Glauben zu zählen ist.

Mit seiner Theorie der Willensfreiheit setzt Arnold Gehlen die negative Beschreibung von Driesch' Entelechie fort. Da er sich aber explizit auf Schellings Freiheitsidealismus beruft, kommt es sofort zu einer Transformation der Entelechie, um einen Eingangspunkt für die Freiheit zu bekommen. Gleichzeitig erkennt Gehlen, dass Driesch die biotischen Phänomene der Herrschaft des klassisch deterministischen Wissenschaftsideals unterwirft. Daher beschränkt er einmal mehr die Kausalität auf mechanische Kausalität.

»Da nun Kausalität nur als mechanische denkbar ist, so ist die Entelechie oder Körperseele negativ *frei,* d.h. in einem nicht näher bestimmbaren Sinne spontan und primär.« (Gehlen 1965, S.60)

Die Spannung zwischen Natur und Freiheit führt Max Scheler (1962, S.38, S.40) zu der bekannten ›Weltoffenheit‹ des Menschen.[20] Vor dieser Folie entwickelt Plessner seine Auffassung vom Menschen als eine exzentrische Kreatur, während Biologen und Anthropologen wie Portmann, Overhage und Gehlen dem Begriff der Weltoffenheit in ihren Schriften eine prominente Stellung einräumen. Auch die Theologie profitiert von diesem Begriff. Wolfhart Pannenberg (1968, S.11) beispielsweise interpretiert ihn als »grenzenlose Angewiesenheit des Menschen« und setzt ihn in Relation zur »grundlegend biologischen Struktur des Menschen« (s. auch Scherer 1980, S.79ff). Letztlich wird der Begriff der Weltoffenheit als Abwehr gegen das naturwissenschaftliche Ideal verwendet, das von einer völligen Bestimmtheit des Menschen ausgeht. Die Intention dieser Autoren liegt in dem Aufweis, dass der Mensch von der Determination durch Kausalität frei ist.

In seiner Dissertation, die die philosophischen Aspekte von Portmanns Biologie behandelt, formuliert R. Kugler (1967, S.75) die These, dass Portmann den Menschen als wesentlich frei denkt. Dabei ist sich Portmann gleichzeitig bewusst, dass sich die Freiheit als philosophische Idee dem Zugriff der Wissenschaft entzieht. Kugler platziert seinen Ansatz innerhalb der großen Tradition der philosophischen Determination des Menschen, die bis zu Kant zurück reicht. »Jenes innerste Wesen des Menschen ist die Freiheit, das ist die Möglichkeit, sich selbst zu dem zu machen, was er ist.« (Kugler 1967, S.81) Man kann diese Feststellung einer Aussage von Plessner gegenüber stellen: »As eccentrical organized creature the human being must make itself into that what it already is.« (Plessner 1965, S.309) Gehlen legt dar, dass diese Ausdrucksweise das Denkschema der normalen Teleologie darstellt. Diese Tradition ist durch Fichte beeinflusst.

»Ich will frei sein [...] heißt: ich will selbst mich machen zu dem, was ich sein werde. Ich müßte sonach [...] was ich werden soll, in gewisser Rücksicht schon sein, ehe es ich bin, um mich dazu auch nur machen zu können.« (Gehlen 1965, S.103f)

Fichte wiederum ist von Kant beeinflusst, der die Teleologie als Brücke zwischen Freiheit und Notwendigkeit einführt. Diese philosophische Tradition, die mechanische Kausalität und Teleologie (Natur und Freiheit) dialektisch verknüpft, inspiriert E. v. Hartmann, die Naturwissenschaftler an folgendes zu erinnern:

---

20 In dieser Arbeit skizziert Scheler das absolute Wesen als eine endlose, wechselseitige Durchdringung von Geist und Drang – der Geist führt und leitet den Drang, aber erhält seine Kraft von diesem gleichermaßen ursprünglichen Lebensdrang.

»Hätten unsere Naturforscher etwas mehr philosophische Bildung, so würden sie wissen, daß die ganze deutsche Spekulation von Leibniz und Kant bis zur Gegenwart eine von der mechanischen Kausalität losgerissene Teleologie ebenso entschieden verurteilt wie eine von der Teleologie losgerissene mechanistische Weltanschauung und daß sie gegen Windmühlen fechten, wenn sie sich noch immer gegen die philosophische Teleologie als eine solche ereifern, die mit dem Prinzip der mechanischen Kausalität im Gegensatze stände.« (Hartmann, zitiert nach Haas 1959, S.456)

Verstärkte Dialektik: Existenzialismus und existenzialistische Phänomenologie

Obwohl verschiedene philosophische Strömungen im 20. Jahrhundert von Kants rationalistischer Philosophie ausgehen, bleibt als die zu Grunde liegende Motivationskraft das Leitmotiv von Natur und Freiheit in Kraft. Der existenziale Phänomenologe Merleau-Ponty, der sich zu einem großen Teil auf psychologische und psychopathologische Studien verlässt, versteht den Menschen dialektisch in den Begriffen zweier Grundnenner: Leib (in einem biotischen Sinn als Organismus) und Existenz (verstanden als Historizität). Mit Sartre akzeptiert Merleau-Ponty die Aussage: »Ich bin ein Leib.« Andererseits vertritt er auch die Meinung, dass die historische Existenz des einzelnen den leiblichen Organismus bis zu der vorpersönlichen Ebene eines anonymen Komplexes verdrängt. Inspiriert vom Naturpol des humanistischen Grundmotivs, schreibt er:

»Die Funktion des lebendigen Leibes kann ich nur verstehen, indem ich sie selbst vollziehe, und in dem Maße, in dem ich selbst dieser einer Welt sich zuwendende Leib bin.« (Merleau-Ponty 1066, S.99)

Über die gegenteilige Motivation sagt er:

»Als persönliches Zugehören zu einer Form von Welt überhaupt, als anonymes und allgemeines Dasein, spielt mein Organismus im Grunde meiner Esistenz die Rolle eines angeborenen Komplexes.« (Merleau-Ponty 1966, S.108f)

Einerseits bin ich also ein Leib, doch andererseits ist mein Leib ein prä-reflexiver, prä-personaler anonymer Komplex kraft seines in-der-Welt-seins (s. Merleau-Ponty 1970, S.79, S.80, S.82, S.86). Natur und Freiheit gefährden sich gegenseitig und setzen einander voraus.

»In einer Gefahr kann kann es sogar geschehen, daß die menschliche Situation die biologische auslöscht, mein Leib rückhaltlos aufgeht in meinem Tun. Doch solche Augenblicke können immer nur Augenblicke sein, und zumeist verdrängt die persönliche Existenz den Organismus, ohne ihn je überwinden noch auch je auf sich selbst verzichten zu können, ohne je ihn auf sich oder sich auf ihn reduzieren zu können.« (Merleau-Ponty 1966, S.109)

Die dialektische Bewegung zwischen diesen beiden Polen lässt sich am besten im folgenden Zitat erkennen:

»Konkret genommen, ist der Mensch nicht ein Psychismus, verbunden mit einem Organismus, sondern das *Kommen und Gehen* der Existenz, die bald sich körperlich sein läßt, dann wieder in persönlichem Handeln sich zuträgt. Psychologische Motive und körperliche Anlässe können sich miteinander verschlingen, da keine Bewegung des lebendigen Leibes psychischen Intentionen gegenüber absolut zufällig ist, aber auch kein psychischer Akt, der nicht in physioloigscher Anlage wenigstens seinen Keim oder seine allgemeine Vorzeichnung hätte.« (Merleau-Ponty 1966, S.113; Hervorhebung von DS)

Karl Jaspers sieht die Sackgasse dieses dialektischen Erbes vielleicht am deutlichsten sieht. Sein Bekenntnis lautet: »Da Freiheit nur durch und gegen Natur ist, muss sie als Freiheit scheitern. – Freiheit ist nur, wenn Natur ist.« (Jaspers 1948, S.871)

Freiheit auf molekularem Niveau

Manchmal verblüfft es zu sehen, welchen Effekt die angenommene Kontinuität der Abstammungsreihe von den Molekülen hin zum Menschen hat. Denn eines ist klar: Wenn man dem Menschen Freiheit zugesteht, dann verlangt die Kontinuität des genetischen Prozesses, dass nichts wirklich Neues in dieser Linie entsteht. Daher ist Hans Jonas, der vom der Priorität des Freiheitsmotivs ausgeht, dazu ›gezwungen‹, die Freiheit bereits auf molekularem Niveau anzuerkennen (wie schon im dritten Kapitel erwähnt).

»Und unsere Behauptung ist in der Tat, daß schon der *Stoffwechsel*, die Grundschicht aller organischen Existenz, Freiheit erkennen läßt – ja, daß er selber die erste Form der Freiheit ist.« (Jonas 1973, S.13)

Jonas fährt einige Seiten später fort:

»[D]as Leben manifestiert diese Polarität ständig in diesen grundlegenden Antithesen, zwischen denen seine Existenz sich spannt: der Antithese von Sein und Nichtsein, von Selbst und Welt, von Form und Stoff, von *Freiheit* und *Notwendigkeit*.« (Jonas 1973, S.15f; Hervorhebung von DS)

Bernard Rensch gelangt zu der gegenteiligen Überzeugung, obwohl er die Überzeugung über die Kontinuität der Abstammung vom Molekül zum Menschen teilt. »According to our previous findings and discussions we are justified in assuming

[...] psychic (parallel) processes of some kind in all living beings.« (Rensch 1959, S.352) Diese psychische Kontinuität muss die Brücke zwischen dem Lebendigen und dem Unlebendigen schlagen.

»Here again it is difficult to assume a sudden origin of first psychic elements. It would not be impossible to ascribe ›psychic‹ components to the realm of inorganic systems also, i.e. to credit nonliving matter with some basic and isolated kind of ›parallel‹ processes.« (Rensch 1959, S.342)

Daher nimmt die Materie eine »protopsychisches Natur« an (s. Rensch 1969, S.134f). Und weil das Universum durch ewige Grundgesetze beherrscht wird, ist für Rensch die Akzeptanz der Willensfreiheit ausgeschlossen.

»If ›free will‹ really existed, it would have emerged in the head of the human being, thereby disrupting the causal law which governs the processes of the brain.« (Rensch 1971, S.211)[21]

Verwerfung der Strukturbedingungen: der Nominalismus

Es fällt der modernen Philosophie unheimlich schwer, konstante und universelle Bedingungen zu akzeptieren, die der menschlichen Freiheit zu Grunde liegen. Als Resultat des überwältigenden Einflusses durch den modernen Nominalismus werden größtenteils die universelle Schöpfungsordnungen für und die (universelle) Geordnetheit (›orderliness‹) der Entitäten zurückgewiesen, die den vorigen Bedingungen unterworfen sind. Einige der prominentesten Strömungen in der modernen Philosophie betonen das stets veränderliche und kontingente Wesen der menschlichen Welt. Während seines Besuchs in Südafrika wurde Richard Rorty sogar als Spezialist in Sachen Kontingenz angekündigt!

Ich möchte keineswegs die Einzigartigkeit, Individualität und Kontingenz leugnen, die in der menschlichen Welterfahrung präsent ist. Doch ich bin auch der Meinung, dass man sehr vorsichtig sein sollte, um die Fallen des modernen Nominalismus zu vermeiden. In diesem Kontext hier sollte es ausreichen darauf hinzuweisen, dass Kontingenz und Veränderung nur innerhalb der Grenzen von Strukturbedingungen stattfinden können, die nicht nur universell, sondern auch konstant sind. Ich habe an anderer Stelle einige Aspekte dieses Problems analysiert (s. Strauss 1985, S.133ff, S.138ff; Strauss 1984, S.36-37; siehe auch Hart 1984, S.65ff). Der springende Punkt im Zusammenhang mit dem Freiheitsprob-

---

21 Rensch (1968, S.185) verdeutlicht: »Speziell durch die stammesgeschichtliche Betrachtung denke ich es aber doch zumindest sehr wahrscheinlich gemacht zu haben, daß ein Teil der willentlichen Abläufe des Menschen uns lediglich wegen der außerordentlichen Komplikation des assoziativen Gefüges als frei erscheint.«

lem liegt darin anzuerkennen, dass menschliche Freiheit hinsichtlich der strikten Beziehung zwischen universellen normativen Bedingungen und subjektiven Antworten auf diese zu bewerten ist. Hart hat vollkommen Recht, wenn er sagt:

»I will defend the view that being free is not opposed to being determined, [since] only what is determined can be free and only what is free can be determined.« (Hart 1984, S.298)

Hier bedeutet ›determined‹ nichts anderes als ›being subjected to a universal conditioning order‹. Allerdings konfrontiert uns die Ordnungsdiversität der Welt mit verschieden strukturierten, subjektiven Antworten durch die Kreaturen, und diese Perspektive lässt uns erkennen, dass die menschliche Freiheit das Ergebnis der einzigartigen Verantwortungsfähigkeit des Menschen ist, seiner Fähigkeit zu antworten. Was einzigartig am Menschen ist, liegt nicht darin, dass der Mensch von Bedingungen frei ist – was er nämlich nicht ist –, sondern dass der Mensch in der Unterworfenheit unter Bedingungen diesen gegenüber auf einzigartig variierender Weise frei gehorchen kann und sogar versucht ist – als ein Effekt der Sünde –, nicht zu gehorchen. Die Geschichte des Argumentierens für einen speziellen Platz des Menschen auf der Erde ist oftmals dialektisch motiviert durch den Drang, den Menschen nicht als etwas Bedingtes, sondern – im Gegensatz zur Natur – als den autonomen Ursprung von Bedingungen zu sehen (s. Hart 1984, S.295).

Galilei formuliert den Begriff des sich einheitlich bewegenden Körpers, der dem Trägheitsgesetz zu Grunde liegt, aufgrund eines Gedankenexperiments, ohne dabei auf tatsächliche sinnliche Erfahrung Bezug zu nehmen. Das inspiriert ja Kants ganze Wissenschaftstheorie (s. Holz 1975, S.345-358). Weizsäcker (1971, S.128) umreißt die Probleme der kantischen Philosophie mit folgender Frage: Was ist die Natur, wenn sie den Gesetzen gehorchen muss, die der Mensch gedanklich formulieren kann? Kant interpretiert die Prozeduren von Galilei implizit wie folgt: Weil das Trägheitsgesetz aufgrund der reinen Denktätigkeit, aufgrund der spontanen Subjektivität des Denkens abgeleitet und den sich bewegenden Körpern vorgeschrieben wird, führt ihn das zur kopernikanischen Wende in der Philosophie, indem er die Erkenntnispriorität nicht länger dem Objekt, sondern dem Subjekt zuschreibt. Damit zieht Kant eine radikale (rationalistische) humanistische Schlussfolgerung – die Naturgesetze sind a priori in der Subjektivität des Menschen enthalten.

»Die synthetische Einheit aber kann hier keine andere sein, als die der Verbindung des Mannigfaltigen einer gegebenen Anschauung überhaupt in einem ursprünglichen Bewußtsein, den Kategorien gemäß, nur auf unsere sinnliche Anschauung angewandt. Folglich steht alle Synthesis, wodurch selbst Wahrnehmung möglich wird, unter den Kategorien, und, da Erfahrung Erkenntnis durch verknüpfte Wahrnehmung ist, so sind die Kategorien Bedingungen der Möglichkeit der Erfahrung, und gelten also a priori auch von allen Gegenständen der Erfahrung.« (*KrV*, B162)

Und eine Seite später lesen wir in der *Kritik der reinen Vernunft*:

»Kategorien sind Begriffe, welche den Erscheinungen, mithin der Natur, als dem Inbegriffe aller Erscheinungen (natura materialiter spectata), Gesetze a priori vorzuschreiben.« (*KrV*, B 163)

Diese rationalistische Neigung von Kant wird schließlich historisiert. Die Art, in der Rauche das Wahrheitsproblem formuliert, ist deutlich durch kantische Untertönen mit bestimmt.

»Truth is a matter of the mind. It is the translation of our sense-experience into rational terms or concepts, while the real is perceived through the senses and is yet still chaotic and unorganized by the mind.« (Rauche 1971, S.9)

Rauche akzeptiert nicht mehr den kantischen Verstandesbegriff, der zur universell gültigen Formgebung in der Lage ist – jede Person kann nur ihre eigene und besondere Konstitutionsaktivität begründen. Die menschlichen Perspektiven sind in einer endlichen und kontingenten Welt verwurzelt, und sie werden durch Erfahrung verifiziert.

»It is the world of becoming and change, namely, the ever changing concrete objects, which represent the environment of human beings, causing them to feel uncertain and insecure, so that they are impelled to order it rationally. It is thus not a vague abstract ›something‹ toward which we direct our intent, but it is a concrete situation that causes us to build our world, which in its stage of constitution must be peculiar, different and in this sense contradictory to the constituted world of our fellow human beings.« (Rauche 1966, S.99)

Damit wird die kantische Idee der universellen Gültigkeit des Denkens fundamental historisiert. Doch diese Historisierung hinterlässt uns mit nichts anderem als mit antinomisch und widersprüchlich geordneten Welten von unterschiedlichen Leuten in differierenden historischen Situationen (s. Rauche 1971, S.34).

Wenngleich die rationalistischen und irrationalistischen Trends in der modernen Philosophie radikal zu divergieren scheinen, haben sie im Nominalismus ihre gemeinsame Wurzel, der die oberflächliche Divergenz überschreitet. Der Rationalismus sieht in den Universalien die einzige Erkenntnisquelle, womit für die Erkenntnis von Dingen in ihrer Individualität kein Platz ist. Die Begriffsbildung ist trotzdem immer an die universelle Ordnung von Dingen und die universelle Geordnetheit der Dinge gebunden. Das impliziert – was Aristoteles bereits erkannt hat –, dass man die individuelle Seite einer Entität begrifflich nicht erkennen kann. Unglücklicherweise identifiziert er auf rationalistische Weise das Wissen mit begrifflichem Wissen (s. *Metaphysik*, 1040a 5ff).

Im Gegensatz zu dieser rationalistischen Position möchte ich betonen, dass wir sehr wohl Kenntnis von der individuellen Seite der Dinge haben, obgleich diese nicht begrifflich ist. Es ist eine Erkenntnisart, die die Grenzen der begrifflichen Fassung übersteigt. Durch universelle Eigenschaften vermittelt, verweist die begriffstranzendierende Erkenntnis auf die individuelle Seite der Entitäten. Kant hat für diesen Zweck den Terminus ›Grenzbegriff‹ eingeführt. Es muss eine Denkform geben, in der wir das, was begrifflich unerkennbar ist, *denken* können – und das ist die Idee als Grenzbegriff, als begriffstranzendierenden Erkenntnis. Ein Grenzbegriff (›Idee‹) konzentriert sich auf die Diversität in der Welt – auf der Grundlage dessen, was die Grenzen aller Begriffsbildung übersteigt. Der Rationalimus lässt keinen Raum für die begriffstranzendierende Erkenntnis. Der Irrationalismus andererseits betont die kontingente Einzigartigkeit der individuellen Seite der Entitäten oder Ereignisse, die die Grenzen der Begriffsbildung transzendieren, und lässt daher keinen Raum für begriffliches Wissen.

In Hinsicht auf die typischen Strukturen der Entitäten akzeptiert der Nominalismus keine bedingende Ordnung (keine universelle Struktur) oder keine Geordnetheit (universelle Strukturiertheit). Jedes Seiende gilt ihm ausschließlich als *individuelles*. Betrachtet aus der Sicht der Unterscheidung zwischen Rationalismus und Irrationalismus ist klar, dass der Nominalismus eine irrationalistische Ansicht bezüglich der Natur von Entitäten vertritt, weil jedes individuelle Seiende vollständig von seiner universellen Geordnetheit (Gesetzeskonformität) und der seine Eistenz bedingenden Ordnung (›conditioning order‹) abgerissen wird. Diese Charakterisierung trifft nicht nur auf den moderaten Nominalismus zu, sondern auch auf den Konzeptualismus (Locke, Ockham, Leibniz und andere) und den extremen Nominalismus, der alle allgemeinen und abstrakten Ideen verwirft und ausschließlich allgemeine Namen akzeptiert (Berkeley und Brentano). Diese irrationalistische Seite des Nominalismus erschöpft allerdings nicht seine vielseitige Natur, weil er Allgemeinbegriffe im menschlichen Geist vollkommen akzeptiert, wenigstens als allgemeine Worte im Fall von Berkeleys und Brentanos extremen Nominalismus. Die Einschränkung auf die Erkenntnis bzw. das Wissen (›knowledge‹) von Universalien ist m.E. typisch für den Nominalismus. Es ist also möglich, den Nominalismus gleichzeitig als rationalistisch (hinsichtlich der Universalien – Begriffe und Wörter – im Geist) und als irrationalistisch (hinsichtlich der strikten Individualität des Seienden) anzusehen.

Gemeinsame Wurzeln von divergierenden philosophischen Strömungen

Diese doppelte Struktur des Nominalismus markiert den Startpunkt zweier divergierender philosophischer Entwicklungen in der modernen Philosophie.

(i) Der Nominalismus bietet dem Rationalismus die Möglichkeit, die menschliche Vernunft auf das Niveau des Schöpfers einer rationalen Ordnung der Wirklichkeit zu erheben, was aus der Verschiebung der universellen Seite der Entitäten in den menschlichen Geist resultiert. Aber die universelle Seite der Entitäten ist die Manifestation der Bedingtheit der Entitäten durch die relevante universelle Ordnung ihrer Existenz. Wenn eine Enität von dieser Geordnetheit (seiner universellen Seite) abgezogen wird, wird es gleichzeitig von seinem Unterworfen-Sein unter die universelle Ordnung abgetrennt. Dann bliebe nur die faktische Wirklichkeit in ihrer unstrukturierten, chaotischen Individualität und Besonderheit (Kontingez) (s. Rauche 1966, S.97). Durch das neue Motiv der gedanklichen Schöpfung (›logical creation‹) angetrieben, erlaubt diese Eigenschaft des Nominalismus den Philosophen von Descartes an, die gesamte Wirklichkeit in den Begriffen des naturwissenschaftlichen Denkens zu rekonstruieren. Nur die extreme Konsequenz dieses naturwissenschaftlichen Ideals – die prinzipielle Anzweiflung der menschlichen Freiheit – wird von Kant infrage gestellt. Doch innerhalb des (begrenzten) Bereichs des Wissenschaftsideals gelangt auch Kant zu den rationalistischen Schlussfolgerungen des Nominalismus. Tatsächlich konsolidiert und stärkt Kant ja das voranschreitende Wissenschaftsideal, sei es in der eingeschränkten Form des rationalistisch erhobenen Verstandes, der als apriorischer und formaler Gesetzesgeber der Natur gilt (gleichwohl er auf die Anschauung limitiert ist, um den übersinnlichen Bereich für die praktisch-ethische Freiheit des autonomen Individuums zu reservieren). Der Nominalismus schafft ein Vakuum, indem er die faktische Wirklichkeit in ihrer Individualität unstrukturiert belässt. Um diesen Mangel an Bestimmung zu füllen, führt Kant den menschlichen Verstand ein – als Platzhalter für diese Vakuumposition. Sicherlich verlagert Kant nicht nur die universelle Seite des Seienden in den menschlichen Verstand, sondern erhebt vielmehr den menschlichen Verstand zur bestimmenden Ordnung über die Dinge.

(ii) Andererseits bietet der Nominalismus den Ausgangspunkt für alle Strömungen in der modernen Philosophie, die auf irrationalistische Weise den einzigartigen und kontingenten Charakter der – meist als historisch angesehenen – Wirklichkeit ernst nimmt. Diesem durch den Nominalismus eröffneten Weg folgt eine Vielfalt von historistischen Entwürfen (Fichte, Pragmatismus, Existenzialismus, Neo-Marxismus). Wenn man der Wirklichkeit weder ihre Geordnetheit noch ihr Unterworfen-Sein unter eine bedingende universelle Ordnung aberkennt, dann scheint es eine selbst-evidente historische Wahrheit zu sein, dass letztlich alles historisch ist und daher in den dynamischen und sich stets ändernden kontingenten Fluss der historischen Ereignisse aufgenommen wird.

Allerdings heißt das nicht notwendigerweise, dass die ordnende Funktion des menschlichen Verstandes aufzugeben ist – wie das in Rauches Konzeption der menschlichen Aufgabe der Selbstkonstitution, um die reine Kontingenz zu transzendieren, zu sehen ist.

Nun können wir den Nominalismus mit dem dominanten neodarwinistischen Evolutionismus verbinden. Die oben bereits zitierte Aussage von Simpson (1969, S.8f) – Pflanzen und Tiere sind nicht Typen und haben keine Typen, sondern sind einzigartig –, entspringt vollständig der nominalistischen Überzeugung. Die Genese von Pflanzen, Tieren und Menschen wird in ein strukturloses Kontinuum aufgenommen, und die systematischen Unterscheidungen, die sich in unterschiedlichen Taxonomien exemplifizieren, sind nichts anderes als zufällige Namen (*nomina*), die einer immensen Vielzahl von individuell unterschiedlichen, lebendigen Dingen gegeben werden. Die in diesen Namen implizite Universalität wird als ein Produkt des konstitutiven menschlichen Verstandes und daher nicht in den Dingen außerhalb des Geistes fundiert aufgefasst. Bereits in Darwins *The Origin of Species* findet sich diese Ansicht. »No line of demarcation can be drawn between species.« (Darwin 1968, S.443) Und er fährt wenige Seiten später wie folgt fort:

»In short, we shall have to treat species in the same manner as those naturalists treat genera, who admit that genera are merely artificial combinations made for convenience.« (Darwin 1968, S.456)

Neulich formulierte Van Huyssteen (1998) eine sonderbare Mischung von verschiedenen Positionen. Er ist auf der Suche nach einem neuen (interdisziplinären) Raum für ein Gespräch zwischen Theologie und Wissenschaft. Für Van Huyssteen ist die Evolution eine Tatsache (ebd. S.143).

»[We have to] take very serious the general conclusions and findings of general cosmology [...] – that is that this universe is evolving, that all that is within it has had a common physical origin in time, and that all it contains is in principle explicable by the natural sciences.« (Van Huyssteen 1998, S.75)

Allerdings entkommt Van Huyssteen einigen Ambiguitäten nicht. Die neodarwinistische Vorannahme der Kontinuität (ebd. S.111) und der Zufall werden langsam, aber sicher durch eine Mischung aus emergenz-evolutionistischen (ebd. S.134, S.151) und vitalistischen (ebd. S.37, S.121, S.125, S.127) Obertönen substituiert – ohne dass Van Huyssteen sich dessen bewusst zu sein scheint, dass es sich hier um Gegenpositionen zum Darwinismus handelt, die dessen Grundannahmen widersprechen.[22] In der Identifikation der Struktur des Universums mit

---

22 Folgendes Zitat belegt die Mischung von Emergenzevolutionismus, Kontinuitätsannahme der Abstammung und Diskontinuität der Existenz: »Culture indeed has

der menschlichen Rationalität und der Mathematik kann man bei Van Huyssten eine erstaunliche Rückkehr zu der rationalistischen Position von Kant und der Modernität sehen. »What is astounding, however, is to what extent our world is truly rational, i.e., in conformity with human reason.« (Van Huyssteen 1998, S.68)

Bei der Diskussion von Davies bezieht sich Van Huyssteen auf die Tatsachen, dass sich die rationale Natur des Universums in der grundlegenden mathematischen Struktur widerspiegelt (ebd. S.71). Van Huyssteen und die modernistische (rationalistische) Tradition unterscheiden an dieser Stelle nicht zwischen ontisch gegebenen Wirklichkeitseigenschaften und dem Wesen der Begriffsbildung. Aus der Tatsache, dass Begriffe auf der Grundlage von universellen Eigenschaften gebildet werden, folgt keineswegs, dass alle diese ontischen Eigenschaften selbst rational sind. Dazu kommt noch, dass Van Huyssteen diese Position formuliert und gleichzeitig einen ebenso angestrengten Versuch unternimmt, in seinem ganzen Werk eine postmoderne Perspektive durchzuhalten!

Menschliche Freiheit: subjektive Antwort auf normative Bedingungen

Es geht nun um eine Konfrontation mit dem Historismus auf der Basis der Akzeptanz von ontisch gegebene Normen und Prinzipien. Diese lassen sich in folgendem Sinn verstehen: Ein Prinzip oder eine Norm ist eine Universalie oder Konstante, die in verschiedenen Situationen nur durch einen kompetent Handelnden gültig gemacht wird bzw. der durch den kompetent Handelnden Geltung verschafft wird. Ein kompetent Handelnder zeichnet sich durch einen verantwortlichen Willen aus, der die Wahlfreiheit eröffnet, eine normativ korrekte oder eine antinormative Positivierung (›positivization‹) (d.h. Formgebung) von Möglichkeiten zu realisieren, die in einem bestimmten Ausgangspunkt enthalten sind. Nur ein positiviertes Prinzip (›positivized principle‹) ist gültig. Es ist daher der Gegensatz zu einem prä-positiven Prinzip (›pre-positive principle‹), das einen Ausgangspunkt für formgebende Handlungen in allen verschiedenen Situationen vorsieht, um einen prä-positiven Ausgangspunkt als *universell gültig* zu charakterisieren. Die Gültigkeit eines positivierten Prinzips ist grundsätzlich eingeschränkt auf den einzigartigen Schauplatz eines bestimmten Ortes zu einem bestimmten Zeitpunkt. Hieraus folgt, dass die naturrechtliche Fassung unhaltbar ist, weil sie eine Geltung für Normen beansprucht, die für alle Zeiten und Orte zutreffend ist. Hart verweist auf den Ausdruck von Respekt, der sich in diversen Grußritualen zeigt. Obwohl sich diese ändern, bleibt etwas durch die historische Entwicklung hindurch prinzi-

---

evolved, but the principles of culture are not the same as the principles we know from organic evolution.« (Van Huyssteen 1998, S.146) Und dem Ansatz von Wuketits folgend stellt Van Huyssteen fest: »Culture is not reducible to biological entities.« (Van Huyssteen 1998, S.157) Auf Seite 130 spricht er explizit von »emergent evolution«.

piell invariant (s. Hart 1984, S.59) – nämlich das Zeigen von Respekt. Dieses Prinzip sollte aber nicht an einer Verhaltensweise festgemacht werden.

»The legalist who claims that those who just tip their hat are in principle not showing the proper respect is making the same mistake as the nominalist: he is failing to distinguish underlying principles in their invariance from the observable patterns of variant behavior.« (Hart 1984, S.59)

Es ist wirklich bedauerlich, dass Kugel, der explizit Groenmans Modell des Menschen folgt (s. Kugel 1982, S.135), nur vier Typen von Normen anerkennt – die ökonomische, die juridische, die ethische und die ästhetische Norm (s. Kugel 1982, S.280-283). Es reicht nicht einmal aus, auf die Normativität all dieser postsensitiven Aspekte zu referieren, weil auf der Normseite jeder einzelnen dieser Modalitäten jede Retrozipation und Antizipation eine fundamentale modale Norm enthüllt (ausführlich s. Strauss 1979, S.254-264).

Die Möglichkeiten, die in irgendeinem universellen oder konstanten Anfangspunkt liegen, fungieren als die Grundlage für spezifische Handlungen der Formgebung (Positivierung) in voneinander abweichenden, einzigartig historischen Situationen. Die rationalistischen Züge von naturrechtlichen Auffassungen schaffen es nicht, von der in einem Prinzip enthaltenen Positivierungsfreiheit Rechenschaft zu geben. Das irrationalistische Wesen des Historismus tut allerdings der Universalität und Konstanz solcher Anfangspunkte nicht Genüge, die tatsächlich die Grundlage der sich stets verändernden Positivierung formen. Die Einseitigkeit beider Ansätze resultiert aus der Autonomiediskussion der modernen Philosophie. Das Autonomie-Ideal hypostasiert die Freiheit zu positivieren und versucht dabei aber, das Wesen von Prinzipien als universelle und konstante Anfangspunkte des menschlichen Handelns zu eliminieren. Wenn man die Positivierung zum Niveau der universellen Gültigkeit erhebt, dann sind wir bei der rationalistischen Kasuistik. Und wenn die Freiheit zu positivieren einseitig akzentuiert wird, gelangen wir zur irrationalistischen, situationalistischen Ethik.

Die Majorität der gegenwärtigen Sozialwissenschaftler (wie Sorokin, Parsons, Znaniecki u.a.) verwenden Begriffe wie Wert, Normen oder Überzeugungen – manchmal ›kulturelles System‹ genannt – in einer Weise, die Prinzipien als universelle und konstante Anfangspunkte, als Bedingungen für menschliches Handeln und als Aufgaben-Setzung nicht zulassen. Denn sie identifizieren diese Begriffe mit dem Resultat von freien und formgebenden (formativen) menschlichen Handlungen – ein typisches Kennzeichen des Historismus.

Der seit langer Zeit bestehende Einfluss des Nominalismus in der modernen westlichen Kultur hat letztlich die biblische Ansicht der Schöpfung und die darin gegründete Ordnungen (Prinzipien) als ontischer Grund von kreatürlichen Subjekten ausgeschlossen. Die relativistische und selbstwidersprüchliche Natur des Historismus ist einfach ein Symptom der gegenwärtigen Welt- und Lebenssicht. Einer Konfrontation mit dem Historismus, die sich nicht auf diese vorwissenschaftliche Wurzeln einlässt, wird es nicht gelingen, diese tiefste Motivation und diese Sackgasse zu entlarven. Es ist also entscheidend, einerseits die (prä-theoretische) Verbindlichkeit der modernen historistischen Welt- und Lebenssicht mit ihrem Autonomie-Ideal und ihrer nominalistisch theoretischen Artikulation und andererseits die biblisch-christliche Welt- und Lebenssicht als Alternative in den Blick zu bekommen. Diese erlaubt die Akzeptanz von universellen und konstanten Prinzipien, die als Schöpfungsordnung das menschliche Unterworfensein (›human subjectivity‹) auf wirklich normative Weise bedingt und gleichzeitig dem Menschen die authentische Freiheit belässt, innerhalb verändernder historischer Situationen verantwortlich zu positivieren.

In der Sicht einer biblischen Weltanschauung kann man normative Ordnungen akzeptieren, die in der Schöpfung gegründet sind und als Anfangspunkte den menschlichen Handlungen gegeben sind. Solche Prinzipien zeigen uns eine gute Richtung zum Gehorsam gegenüber Gottes Willen. Wegen der Radikalität des Sündenfalls wurde die Richtung des Gottesgehorsams im Dienste des einen oder anderen Idols umgeleitet, das dem abtrünnigen Herzen der Menschheit entsprang. Trotzdem übt die Ordnung der Schöpfung weiterhin ihren normativen Appell aus. Der Gehorsam gegenüber den von Gott gegebenen Schöpfungsmöglichkeiten ist eine positive Aufgabe und nichts, was in sich strukturell negativ wäre und das es zu überwinden gelte.

Schluss

Der Mensch ist nicht einfach eine Ausdehnung des Tierreichs. Diese Auffassung wird dennoch unter Aufgebot von verschiedenen Argumenten und in den Begriffen verschiedener Perspektiven vertreten. Der kritische Wendepunkt des (neo-)darwinistischen Ansatzes des allumfassenden Evolutionsprozesses – nämlich der Ursprung des Lebens und die Emergenz des Menschen – beleuchtet auf bezeichnende Weise die Unzulänglichkeit dieser Denkungsart. Zuallererst findet man eine Meinungsdifferenz in Zusammenhang mit den Begriffen der Kontinuität und der Diskontinuität. Dann, zweitens, versucht das moderne biologische Denken das Problem Kontinuität/Diskontinuität unter verschiedenen Nennern zu subsumieren – dem mechanistischen (Eisenstein), dem physikalischen (Neo-Darwinismus), dem biotischen (in unterschiedlicher Ausprägung: Neo-Vitalismus, Holismus, organismischische Biologie), dem psychischen (sei es monistisch – Teilhard de Chardin, sei es pluralistisch – Bernard Rensch) und sogar die Freiheit wird gewählt (Hans Jonas). Manchmal führen die offensichtlichen strukturellen Diskontinuität zwischen materiellen Dingen, Pflanzen, Tieren und Mensch zu ambivalenten emergentistischen Einstellungen, die beides auf einmal realisieren wollen: genetische Kontinuität und existenzielle Diskontinuität (Lloyd Morgan, Whitehead,

Woltereck, Bavink, Polanyi, Laszlo, Dobzhansky und in bestimmten Aussagen auch Simpson und Julian Huxley).

Keiner der behandelten Wissenschaftler stellt die Frage, warum – obwohl die angenommene kontinuierliche (und: strukturlose) Veränderung immer aufscheint – die Theorien über diese evolutionären Veränderungen innerhalb der modalen Diversität verbleiben. Es ist eher so, dass das moderne biologische Denken mit der unvermeidlichen Bedingungsrolle dieser modalen Diversität für die Theoriebildung als solcher konfrontiert ist. Der dialektische Fluchtweg dieser Ansätze liegt darin, die gegebene Diversität durch eine Argumentationsstrategie zu ignorieren, die so tut, als gäbe es jene nicht. Aber im Gegensatz zu dieser Intention präsentiert uns jede dieser Theorien eine Überbewertung *einer* der modalen Perspektiven, und sie erkennen nicht, dass das Absehen von der bedingenden Ordnungs-Diversität der Wirklichkeit nur durch das Arbeiten und Denken innerhalb dieser Ordnungs-Diversität möglich ist. Letztlich ist die Wahl jedes Grundnenners im Griff der zu Grunde liegenden Festlegung jener Denker – eine Festlegung, die den Bereich des theoretischen Denkens als solchen übersteigt.

Die Ungewissheiten und die widersprüchlichen Interpretationen dieser grundlegenden Fragen raten uns, mit oftmals verfrühten Schlussfolgerungen zurückhaltend zu sein. Es ist vielmehr angebracht zu betonen, was man über die Einzigartigkeit des Menschen wissen kann – sowohl in Begriffen der außergewöhnlichen Fähigkeit, in normativer Freiheit zu handeln, als auch in Begriffen des distinkten Funktionierens des Menschen in jenen Aspekten, die er mit anderen Kreaturen teilt.

Die vorherrschende dialektische Würdigung der menschlichen Freiheit ist ein Resultat einer zu Grunde liegenden Motivkraft, die in dem philosophischen Erbe wirksam und letztlich von abtrünnigem Wesen ist. Die unlösbare Spannung zwischen Natur und Freiheit führt unausweichlich zu einer negativen Auffassung von Freiheit, die dialektisch der Natur gegenübergestellt wird. Weiters sind die ›natürlichen‹ menschlichen Eigenschaften – wie die körperliche Gestalt, der einzigartig biotische Entwicklungsstatus und die relativ unspezialisierten Organe zusammen mit der aufrechten Haltung und dem geistigen Gesichtsausdruck – zu Diensten der normativ qualifizierten wahrhaft menschlichen Verantwortung, den universellen Bedingungen von Gottes Schöpfungsordnung zu gehorchen. Dennoch werden wir durch die Sünde dazu verleitet sein, diese normativen Bedingungen nicht zu gehorchen, doch in Christus sind wir prinzipiell von dieser sündigen Neigung befreit und dazu befähigt, ständig den Normen gemäß zu handeln – damit zeigend, dass wir, Gottes kommendes Königreich vorwegnehmend, schon jetzt an der wieder hergestellte Paradiesesordnung des Gehorsams und des Friedens Anteil haben.

Bei allen im Laufe der Geschichte wirkmächtigen Weltanschauungen fällt auf, dass sie einem Dualismus verfallen sind, der bestimmte Teile (oder Aspekte) der Schöpfung aufwertet und vergöttlicht und andere Aspekte radikal abwertet und verteufelt. Nur die neu-testamentarische Perspektive scheint der Einheit und Gutheit der Schöpfung gerecht zu werden, ohne heilige Kühe und schwarze Schafe (oder ein goldenes Kalb und einen Sündenbock) zu akzeptieren. Offensichtlich ruft die Verabsolutierung eines Aspekts mit unausweichlicher Notwendigkeit dessen Antipode auf, betrachtet als das innerlich Böse. Doch die Antithesis zwischen dem Guten und dem Bösen ist nicht strukturell, sondern betrifft einen *Richtungsgegensatz,* was verständlich macht, warum es sich in jedem Bereich der menschlichen Welt manifestieren kann und warum sich bestimmte Sphären des Lebens nicht antithetisch als gut und böse einander gegenüber stellen lassen.

Danksagung

Ich möchte Martin J. Jandl für seine einsichtige Übersetzung meines Buches danken. Fritz Wallner, mit dem ich seit einigen Jahren ein kollegiales Verhältnis pflege, hat mir dankenswerter Weise angeboten, mein Buch in der von ihm herausgegebenen Reihe zu publizieren. Schließlich möchte ich Hubertus Bargenda für seine gründliche Durchsicht des zweiten Kapitels danken. Ohne die Universität des Freistaats hätte ich nicht die Möglichkeit gehabt, meine wissenschaftlichen Forschungsinteressen auszuleben, was die eigentliche Grundlage für das Entstehen dieses Buches ist.

Danksagung des Übersetzers

Als Übersetzer kann man sich eine enge Zusammenarbeit mit dem Autor nur wünschen, gerade dann, wenn man sich mit einem philosphischen Ansatz auseinandersetzt, der nicht unbedingt zum eigenen ›Repertoir‹ gehört. Ich möchte Danie Strauss herzlich dafür danken, dass er für meine Fragen immer ein offenes Ohr hatte und dass er sich viel Zeit genommen und Mühe gemacht hat, meinem Verständnis auf die Sprünge zu helfen.

Bibliographie

Aguirre, E. & Rosas, A. (1985). Fossil Man from Cueva Mayor, Ibeas, Spain: New Findings and Taxanomic Discussion. In P.V. Tobias (Hrsg.), *Hominid Evolution*. New York.
Alexandroff, P.S. (1956*). Einführung in die Mengenlehre und die Theorie der reellen Funktionen*. Berlin.
Allesch, G.H. (1931). *Zur nichteuklidischen Struktur des phänomenalen Raumes*. Jena.
Altner, G. & Hofer, H. (1972). *Die Sonderstellung des Menschen*. Stuttgart.
Altner, G. (Hrsg.). (1973). *Kreatur Mensch. Moderne Wissenschaft auf der Suche nach dem Humanen*. München.
Angelelli, I. (1984). Frege and Abstraction. In *Philosophia Naturalis, Vol.21, Part II*.
Apolin, A. (1964). Die Geschichte des Ersten und Zweiten Hauptsatzes der Wärmetheorie und ihre Bedeutung für die Biologie. In *Philosophia Naturalis*.
Aristoteles (1974). *Kategorien*. Hamburg: Meiner.
Aristoteles (1988). *Physik*. Hamburg: Meiner.
Ayer, A.J. (1970). *Sprache, Wahrheit und Logik* (aus dem Englischen übersetzt und herausgegeben von Herbert Herring). Stuttgart: Reclam. [Original: *Language, Truth and Logic* (1. Aufl. 1936). Oxford.]
Azar, L. (1986). Book Review of: Darwinism Defended: A Guide to the Evolution Controversies (written by Michael Ruse, 1982). *In The New Scholasticism, Volume LX, No.2*, 232-235.

Bartle, R.G. (1964). *The Elements of Real Analysis*. London.
Bavink, B. (1954). *Ergebnisse und Probleme der Naturwissenschaften* (10. Aufl.). Zürich.
Becker, O. (1964). *Grundlagen der Mathematik in geschichtlicher Entwicklung*. München.
Becker, O. (1965). Preface. In *Zur Geschichte der griechischen Mathematik, Wege der Forschung, Band 43*. Darmstadt.
Becker, O. (1973). *Mathematische Existenz* (2. Aufl.). Tübingen.
Bell, E.T. (1945). *The Development of Mathematics*. London.
Bell, E.T. (1965). *Men of Mathematics (Band I.)*. Penguin-edition.
Benacerraf, H., & Putnam, P. (1964). *Philosophy of Mathematics. Selected Readings*. Oxford.
Bendall, D.S. (Hrsg.). (1983). *Evolution from Molecules to Men*. New York.
Bernays, P. (1976). *Abhandlungen zur Philosophie der Mathematik*. Darmstadt.
Bernays, P. (1976a). Die schematische Korrespondenz und die idealisierten Strukturen (1970). In *Dialectica, Internationale Zeitschrift Philosophie der Erkenntnis, Band 24, Nr.1* (1-3, 53-66). [Abgedruckt in P. Bernays 1976]
Bertalanffy, L.v. (1968). *Organismic Psychology and System Theory*. Massachusetts.

Bertalanffy, L.v. (1968a). Symbolismus und Anthropogenese. In H. Hubner (Hrsg.), *Handgebrauch und Verständigung bei Affen und Frühmenschen*. Stuttgart.
Bertalanffy, L.v. (1973). *General System Theory*. Penguin University Books.
Beth, E.W. (1965). *Mathematical Thought*. New York.
Böhme, G. (1966). Unendlichkeit und Kontinuität. In *Philosophia Naturalis, Band II*.
Bohr, N. (1966). *Atoomtheorie en Natuurbeschrijving* (Aula-Ausgabe). Antwerpen.
Bolk, L. (1926). *Das Problem der Menschwerdung*. Jena.
Bolzano, B. (1920). *Paradoxien des Unendlichen* (1. Aufl.1851, zweite Aufl. 1920). Leipzig.
Born, M., Pymont, B., & Biem, W. (1968). Dualismus in der Quantentheorie. In *Philosophia Naturalis*.
Bos, B. (1986). Het grondmotief van de Griekse cultuur en het Titanische zin-perspectief. In *Philosophia Reformata, Jrg.51*.
Bos, B. (1994). Dooyeweerd en de Wisjbegeerte van de oudheid. In Herman Dooyeweerd (1894-1977), *Breedte en actualiteit van zijn filosofie*. Kampen.
Boyer, C.B. (1956). *History of Analytic Geometry*. New York.
Boyer, C.B. (1959). *The History of the Calculus and its Conceptual Development*. New York.
Bromage, T.G. (1985). Taung Facial Remodeling: A Growth and Development Study. In P.V. Tobias (Hrsg.), *Hominid Evolution*. New York.
Brouwer, L.E.J. (1907). *Over de Grondslagen der Wiskunde* (Dissertation). Amsterdam.
Brouwer, L.E.J. (1919). Intuitionisme en Formalisme. In *Wiskunde, Waarheid, Werkelijkheid*. Groningen.
Brouwer, L.E.J. (1925). Zur Begründung der intuitionistische Mathematik. In *Mathematische Annalen, Band 93, I*.
Brouwer, L.E.J. (1952). Historical Background, Principles and Methods of Intuitionism. In *The South African Journal of Science*.
Bryon, D.A. & Spielberg, N. (1987). *Seven Ideas that Shook the Universe*. New York.
Buytendijk, F.J.J. (1970). *Mensch und Tier*. Hamburg.

Cantor, G. (1962). *Gesammelte Abhandlungen* (1932) (2. Aufl.). Hildesheim.
Cantor, G. (1962a). Grundlagen einer allgemeinen Mannigfaltigkeitslehre. In G. Cantor, *Gesammelt Abhandlungen* (1932) (2. Aufl.). Hildesheim.
Cantor, M. (1922). *Vorlesungen über Geschichte der Mathematik. Band I* (4. Aufl.). Berlin.
Cassirer, E. (1910). *Substanzbegriff und Funktionsbegriff. Untersuchungen über die Grundfragen der Erkenntniskritik* (3., unveränderte Aufl.). Darmstadt.
Cassirer, E. (1928). Zur Theorie des Begriffs. In *Kant-Studien, Band 33*.
Cassirer, E. (1929). *Philosophie der symbolischen Formen, Band III*. Berlin.
Cassirer, E. (1944). *An Essay on Man*. New York.
Cassirer, E. (1953). *Substance and Function* (1. Aufl. 1923, 2. Aufl.1953). New York.
Cassirer, E. (1957). *Das Erkenntnisproblem in der Philosophie und Wissenschaft der neueren Zeit. Von Hegels Tod bis zur Gegenwart* (1832-1932). Stuttgart.
Chiarelli, B. (1985). Chromosomes and the Origin of Man. In P.V. Tobias (Hrsg.), *Hominid Evolution*. New York.

Clark, D. (1985). Leaving no Stone Unturned: Archeological Advances and Behavioral Adaptation. In P.V. Tobias (Hrsg.), *Hominid Evolution*. New York.
Clarke, R.J. (1985). Early Acheulean with Homo habilis at Sterkfontein. In P.V. Tobias (Hrsg.), *Hominid Evolution*. New York.
Coley, N.G. & Hall, M.D. (Hrsg.). *Darwin to Einstein: Primary Sources on Science and Belief*. Harlow, Essex.
Cushing, J.T. (2000). *Philosophical Concepts in Physics. The Historical Relation between Philosophy and Scientific Theories*. Cambridge.

Dacque, E. (1935a). *Organische Morphologie und Phylogenie*. Berlin.
Dacque, E. (1940). *Die Urgestalt*. Leipzig.
Dacque, E. (1948). *Vermächtnis der Urzeit*. München.
Darwin, C. (1968). *The Origin of Species*. Penguin-edition.
De Klerk, W.J. (1978). *Inleiding tot die semantiek*. Durban.
De Swart, H.C.M. (1989). *Filosofie van de Wiskunde*. Amsterdam.
Dedekind, R. (1901). *Essays on the Theory of Numbers*. Chicago.
Descartes, R. (1965). *A Discourse on Method, Meditations and Principle* (übersetzt von John Veitch). London.
Dedekind, R. (1969). *Stetigkeit und irrationale Zahlen* (7. Aufl.). Braunschweig.
Diels, H. & Kranz, W. (1959/60). *Die Fragmente der Vorsokratiker. Band I-III*. Berlin: Weidmannsche Verlagsbuchhandlung.
Dobzhansky, Th. (1967). *The Biology of Ultimate Concern*. New York.
Dooyeweerd, H. (1959). Schepping en Evolutie. In *Philosophia Reformata*.
Dooyeweerd, H. (1997a). *Collected Works of Herman Dooyeweerd. A-Series, Volume I* (herausgegeben von D.F.M. Strauss). The Edwin Mellen Press.
Dooyeweerd, H. (1997b). *Collected Works of Herman Dooyeweerd. A-Series, Volume II* (herausgegeben von D.F.M. Strauss). The Edwin Mellen Press.
Dooyeweerd, H. (1997c). A New Critique of Theoretical Thought. In D.F.M. Strauss (General Editor), *Collected Works of Herman Dooyeweerd. A-Series, Volume III*. The Edwin Mellen Press.
Driesch, H. (1920). *Philosophie des Organischen*. Leipzig: Engelmann.
Driesch, H. (1931). *Wirklichkeitslehre*. Leipzig: Engelmann.
Duley, W.W. & Williams, D.A. (1984). *Interstellar Chemistry*. London.
Dummett, M.A.E. (1995). *FREGE. Philosophy of Mathematics* (zweite Auflage). Cambridge: Harvard University Press.

Eibl-Eibesfeldt, I. (1972). Stammesgeschichtliche Anpassungen im Verhalten des Menschen. In H.G. Gadamer & P. Vogler (Hrsg.), *Neue Anthropologie. Band II*. Stuttgart.
Eickstedt, E.v. (1934). *Rassenkunde und Rassengeschichte*. Stuttgart.
Eigen, M. (1983). Self-Replication and Molecular Evolution. In D.S. Bendall (Hrsg.), *Evolution from Molecules to Men*. New York.
Einstein, A. (1980). Herbert Spencer Lecture, Oxford 10. Juni 1933. In N.G. Coley & M.D. Hall (Hrsg.), *Darwin to Einstein: Primary Sources on Science and Belief*. Harlow, Essex.

Eisberg, R.M. (1961). *Fundamentals of Modern Physics*. New York.
Eisenstein, I. (1975). Ist die Evolutionstheorie wissenschaftlich begründet? In *Philosophia Naturalis, Archiv für Naturphilosophie und die philosophischen Grenzgebiete der exakten Wissenschaften und Wissenschaftsgeschichte, Vol.15, No.3 & 4*.
Fales, E. (1990). *Causation and Universals*. Routledge & Kegan Paul.
Faul, M & Boekkooi, J. (1986). Ancient ›Black Skull‹ Discovery Shakes Theory of Man's Evolution. In *The Star, Monday, September 15 1986, S.10*.
Finsler, P. (1926). Über die Grundlegung der Mengenlehre, I. In *Mathematische Zeitschrift, Vol.25*, 683-713.
Finsler, P. (1975). *Aufsätze zur Mengenlehre*. Darmstadt: Wissenschaftliche Buchgesellschaft.
Fischer, L. (1933). *Die Grundlagen der Philosophie und der Mathematik*. Leipzig.
Fraenkel, A. (1928). *Einleitung in die Mengenlehre* (3., erweiterte Aufl.). Berlin.
Fränkel, H. (1968a). Zeno von Elea im Kampf gegen die Idee der Vielheit. In H.-G. Gadamer (Hrsg.), *Um die Begriffswelt der Vorsokratiker. Wege der Forschung, Band IX*. Darmstadt.
Fraenkel, H. (1968b). *Abstract Set Theory* (4. Aufl.). Amsterdam.
Fraenkel, A., Bar-Hillel, Y., Levy, A. & Van Dalen, D. (1973*). Foundations of Set Theory* (2., durchgesehene Aufl.). Amsterdam.
Frege, G. (1979). *Posthumous Writings*. Oxford.
Frege, G. (1884). *Grundlagen der Arithmetik. Eine logisch-mathematische Untersuchung über den Begriff der Zahl* (Unveränderter Neudruck 1934). Breslau.
Freudenthal, H. (1940). Zur Geschichte der vollständigen Induktion. In *Archives Internationales d'Histoire des Science, Vol.22*.
Friedrich, H. (Hrsg.). (1973). *Mensch und Tier. Ausdrucksformen des Lebendigen*. München.
Fritz, K.v. (1945). The Discovery of Incommensurability by Hippasus of Metaontum. In *Annals of Mathematics, 46*.

Gadamer, H.-G., & Vogler, P. (1972). *Neue Anthropologie. Band II*. Stuttgart.
Gallilei,G. (1638/1973). *Unterredung und mathematische Demonstration über zwei neue Wissenszweige, die Mechanik und die Fallgesetze betreffend*. Darmstadt: Wissenschaftliche Buchgesellschaft.
Gehlen, A. (1965). *Theorie der Willensfreiheit und frühe Philosophische Schriften*. Berlin.
Gehlen, A. (1971). *Der Mensch. Seine Natur und seine Stellung in der Welt* (9. Aufl.). Frankfurt am Main.
Gieseler, W. (1974). Die Fossilgeschichte des Menschen. In G. Heberer (Hrsg.), *Evolution der Organismen. Ergebnisse und Probleme der Abstammungslehre. Band III: Phyolognie der Hominiden* (S.171-517). Stuttgart.
Goerttler, K. (1972). Morphologische Sonderstellung des Menschen im Reich der Lebensformen auf der Erde. In H.-G. Gadamer & P. Vogler (Hrsg.), *Neue Anthropologie, Band II*. Stuttgart.

Goulian, M., Kornberg, A. & Sinsheimer, R.L. (1967). Synthesis of infectious Phage [a] X 174 DANN. In *Biochemistry: Goulian et al*, Vol.58.
Greenberg, J.M. (1981). The Largest molecules in space (II). In *Nederlands Tijdschrift voor Natuurkunde A47 (1)*.
Greene, B. (2003). *The Elegant Universe*. New York: W.W. Norton & Company Inc.
Greene, J.C. (1981). *Science, Ideology, and World View*. London.
Greenfield, L.O. (1985). The Study of Human Evolution and the Description of Human Nature. In P.V. Tobias (Hrsg.), *Hominid Evolution*. New York.
Grene, M. (1974). The Understanding of Nature. Essays in the Philosophy of Biology. In *Boston Studies in die Philosophy of Science. Vol.XXIII*. Boston.
Grünbaum, A. (1952). A Consistent Conception of the Extended Linear Continuum as an Aggregate of Unextended Elements. In *Philosophy of Science, Vol.19, Nr.2*.

Haas, J. (1959). Naturphilosophische Betrachtungen zur Finalität und Abstammungslehre. In *Das stammesgeschichtliche Werden der Organismen und des Menschen. Band I*. Wien.
Haas, J. (1968). *Sein und Leben. Ontologie des organischen Lebens*. Karlsruhe.
Haas, J. (1974). Das organische Leben. In J. Huttenbugel (Hrsg.), *Gott. Mensch, Universum*. Graz: Styria.
Haeffner, G. (1982). *Philosophische Antropologie*. Stuttgart.
Hallonquist, E. (1971). *The Age of The Earth* (reprint from the Bible-Science Newsletter). Bible-Science Association of Canada, August.
Harrison, G.A. & Weiner, J.S. & Tanner, J.M. & Barnicot, N.A. (1970). *Biologie van de Mens 1*. Utrecht/Antwerpen.
Hart, H. (1984). *Understanding our World. An Integral Ontology*. New York.
Hawking, S.W. (1988). *A Brief History of Time*. London.
Hebeda, E.H., et al. (1973). Excess Radiogenic argon in the precambrian avanavero dolerite in western Suriname (South America), Earth and Planetary. In *Science Letter 20*, 189-200. North Holland Publishing Company.
Heberer, G. (Hrsg.). (1974). *Die Evolution der Organismen. Ergebnisse und Probleme der Abstammungslehre. Band III: Phylogenie der Homoniden*. Stuttgart.
Heimsoeth, H. (ohne Jahr). *Die Sechs großen Themen der abendländischen Metaphysik*. Stuttgart.
Heine, E. (1872). Die Elemente der Funktionenlehre. In *Journal für reine und angewandte Mathematik, Band 74*. Berlin.
Heisenberg, W. (1956). *Das Naturbild der heutigen Physik*. Hamburg.
Heitler, W. (1970). *Der Mensch und die naturwissenschaftliche Erkenntnis*. Braunschwieg.
Heitler, W. (1972). Wahrheit und Richtigkeit in den Exakten Wissenschaften. In *Abhandlungen der mathematisch-naturwissenschaftlichen Klasse, Nr. 3*.
Heitler, W. (1976). Über die Komplementarität von lebloser und lebender Materie. In *Abhandlungen der mathematisch-naturwissenschaftlichen Klasse, Jahrgang 1976, Nr.1*. Mainz.
Heitler, W. (1977). *Die Natur und das Göttliche*. Verlag Klett & Blamer Zug.
Heitler, W. (1982). *Naturwissenschaft ist Geisteswissenschaft*. Zurich.

Henke, W. & Rothe, H. (1980). *Der Ursprung des Menschen*. Stuttgart.
Hentschel, K. (1987). Einstein, Neokantianisumus und Theorienholismus. In *Kant-Studien, 78. Jahrgang, Band 4*.
Heyting, A. (1949). *Spanningen in de Wiskunde*. Groningen.
Heyting, A. (1971). *Intuitionism*. Amsterdam.
Hilbert, D. (1925). Ueber das Unendliche. In *Mathematische Annalen, Vol. 95*.
Hilbert, D. & Bernays, P. (1934). *Grundlagen der Mathematik. Band I*. Berlin.
Hilbert, D. & Bernays, P. (1939). *Grundlagen der Mathematik. Band II*. Berlin.
Holz, Fr. (1975). Die Bedeutung der Methode Galileis für die Entwicklung der Transzendentalphilosophie Kants. In *Philosophia Naturalis*.
Hopson, J.A., & Kitching, J.W. (1972). A Revised Classification of Cynodonts (Reptilia, Therapsida). In *Paläontologica Africana, Vol.14*.
Howells, W. (1967). *Mankind in the Making*. A Pelican Book.
Hübner, J. (1966). *Theologie und biologische Entwicklungslehre*. München.
Husserl, E. (1954). *Die Krisis der europäischen Wissenschaften und die transzendentale Phänomenologie* (Aufl. von 1936). Husserliana Vol.VI. Den Haag.
Husserl, E. (1979). *Aufsätze und Rezensionen (1890-1910)*. Husserliana. Edmund Husserl. Gesammelte Werke. Band XXII. The Hague: Martinus Nijhoff Publishers.
Huttenbugel, J. (Hrsg.).(1974). *Gott. Mensch, Universum*. Graz: Styria.
Huxley, A.F. (1983). How Far Will Darwin Take Us? In D.S. Bendall (Hrsg.), *Evolution from Molecules to Men*. New York.
Huxley, J. (1968). *Evolution in Action*. A Pelican Book.

Jammer, M. (1962). *Concepts of Force*. New York.
Janich, P.(1975). Trägheitsgesetz und Inertialsystem. In Chr. Thiel (Hrsg.), *Frege und die moderne Grundlagenforschung*. Meisenheim am Glan.
Jansen, P. (1975). *Arnold Gehlen. Die anthropologische Kategorienlehre*. Bonn.
Jaspers, K. (1948). *Philosophie* (2. Aufl.). Berlin.
Jelínek, J.J. (1985). The European, Near East and North African Finds after Australopithecus and the Principal Consequences for the Picture of Human Evolution. In P.V. Tobias (Hrsg.), *Hominid Evolution*. New York.
Jevons, F.R. (1964). *The Biochemical Approach to Life*. New York.
Jonas, H. (1973). *Organismus und Freiheit. Ansätze zu einer philosophischen Biologie*. München.
Jones, A. (Hrsg.). (1998*). Science in Faith. A Christian Perspective on Teaching Science*. Essex.

Kant, I. (1783). *Prolegomena einer jeden künftigen Metaphysik die als Wissenschaft wird auftreten können*. Hamburg.
Kant, I. (1787). *Kritik der reinen Vernunft* (2. Aufl., 1. Aufl. 1781). Hamburg: Meiner.
Kant, I. (1968). *Kritik der Urteilskraft* (1. Aufl. 1790; 2. Aufl. 1793; 3. Aufl. 1799). Darmstadt.
Kästner, A.G. (1770). *Anfangsgründe der Analysis des Unendlichen* (2. Aufl.). Göttingen.
Katscher, F. (1970). Heinrich Hertz. In *Die Grossen der Weltgeschichte. Band IX: Röntgen bis Churchill*. München : R. Oldenburg.

Kaufmann, F. (1968). *Das Unendliche in der Mathematik und seine Ausschaltung* (2. Aufl.). Darmstadt.
Kerkut, G.A. (1960). *Implications of Evolution*. New York.
Kitts, D.B. (1974). Paleontology and Evolutionary Theory. In *Evolution, 28*.
Kleene, S.C. (1952). *Introduction to Methamathematics*. Amsterdam.
Kline, M. (1980). *Mathematics. The Loss of Certainty*. New York.
Koehler, O. (1973). Vom unbenannten Denken In H. Friedrich (Hrsg.), *Mensch und Tier. Ausdrucksformen des Lebendigen*. München.
Königswald, G.H.R.v. (1968). Problem der ältesten menschlichen Kulturen. In B. Rensch (Hrsg.), *Handgebrauch und Verständigung bei Affen und Frühmenschen*. Stuttgart.
Kremer, K.(1966). *Die neuplatonische Seinsphilosophie und ihre Wirkung auf Thomas von Aquin*. Leiden.
Kugel, J. (1982). *Filosofie van het Lichaam. Wijsgerige beschouwing over het menselijk gedrag*. Utrecht.
Kuhn-Schnyder. E. (1967). Paläontologie als stammesgeschichtliche Urkundenforschung. In G. Heberer (Hrsg.), *Die Evolution der Organismen. Ergebnisse und Probleme der Abstammungslehre. Band III: Phyologenie der Hominiden*. Stuttgart.
Kugler, R. (1967). *Philosophische Aspekte der Biologie Adolf Portmanns*. Zürich.

Laitman, J.T. (1985). Evolution of the Upper Respiratory Tract: The Fossil Evidence. In P.V. Tobias (Hrsg.), *Hominid Evolution*. New York.
Lakatos, I. (1967). *Problems in the philosophy of mathematics; proceedings of the International colloquim in the philosophy of science*. Amsterdam: North-Holland.
Lakoff, G. and Núñez, R.E. (2000). *Where Mathematics Comes From. How the Embodied Mind brings Mathematics into Being*. New York: Basic Books.
Landmann, M. (1969). *Philosophische Anthropologie*. Berlin.
Laszlo, E. (1971). *Introduction to Systems Philosophy*. New York.
Le Gros Clark, W.E. (1964). *The Fossil Evidence for Human Evolution* (2., revidierte und erweiterte Auflage). London.
Leakey, L.S.B. & Goodall, V.M. (1970). *Unveiling Man's Origins*. London.
Leakey, R.E. & Lewin, R. (1978). *People of the Lake. Mankind and its Beginnings*. New York.
Leakey, R.E. (1973). Skull 1470, Discorvery in Kenya of the Earliest Suggestion of the Genus Homo – Nearly Three Million Years Old. In *National Gegraphic, Vo.143, No.6*.
Leinfeller, W. (1966). Über die Karpelle verschiedener Magnoliales I. In *Oesterreichische Botanische Zeitschrift*, 113.
Lenk, H. (1979). Erfolg und Grenzen der Mathematisierung. In H. Lenk, *Pragmatische Vernunft. Philosphie zwischen Wissenschaft und Praxis* (S.111-134). Stuttgart.
Lorenz, K. (1973). *Über tierisches und menschliches Verhalten. Aus dem Werdegang der Verhaltenslehre. Gesammelte Abhandlungen, Band II* (10. Aufl.). München.
Lorenz, K. (1980). *Die Rückseite des Spiegels. Versuch einer Naturgeschichte des menschlichen Erkennens*. München.
Lorenzen, P. (1968). Das Aktual-Unendliche in der Mathematik. In *Werke: Methodisches Denken*. Frankfurt am Main.

MacIver, I.M. (1967). Is Sociology a Natural Science? In I.M. MacIver, *A Critique of Empirism in Sociology*. London.
Maimon, S. (1790). *Versuch über die Transzendentalphilosophie*. Berlin.
Malthus, Th.R. (1970). *An Essay on the Principle of Population*. A Pelican Book.
Margenau, H. (1982). Physics and the Doctrine of Reductionism. In J. Agassi & R.S. Cohen (Hrsg.), *Scientific Philosophy Today. Essays in Honour of Mario Bunge*. Boston Studies in the Philosophy of Science. Vol. 67. Dordrecht, Boston, London.
McHenry, M.M. & Skelton, R.R. (1985). Is Australopithecus africanus ancestral to Homo? In P.V. Tobias (Hrsg.) 1985, *Hominid Evolution*. New York.
McMullin, E. (1983). Values in Science. *Proceedings of the Philosophy of Science Association (PSA). Vol.2.*
Meijer, P.A. (1968). Kleine Geschiedenis van het begrip ›niets‹ in de antieke wijsbegeerte. In *Reflexies* (hrsg. von D.M. Bakker). Amsterdam.
Merleau-Ponty, M. (1966). *Phänomenologie der Wahrnehmung* [übersetzt von R. Boehm]. Berlin: de Gruyter.
Merleau-Ponty, M. (1970). *Phenomenology of Perception*. London.
Meschkowski, H. (1967). *Probleme des Unendlichen*. Braunschweig.
Meschkowski, H. (Hrsg.).(1972). *Grundlagen der modernen Mathematik*. Darmstadt.
Meschkowski, H. (1972a). Der Beitrag der Mengenlehre zur Grundlagenforschung. In H. Meschkowski (Hrsg.), *Grundlagen der modernen Mathematik*. Darmstadt.
Meschkowski, H. (1972b): Was ist Mathematik? In H. Meschkowski (Hrsg.), *Grundlagen der modernen Mathematik*. Darmstadt.
Meyer, A. (1949). Goethes Kompensationsprinzip. Das erste Grundprinzip der modernen Biologie. In *Biologie in der Goethezeit*. Stuttgart.
Meyer, A. (1964). *The Historico-Philosophic Background of modern Evolution-Biology*. Leiden.
Miller, S.L. & Orgel, L.E. (1974). *The Origins of Life on Earth*. New Yersey.
Monod, J. (1972). *Zufall und Notwendigkeit*. München.
Moore, A.W. (1990). *The Infinite*. London.
Munson, R. (editor) (1971). *Man and Nature. Philosophical Issues in Biology*. New York.
Myhill, J. (1952). Some Philosophical Implications of Mathematicical Logic. In *The Revue of Metaphysics, Vol.VI, No.2*, 165-198.

Nagel, E. en Newman, J.R. (1971). *Gödel's Proof*. London.
Narr, K.J. (1959). Die Abstammungslehre im Licht der Kulturgeschichte. In *Das stammesgeschichtliche Werden der Organismen und des Menschen. Band I*. Wien.
Narr, K.J. (1973). Kulturleistungen des frühen Menschen. In G. Altner (Hrsg.), *Kreatur Mensch. Moderne Wissenschaft auf der Suche nach dem Humanen*. München.
Narr, K.J. (1974). Tendenzen in der Urgeschichtsforschung. In *Fortschritt im Heutigen Denken?* Freiburg/München.
Needham, J. (1968). *Order and Life* (2. Aufl.). London.
Nida, E.A. (1979). *Componential Analysis of Meaning*. New York.

Oparin, A.I. (1953). *Origin of Life* (1. Aufl. 1938). New York: Dover Publications.

Orgel, L.E. & Sulston, J.E. (1971). Polynucleotide Replication and the Origin of Life. In A.P. Kimball & J. Orò (Hrsg.), *Prebiotic and Biochemical Evolution*. London.
Overhage, P. & Rahner, K. (1965). *Das Problem der Hominisation* (3., überarb. Aufl.). Basel.
Overhage, P. (1959). Das Problem der Abstammung des Menschen. In *Das Stammesgeschichtliche Werden der Organismen und des Menschen. Band I*. Wien.
Overhage, P. (1959a). *Uber die Ursächliche Erklärung der Hominisation*. Leiden.
Overhage, P. (1959c). Keimesgeschichte und Stämme. In *Das stammesgeschichtliche Werden der Organismen und des Menschen. Band I*. Wien.
Overhage, P. (1967). Zur Frage einer Evolution der Menschheit während des Eiszeitalters, Part III. In *Acta Biotheoretica, Vol.XVII*.
Overhage, P. (1972). *Der Affe in dir*. Frankfurt am Main.
Overhage, P. (1973). Die Evolution zum Menschen hin. In *Gott, Mensch, Universum*. Köln.
Overhage, P. (1977). *Die biologische Zukunft der Menschheit*. Frankfurt am Main.

Pannenberg, W. (1968). *Was ist der Mensch? Die Anthropologie der Gegenwart im Lichte der Theologie*. Göttingen.
Passmore, J. (1966). *A Hundred Years of Philosophy*. A Pelican Book.
Planck, M. (1910). Die Stellung der neueren Physik zur mechanischen Naturanschauung (1910/1973a). In M. Planck 1973, *Vorträge und Erinnerungen* (9. Nachdruck der 5. Aufl.). Darmstadt.
Planck, M. (1973). *Vorträge und Erinnerungen* (9. Nachruck der 5. Aufl.). Darmstadt.
Platon (1970). *Theaitetos – Der Sophist – Der Staatsmann. Werke Band 6*. Darmstadt.
Plessner, H. (1965). *Die Stufen des Organischen und der Mensch* [Ersterscheinung: 1928]. Berlin.
Plessner, H. (1975). Autobiographischer Artikel: Helmut Plessner. In L.J. Pongratz (Hrsg.), *Philosophie in Selbstdarstellungen*. Hamburg.
Plessner, H. (1975a). Zur Anthropologie der Sprache. *In Philosophia Naturalis, Vol.15, Section 4*.
Poincaré, H. (1910). Über transfinite Zahlen. In H. Poincaré, *Sechs Vorträge aus der reinen Mathematik und mathematischen Physik*. Leipzig/Berlin.
Polanyi, M. (1967). Life Transcending Physics and Chemistry. *In Chemical Engineering News, August 21, 1967*.
Polanyi, M. (1968). Life's Irreducible Structure. In *Science, Vol.160*, June 21.
Polanyi, M. (1969). *Personal Knowledge* (3. Aufl.). London.
Pongratz, L.J. (1975). *Philosophie in Selbstdarstellungen*. Hamburg.
Popper, K. (1966). *The Open Society and its Enemies. Vol. 2*. London: Routledge Kegan Paul.
Popper, K. (1972). *Objective Knowledge*. Oxford: University Press.
Portmann, A. (1965). *Vom Ursprung des Menschen*. Basel.
Portmann, A. (1967). *Probleme des Lebens. Eine Einführung in die Biologie*. Basel. (Übersetzung in: Portmann 1990)
Portmann, A. (1969). *Biologische Fragmente zu einer Lehre vom Menschen* (3., erweiterte Aufl.). Basel.

Portmann, A. (1969a). *Einführung in die vergleichende Morphologie der Wirbeltiere* (4., erweiterte Aufl.). Stuttgart.
Portmann, A. (1970). Der Mensch ein Mängelwesen? Kapitel aus: *Entläßt die Natur den Menschen?* München.
Portmann, A. (1973). *Biologie und Geist*. Frankfurt am Main.
Portmann, A. (1973a). Der Weg zum Wort. In *ERANOS Vol 39*, Leiden.
Portmann, A. (1974). *An den Grenzen des Wissens*. Düsseldorf.
Portmann, A. (1975). Homologie und Analogie. Ein Grundproblem der Lebensdeutung. In *ERANOS Vol.42*, Leiden.
Portmann, A. (1977). Die biologischen Grundfragen der Typenlehre. In *ERANOS Volume 43*, Leiden.
Portmann, A. (1990). *A Zoologist looks at Humankind*, New York: Columbia University Press.
Pretorius, A. von L. (1986). *Wetenskap, Mens en Toekoms – Evaluering van die Sisteemfilosofie van Ervin Laszlo*. Ph.D-thesis (unpublished), RAU, Johannesburg.

Rauche, G.A. (1966). *The Problem of Truth and Reality in Grisebach's Thought*. Pretoria.
Rauche, G.A. (1971). *Truth and Reality in Actuality*. Durban.
Rauche, G.A. (1985). *Theory and Practice in Philosophical Argument. A Metaphilosophical View of the Dynamics of Philosophical Thought*. (Herausgegeben von The Institute for Social and Economic Research, University of Durban Westviille. Durban.
Reed, C.A. (1985). Energy-Traps and Tools. In P.V. Tobias (Hrsg.), *Hominid Evolution*. New York.
Reid, C. (1970). *David Hilbert*. Berlin.
Rensch, B. (1959). *Evolution above the Species Level*. London.
Rensch, B. (1968). Discussion Remarks. Anhang in Bertalanffy (1968a), Symbolismus und Anthropogenese. In H. Hubner (Hrsg.), *Handgebrauch und Verständigung bei Affen und Frühmenschen*. Stuttgart.
Rensch, B. (1969). Die fünffache Wurzel des panpsychistischen Identismus. In *Philosophia Naturalis, Vol.11*.
Rensch, B. (1971). *Biophilosophy*. London.
Rensch, B. (1973). *Gedächtnis, Begriffsbildung und Planhandlungen bei Tieren*. Hamburg.
Rickert, H. (1913). *Die Grenzen der naturwissenschaftlichen Begriffsbildung* (1. Aufl. 1902). Tübingen.
Robinson, A. (1966). *Non-Standard Analysis*. Amsterdam.
Robinson, A. (1967). The Metaphysics of the Calculus. In I. Lakatos, *Problems in the philosophy of mathematics; proceedings of the International colloquim in the philosophy of science*. Amsterdam: North-Holland.
Rombach, H. (1966). *Substanz, System, Struktur. Band II*. München.
Roodyn, D.B., & Wickie, D. (1968). *The Biogenesis of Mitochondria*. London.
Rousseau, J.J. (1966). *The Social Contract and Discourses* (übersetzt von G.D.H. Cole). London.

Rucker, R. (1982). *Infinity and the Mind: The Science and Philosophy of the Infinite.* Boston: Birkhäuser.
Russell, B. (1956). *Principles of Mathematics* (1. Aufl. 1903). London 1956.
Scheler, M. (1962). *Die Stellung des Menschen im Kosmos* (6. Aufl.; 1. Aufl. 1928). Bern; München.
Schelling, F.W.J. (1968). *Schriften von 1806-1813. Ausgewählte Werke Band 4.* Darmstadt.
Scherer, G. (1980*). Strukturen des Menschen. Grundfragen philosophischer Anthropologie.* Essen.
Schilder, K. (1953). *Christus en Cultuur.* Franeker.
Schilpp, P.A. (Hrsg.).(1951). *Albert Einstein. Philosopher-Scientist* (Band I). London.
Schilpp, P.A. (1958): The Library of Living Philosophers. The Philosophy of Ernst Cassirer. In P.A. Schilpp (Hrsg.), *The Library of Living Philosphers* (1. Aufl., 2. Druck). New York: Tudor Publishing Company.
Schindewolf, O.H. (1956). *Zeugnisse der Urzeit. Reden bei der feierlichen Übergabe des Rektorates zu Beginn des Sommersemesters am 8. Mai 1956; Rede des neuen Rektors, Professor Dr. Otto H. Schindewolf.* Tübingen.
Schindewolf, O.H. (1969*). Über den ›Typus‹ in morphologischer und phylogenetischer Biologie.* Wiesbaden.
Scholz, H. (1969). *Mathesis Universalis. Abhandlungen zur Philosophie als strenger Wissenschaft* (2. Aufl.). Basel.
Scholz, H., & Hasse, H. (1928). Die Grundlagenkrisis der griechischen Mathematik. In *Kant-Studien, Band. 33.*
Schopf, W., & Barghoorn, E.S. (1967). Alga-like Fossils from the Early Precambrian of South Africa. In *Science 156.*
Schrödinger, E. (1955): *What is Life? The Physical Aspect of the Living Cell.* Cambridge.
Schubert-Soldern, R. (1959). *Materie und Leben als Raum und Zeitgestalt.* München.
Schubert-Soldern, R. (1962). *Mechanism and Vitalism.* London.
Schuurman, E. (1972). *Techniek en Toekomst.* Assen.
Schwartz, J.H. (1985). Toward a Synthetic Analysis of Hominid Phylogeny. In P.V. Tobias (Hrsg.), *Hominid Evolution.* New York.
Silver, B.L. (1998). *The Ascent of Science.* Oxford: Oxford University Press.
Simpson, G.G. (1961). *The Major Features of Evolution* (3. Aufl.). Columbia University Press.
Simpson, G.G. (1969). *Biology and Man.* New York.
Simpson, G.G. (1971). *Man's Place in Nature (ein Ausschnitt aus »The Meaning of Evolution«)* (revidierte Ausgabe des Originals von 1967, Yale University). Reprinted in Munson.
Singh, D. (1985). On Cantor's Concept of Set. In *International Logical Review, Nr.32,* December 1985.
Singh, S. (2000). *Fermats letzter Satz. Die abenteuerliche Geschichte eines mathematischen Rätsels.* München: dtv.
Sinnott, E.W. (1963). *The Problem of Organic Form.* London.
Sinnott, E.W. (1972). *Matter, Mind and Man. The Biology of Human Nature.* New York.

Smart, H.R. (1958). Cassirer's Theory of Mathematical Concepts. In P.A. Schilpp (Hrsg.), *The Library of Living Philosophers. The Philosophy of Ernst Cassirer* (1. Aufl., 2. Druck). New York: Tuder Publishing Company.

Sokal, S. & Bricmont, J. (1998). *Fashionable Nonsense: Postmodern Intellectuals' Abuse of Science*. New York: Picador. [Deutsche Ausgabe: Sokal, S. & Bricmont, J. (1999). *Eleganter Unsinn: Wie die Denker der Postmoderne die Wissenschaften missbrauchen*. München: C.H. Beck.]

Spielberg, N. & Bryon, D.A. (1987). *Seven Ideas that Shook the Universe*. New York: John Wiley & Sons, Inc.

Stafleu, M.D. (1968). Individualiteit in de fysica. In *Reflexies, Opstellen aangeboden aan prof.dr. J.P.A. Mekkes*. Amsterdam.

Stafleu, M.D. (1980). *Time and Again. A Systematic Analysis of the Foundations of Physics*. Toronto.

Stafleu, M.D. (1987). *Theories at Work: On the Structure and Functioning of Theories in Science, in Particular during the Copernican Revolution*. Lanham: University Press of America.

Stegmüller, W. (1969). *Metaphysik, Wissenschaft, Skepsis* (2. Aufl.; 1. Aufl. 1954). Berlin.

Stegmüller, W. (1969a). *Main Currents in Contemporary German, British an American Philosophy*. Dordrecht: D. Reidel Publishing Company.

Stegmüller, W. (1975). *Hauptströmungen der Gegenwartsphilosophie. Band II*. Stuttgart.

Stegmüller, W. (1976). *The Structure and Dynamics of Theories*. Berlin, New York.

Stegmüller, W. (1980). *Neue Wege der Wissenschaftstheorie*. Berlin: Springer-Verlag.

Stegmüller, W. (1980a). Theoriendynamik und logisches Verständnis. In W. Stegmüller, *Neue Wege der Wissenschaftstheorie* (S.27-55). Berlin: Springer.

Strauss, D.F.M. (1973). *Begrip en Idee*. Assen.

Strauss, D.F.M. (1977). Die drie Grondslae-Krisisse van die Wiskunde. In *Woord en Wetenskap. Festschrift dedicated to Prof F.J.M. Potgieter*. Bloemfontein.

Strauss, D.F.M. (1977a). Evolusionisme en die vraag na Grondnoemer. In: *Woord en Wetenskap, Festschrift dedicated to prof F.J.M. Potgieter*. Bloemfontein.

Strauss, D.F.M. (1979). Die teoretiese blootlegging van skeppingsbeginsels. In *Journal for Christian Scholarship, Jrg.15, 3de en 4de kw.*, 254-264.

Strauss, D.F.M. (1980). *Inleiding tot die Kosmologie*. Bloemfontein.

Strauss, D.F.M. (1981). Woord, Saak en Betekenis. In *Acta Academica, UOFS*. Bloemfontein.

Strauss, D.F.M. (1983). *Evolusie. Kernpunte van die moderne Afstammingsleer onder die soeklig* (42 pp.). Bloemfontein.

Strauss, D.F.M. (1983a). Individuality and Universality in Reformational Philosophy. In *Reformational Forum, Vol.I, No.1*.

Strauss, D.F.M. (1984). An Analysis of the Structure of Analysis (The ›Gegenstandrelation‹ in Discussion). In *Philosophia Reformata*.

Strauss, D.F.M. (1985). Taal en Historiciteit als Bemiddelaars tussen Geloven en Denken. In *Philosophia Reformata*.

Strauss, D.F.M. (1987). Is die geheel meer as die som van die dele? (Is the whole more than the sum of its parts?) In *South African Journal for Philosophy, Vol.6, No.1, February 1987*, 24-28.
Strauss, D.F.M. (1991). The Ontological Status of the Principle of the Excluded Middle. In *Philosophia Mathematica (1991), II, vol.6, n.1*, 73-90.
Strauss, D.F.M. (1987). Die Stegmüller-Sneed modifikasie van Kuhn 'n wetenskapteoretiese analise. In *Journal for Christian Scholarship*, 40-69.
Strauss, D.F.M. (Hrsg.).(1997). *Collected Works of Herman Dooyeweerd. A-Series, Vols. I-IV*. The Edwin Mellen Press.
Strauss, D F M (2002). The scope and limitations of Von Bertalanffy's systems theory. In *South African Journal of Philosophy, Vol.21, Nr.3*, S.163-179.

Thesleff, H. (1970). The Pythagoreans in the Light and Shadows of Recent Research. In S.S. Hartman und C.M. Edsman (Hrsg.), *Mysticism*. Stockholm.
Thorpe, W.H. (1978). *Purpose in a World of Chance – A Biologist's View*. Oxford University Press.
Titze, H. (1984). Zum Problem der Unendlichkeit. In *Philosophia Naturalis, Band 21, Teil 1*.
Tobias, P.V. (Hrsg). (1985). *Hominid Evolution*. New York.
Tobias, P.V. (1985a). The Former Taung Cave System in the Light of Contemporary Reports and its Bearing on the Skull's Provenance: Early Deterrents to the Acceptance of Australopithecus. In P.V. Tobias (Hrsg.), *Hominid Evolution*. New York.
Trincher, K. (1985). Die Dualität der Materie. In *Philosophia Naturalis, Band.22, Teil 3*.
Troll, W. (1949). Die Urbildlichkeit der organische Gestaltung. In *Experientia 1, 491*.
Troll, W. (1951). Biomorphologie und Biosystematik als typologische Wissenschaften. *Studium Generale 4 (376-389)*.
Troll, W. (1973). *Allgemeine Botanik* (revidierte und erweiterte Auflage). Stuttgart.

Uexküll, J.v. (1973). *Theoretische Biologie* (1. Aufl. 1928), Frankfurt am Main.
Uexküll, J.v. & Kriszat, G. (1970*)*. *Streifzüge durch die Umwelten von Tieren und Menschen. Bedeutungslehre*. Frankfurt am Main.
Ungerer, E. (1966). *Die Wissenschaft vom Leben. Band III. Der Wandel der Problemlage in der Biologie in den letzten Jahrzehnten*. München.

Van de Fliert, J.R. (1969). Unpublished Presentation given at Calvin College, Grand Rapids. In *The Christian and Science*.
Van Huyssteen, J.W.V. (1998). *Duet or Duel? Theology and Science in a Postmodern World*. Harrisburg, Pennsylvania: Trinity Press International.
Van Melsen, A.G.M. (1975). Atomism. In *Encyclopedia Britannica. Band 2*, 346-351 (15. Aufl.). London.
Van Peursen, C.A. (1966). *Lichaam-Ziel-Geest*. Utrecht.
Van Riessen, H. (1948). *Filosofie en Techniek*. Kampen.
Van Stigt, W.P. (1990). *Brouwer's Intuitionism*. Amsterdam.
Vollenhoven, D.Th. (1930). *Isagogè Philosophiae. Class. Notes in two Volumes*. Amsterdam.

Watson, J.D. (1970). *Molecular biology of the gene*. New York: W.A. Benjamin.
Weiner, J.S. (1955). *The Piltdown Forgery*. London.
Weiniger, S.J. (1984). The Molecular Structure Conundrum: Can Classical Chemistry be Reduced to Quantum Chemistry? *In Journal of Chemical Education, Vol. 61, No. 11* (November 1984).
Weizsäcker, C.F.v. (1972). *Voraussetzungen des naturwissenschaftlichen Denkens*. Herderbücherei, Band 415.
Weizsäcker, C.F.v. (1993). *Der Mensch in seiner Geschichte*. München: dtv.
Weyl, H. (1921). Über die neue Grundlagenkrise der Mathematik. In *Mathematische Zeitschrift, Band 10*.
Weyl, H. (1931). *Die Stufen des Unendlichen*. Jena.
Weyl, H. (1932). *Das Kontinuum* (2. Aufl.). Berlin.
Weyl, H. (1946). Mathematics and Logic. In *American Mathematical Monthly, Vol. 53*.
Weyl, H. (1966). *Philosophie der Mathematik und Naturwissenschaft* (3., revidierte und erweiterte Auflage). Wien.
Weyl, H. (1970). David Hilbert and His Mathematical Work. In C. Reid (Hrsg.), *David Hilbert*. Berlin.
Willard, S. (1970). *General Topology*. London.
Wolf, K.L. (1951). Urbildliche Betrachtung. In *Studium Generale 4*, 365-375.
Wolff, K. (1971). Zur Problematik der absoluten Überabzählbarkeit. In *Philosophia Naturalis, Band 13*.
Woltereck, R. (1932). *Grundzüge einer allgemeinen Biologie*. Stuttgart.
Woltereck, R. (1940). *Ontologie des Lebendigen*. Stuttgart.
Wundt, W, (1919). *Logik. Band I* (4., erweiterte Auflage). Stuttgart.

Zimmermann, W. (1962). Die Ursachen der Evolution. In *Acta Biotheoretica, Band XIV*.
Zimmermann, W. (1967). Methoden der Evolutionswissenschaft. In G. Heberer (Hrsg.), *Die Evolution der Organismen. Band I* (3., erweiterte Auflage). Stuttgart.
Zimmermann, W. (1968). *Evolution und Naturphilosophie*. Berlin.

Culture and Knowledge

Edited by Friedrich G. Wallner

Vol. 1 Friedrich G. Wallner: Structure and Relativity. 2005.

Vol. 2 Kurt Greiner: Therapie der Wissenschaft. Eine Einführung in die Methodik des Konstruktiven Realismus. 2005.

Vol. 3 Daniël Francois Malherbe Strauss: Paradigmen in Mathematik, Physik und Biologie und ihre philosophischen Wurzeln. Ins Deutsche übertragen von Martin J. Jandl. 2005.

www.peterlang.de

Egbert Scheunemann

Von der Natur des Denkens und der Sprache

Fragmente zur Sprachphilosophie, Erkenntnistheorie und physikalisch-biologischen Wirklichkeit

Frankfurt am Main, Berlin, Bern, Bruxelles, New York, Oxford, Wien, 2003.
521 S.
ISBN 3-631-50790-9 · br. € 59.–*

Die Forschungsergebnisse der modernen Neurowissenschaften ermöglichen, den Zusammenhang zwischen Denken, Sprache und Wirklichkeit im Sinne eines *nichtreduktionistisch-konstruktivistischen Physikalismus (Naturalismus)* zu deuten und gegen alle gegenaufklärerische Metaphysik zu verteidigen: Es gibt *ontologisch* betrachtet nichts Nichtphysisches, gleichwohl ist in *nomologischer* Perspektive durch die *Gesetze der Physik* nicht alles zu erklären: Es gibt keine Schrödinger-Gleichung für das Phänomen *Französische Revolution* oder auch nur für einen *Wurm* – und es *kann* keine geben. Die extremsten Versuche, Wirklichkeitsstrukturen durch Sprachstrukturen vorherzu*sagen*, ja vorzu*schreiben*, nämlich jene in der *theoretischen*, also *mathematischen* und also hochgradig *versprachlichten* Physik (Relativitätstheorie, Quantentheorie etc.), zeigen, dass grammatisch, also logisch-mathematisch korrekte Sprachstrukturen oft, aber eben nicht immer Wirklichkeitsstrukturen analog sind. Ist eine Metasprache denkbar, die uns sagt, bis wann wir mit unseren formalsprachlichen Konstrukten noch im Bereich physischer Rückübersetzbarkeit sind – und ab wann nicht mehr?

Aus dem Inhalt: Sprachphilosophie · Mathematische Logik · Semantik und Semiotik · Sprachrelativismus · Sprache und Systemtheorie · Neurowissenschaften · Bewusstseinsphilosophie · Mensch und Tier · Gehirn und Computer · Autopoiesis · Selbstorganisation · Koevolution · Epigenese · Evolutionäre Erkenntnistheorie · Quantentheorie · Relativitätstheorie · Weltsprache Musik · Habermas – zwischen Sprachidealismus und Naturalismus

Frankfurt am Main · Berlin · Bern · Bruxelles · New York · Oxford · Wien
Auslieferung: Verlag Peter Lang AG
Moosstr. 1, CH-2542 Pieterlen
Telefax 00 41 (0) 32 / 376 17 27

*inklusive der in Deutschland gültigen Mehrwertsteuer
Preisänderungen vorbehalten
Homepage http://www.peterlang.de